融合型·新形态教材
复旦学前云平台 www.fudanyun.cn

U0185495

普通高等学校学前教育专业系列教材

生物学

第2版

主　编　李竹青　贺永琴
编　者　（按姓氏笔画排列）
　　　　乔　瑜　吴　巍　陈　曦　周　豪
　　　　胡胜男　桂　俊　殷春蕾

复旦大學 出版社

复旦学前云平台
数字化教学支持说明

为提高教学服务水平，促进课程立体化建设，复旦大学出版社学前教育分社建设了"复旦学前云平台"，为师生提供丰富的课程配套资源，可通过"电脑端"和"手机端"查看、获取。

【电脑端】

电脑端资源包括 PPT 课件、电子教案、习题答案、课程大纲、音频、视频等内容。可登录"复旦学前云平台"（www.fudanyun.cn）浏览、下载。

Step 1　登录网站"复旦学前云平台"（www.fudanyun.cn），点击右上角"登录 / 注册"，使用手机号注册。

Step 2　在"搜索"栏输入相关书名，找到该书，点击进入。

Step 3　点击【配套资源】中的"下载"（首次使用需输入教师信息），即可下载。音频、视频内容可通过搜索该书【视听包】在线浏览。

 【手机端】

PPT 课件、音视频、阅读材料：用微信扫描书中二维码即可浏览。

扫码浏览

 【更多相关资源】

更多资源，如专家文章、活动设计案例、绘本阅读、环境创设、图书信息等，可关注"幼师宝"微信公众号，搜索、查阅。

平台技术支持热线：029-68518879。

"幼师宝"微信公众号

前　言

本书是为学前教育专业学生编写的文化基础课教材,按120学时设计。教材的编写遵循党的育人宗旨,围绕"培养什么人、怎样培养人、为谁培养人"这一根本性问题,使学生在学前教育专业学习阶段受到良好的科学教育,培养学生的自主学习能力、实践探究和创新能力,提高学生的生物学素养和从事幼儿科学教育的能力,满足学生个人发展和社会进步的需要。

本册教材以单元的形式架构,教材内容的选择,既遵循学前教育学生的实际,又兼顾生物学的最新进展,满足未来幼儿教师的职业需求。全书分为"生物的类群""细胞和代谢""遗传与进化""生物工程"等4个单元,并设置了"观察思考""信息库""探索实践""幼儿活动设计建议""本节评价"等栏目。

"观察思考"栏目针对正文相关内容,引导学生通过观察、分析等活动,回答相关问题,引发思考,提升科学思维;"信息库"提供和正文相关的拓展内容,开拓学生的视野,体现生命的多样性;"探索实践"引导学生经历实验、建模等活动,自主探索、发现生物学原理和规律,提高学生科学探究能力;"幼儿活动设计建议"充分体现了本书作为学前教育基础课程的特色,给学生设计幼儿活动提供参考;"本节评价"以主题式测评的方式,供给教师或学生检测本节内容的学习状况。

本书由上海市杨浦区教育学院李竹青老师、贵阳幼儿师范高等专科学校贺永琴老师统稿。编写过程中得到了有关专家、作者所在学校的领导及出版社的大力支持,编写时参阅、借鉴了国内外同行的研究成果,同时参考、借鉴了其他出版社的同类教材,在此一并表示感谢。

本书是在第1版的基础上修订而成的,第1版编写人员是(按姓氏笔画排列):丁亚红、孔梅、王小萍、王淑敏、刘存林、孙克宁、孙钠、肖亮、陈旭微、郑庭海、贺永琴、唐敬芬、秦宗芳、曹晓青,孔梅、杨忠地作了大量的文字整理和图表补充、完善工作,在此特别表示感谢。

由于时间仓促,编者水平有限,对于书中的疏漏、谬误及不足之处,恳请各位读者批评指正。

"观察思考""本节评价"参考答案及本书配套的教学PPT,请到复旦学前云平台下载:www.fudanxueqian.com。

编　者

2024 年 1 月

目　录

绪论 ·· 001

第一单元　生物的类群

第一章　植物的类群 ·· 009
　　第一节　孢子植物 ··· 009
　　第二节　裸子植物 ··· 015
　　第三节　被子植物 ··· 018
　　第四节　植物的运动 ·· 022

第二章　动物的类群 ·· 028
　　第一节　无脊椎动物 ·· 028
　　第二节　脊椎动物 ··· 045
　　第三节　动物的行为 ·· 060

第三章　微生物 ··· 067
　　第一节　细菌 ··· 067
　　第二节　真菌 ··· 071
　　第三节　病毒 ··· 076

第二单元　细胞和代谢

第四章　细胞 ·· 083
　　第一节　细胞的化学组成 ·· 083
　　第二节　细胞的结构与功能 ·· 092
　　第三节　细胞增殖 ··· 101
　　第四节　细胞衰老与死亡 ·· 109

第五章　生物的代谢 ·· 114
　　第一节　酶和 ATP ··· 114
　　第二节　光合作用和细胞呼吸 ·· 121

第三单元　遗传与进化

第六章　遗传与变异 ⋯⋯⋯⋯⋯⋯⋯⋯⋯⋯⋯⋯⋯⋯⋯⋯⋯⋯⋯ 131

　　第一节　遗传的物质基础 ⋯⋯⋯⋯⋯⋯⋯⋯⋯⋯⋯⋯⋯⋯⋯⋯ 131

　　第二节　遗传的基本规律 ⋯⋯⋯⋯⋯⋯⋯⋯⋯⋯⋯⋯⋯⋯⋯⋯ 141

　　第三节　性别决定和伴性遗传 ⋯⋯⋯⋯⋯⋯⋯⋯⋯⋯⋯⋯⋯⋯ 147

　　第四节　生物的变异 ⋯⋯⋯⋯⋯⋯⋯⋯⋯⋯⋯⋯⋯⋯⋯⋯⋯⋯ 151

　　第五节　人类遗传病及其预防 ⋯⋯⋯⋯⋯⋯⋯⋯⋯⋯⋯⋯⋯⋯ 155

第七章　生物的进化 ⋯⋯⋯⋯⋯⋯⋯⋯⋯⋯⋯⋯⋯⋯⋯⋯⋯⋯⋯ 162

　　第一节　生命的起源及生物进化历程 ⋯⋯⋯⋯⋯⋯⋯⋯⋯⋯⋯ 162

　　第二节　生物进化证据 ⋯⋯⋯⋯⋯⋯⋯⋯⋯⋯⋯⋯⋯⋯⋯⋯⋯ 169

　　第三节　生物进化理论 ⋯⋯⋯⋯⋯⋯⋯⋯⋯⋯⋯⋯⋯⋯⋯⋯⋯ 176

第八章　生物与环境 ⋯⋯⋯⋯⋯⋯⋯⋯⋯⋯⋯⋯⋯⋯⋯⋯⋯⋯⋯ 184

　　第一节　种群和群落 ⋯⋯⋯⋯⋯⋯⋯⋯⋯⋯⋯⋯⋯⋯⋯⋯⋯⋯ 184

　　第二节　生态系统及其稳定性 ⋯⋯⋯⋯⋯⋯⋯⋯⋯⋯⋯⋯⋯⋯ 190

　　第三节　生物多样性及其保护 ⋯⋯⋯⋯⋯⋯⋯⋯⋯⋯⋯⋯⋯⋯ 200

第四单元　生物工程

第九章　发酵工程 ⋯⋯⋯⋯⋯⋯⋯⋯⋯⋯⋯⋯⋯⋯⋯⋯⋯⋯⋯⋯ 209

　　第一节　发酵工程产品及其应用 ⋯⋯⋯⋯⋯⋯⋯⋯⋯⋯⋯⋯⋯ 209

　　第二节　发酵工程及其原理 ⋯⋯⋯⋯⋯⋯⋯⋯⋯⋯⋯⋯⋯⋯⋯ 212

第十章　基因工程 ⋯⋯⋯⋯⋯⋯⋯⋯⋯⋯⋯⋯⋯⋯⋯⋯⋯⋯⋯⋯ 220

　　第一节　基因工程产品及其应用 ⋯⋯⋯⋯⋯⋯⋯⋯⋯⋯⋯⋯⋯ 220

　　第二节　基因工程操作工具 ⋯⋯⋯⋯⋯⋯⋯⋯⋯⋯⋯⋯⋯⋯⋯ 224

　　第三节　基因工程基本步骤 ⋯⋯⋯⋯⋯⋯⋯⋯⋯⋯⋯⋯⋯⋯⋯ 228

第十一章　细胞工程 ⋯⋯⋯⋯⋯⋯⋯⋯⋯⋯⋯⋯⋯⋯⋯⋯⋯⋯⋯ 234

　　第一节　植物细胞工程 ⋯⋯⋯⋯⋯⋯⋯⋯⋯⋯⋯⋯⋯⋯⋯⋯⋯ 234

　　第二节　动物细胞工程 ⋯⋯⋯⋯⋯⋯⋯⋯⋯⋯⋯⋯⋯⋯⋯⋯⋯ 237

第十二章　酶工程 ⋯⋯⋯⋯⋯⋯⋯⋯⋯⋯⋯⋯⋯⋯⋯⋯⋯⋯⋯⋯ 245

　　第一节　酶工程产品及其应用 ⋯⋯⋯⋯⋯⋯⋯⋯⋯⋯⋯⋯⋯⋯ 245

　　第二节　酶工程操作步骤 ⋯⋯⋯⋯⋯⋯⋯⋯⋯⋯⋯⋯⋯⋯⋯⋯ 249

参考书目 ⋯⋯⋯⋯⋯⋯⋯⋯⋯⋯⋯⋯⋯⋯⋯⋯⋯⋯⋯⋯⋯⋯⋯⋯ 253

绪　　论

从陆地到海洋,从寒带到热带,无论是浩瀚的沙漠、冰冻的极地,还是白雪皑皑的高山之巅、幽深昏暗的大洋之底,到处都有生命的踪迹。多姿多彩的生物,使地球充满无限生机。

生物学是研究生命现象和生命活动规律的科学,其研究范畴从微观到宏观:微观从分子层面揭示生命的本质,中观研究生物的分类、形态结构、生理、繁殖、发育、遗传和变异,宏观则涉及生物与环境的关系。生物学与人类的生存和发展息息相关。20世纪后半叶,生物学在各个方面取得的巨大进展,使生物学在自然科学中的位置起了革命性的变化。人口、环境、粮食、资源及健康等重大问题的解决都离不开生物学。生物工程的发展正日益改善着人类的生活,同时也对人类社会的伦理秩序提出了挑战。

掌握基本的生物学知识是对现代人的基本要求。要当好一名合格的当代幼儿园教师,也必须学好生物学课程。生物有哪些共同特征? 生物学的发展历史、主要成就及发展趋势如何? 生物学的发展对人类社会有什么重要意义? 怎样才能学好学前专业生物学课程呢? 现在,让我们共同来探讨这些问题。

一、生物的基本特征

迄今为止,人类已经发现的生物约有200万种左右。大到高达百米以上的参天大树、数十吨计的蓝鲸,小到用光学显微镜或电子显微镜才能看到的细菌和病毒,尽管它们大小各异、形态结构多种多样、生理功能各不相同,但都有着共同的生命现象和生命活动规律,简而言之,也就是具有生命。生命是什么? 这一直是生物学研究的中心课题,也是自古以来人类期盼早日揭示,但至今尚未完全解决的奥秘。那么,怎样才能判断一个物体是不是具有生命? 这就要深入研究生物的基本特征。

第一,生物体具有共同的物质基础和结构基础。从结构来看,除病毒等少数种类外,生物体都是由细胞构成的,细胞是生物体的结构和功能的基本单位。从化学组成来看,生物体的基本组成物质中都有蛋白质和核酸,其中蛋白质是生命活动的主要承担者。例如,生物体新陈代谢过程中的所有化学变化都离不开酶的催化作用,而绝大多数酶是蛋白质。核酸是遗传信息的携带者,绝大多数生物的遗传信息都存在于脱氧核糖核酸(DNA)分子中。

第二,生物都能实现新陈代谢。新陈代谢是生物体活细胞内进行的全部有序化学变化的总称。生物体不停地与周围环境进行物质和能量的交换:从外界吸取所需要的营养物质,经过体内一系列的化学反应,将它们转变成自身的组成成分,并且储存能量;同时,将自身的一部分物质加以分解,将产生的最终产物排出体外,并且释放能量,完成生物体与外界环境之间的物质与能量交换。新陈代谢使生物体内的化学成分不断自我更新,它保证了生物体内环境的自身稳定和平衡,如相对稳定的体温、酸碱度和渗透压等,是生物体进行一切生命活动的基础。

第三,生物都具备应激性。在新陈代谢的过程中,生物体都能对外界刺激发生一定的反应。例如,植物的根向地生长,茎则向光生长,这分别是植物对重力和光的刺激所发生的反应。又如,昆虫中的蛾类在夜间活动,往往趋向发光的地方。动物都有趋向有利刺激、躲避有害刺激的行为。生物体具有应激性,将能更好地适应环境。

第四,生物都有生长、发育和生殖的现象。在新陈代谢基础上,当同化作用超过异化作用时,生物个体就会由小长大,身体的结构和功能也相应发生一系列变化,最终发育成为一个成熟的个体。发育成熟后,就能进行生殖,产生后代,以保证种族的延续。因此,尽管生物体的寿命有限,但一般来说,由于生物具备生殖现象,在个体死亡以前已经繁殖出自己的后代,因此不会因为个体的死亡而导致该物种的灭绝。

第五,生物都有遗传和变异的特性。生物体在生殖过程中,能将自身的遗传物质传递给后代,但也会产生各种变异。也就是说生物体的后代与它们的亲代基本相同,但又不会完全相同,存在或多或少的差异。因此,物种既能基本上保持稳定,又能不断发展进化。

第六,生物都能适应一定的环境,也能影响环境。所有现在生存着的生物,它们的身体结构和生活习性都与环境大体上相适应,否则就要被环境所淘汰。同时,生物的生命活动也会使环境发生变化,影响环境。这显示出生物与环境之间的密切关系。

以上这些基本特征,只有生物才具有,是区别生物与非生物的基本标志。

二、生物学的发展与成就

生物学是一门历史悠久的学科,大体起源于古代,形成于近代,高度发展于现代。

远古时期原始人以采集和狩猎为生,后来转向农牧业生产,在生产实践活动中逐步积累了一定的动植物知识和医药知识。16世纪以前,在人类的生产实践活动中产生和发展了生物学最重要的两个领域:农业和医学。16—18世纪,生物学主要研究生物的形态、结构和分类,积累了大量的事实和资料。进入19世纪以后,科学技术水平不断提高,生物学全面发展,具体表现在寻找各种生命现象之间的内在联系,并且对积累起来的知识资料作出理论的概括,在细胞学、免疫学、微生物学、胚胎学等方面都取得新的进展。19世纪生物学最伟大的成就当推"细胞学说"和"进化论",尤其是达尔文提出的自然选择学说,使生物学最终摆脱了神学的束缚,开始了全新的发展。20世纪,生物工程迅猛发展,工程化的产品正日益影响着人们的生产生活。

三、生物学的发展趋势和展望

根据当代自然科学发展的大趋势和20世纪生物学迅猛发展的背景,现代生物学发展的趋势是对生命现象及其本质研究的不断深入和扩大,向微观和宏观、最基本和最复杂(脑、发育、生态系统)的两极发展。这种发展趋势的特点在于:

第一,由分析为主走向分析与综合的统一。一方面,将继续进行微观世界探索,采用新的技术和方法去了解基因、分子、细胞的组成、结构、工作机制,进行定量的观测与分析;另一方面,更重要的是要研究生物系统的各个部分(如基因或生物大分子)的相互作用形成复杂系统的机制。

第二,生物界多样性和生命本质一致性的统一。多少世纪以来,生物学研究主体一直是观察认识生命世界的多样性。从生命现象的表面观察日益深入到生命活动本质的阐明,是现代生物学的发展的必然趋势。

第三,多学科的交叉与融合。多学科间的双向渗透和融合,不仅是现代生物学各分支学科间的融合,而且是生物学与数学、物理、化学、计算机等学科之间的相互交叉、相互渗透和相互促进,不但使这些学科得到进一步发展,而且推动生物学对生命现象和本质的研究。

第四,基础研究与应用的统一。自20世纪中后期分子生物学兴起,即在核酸、蛋白质和酶的研究中均取得重大进展。它使人们陆续揭开了生物体的新陈代谢、能量转换、神经传导、激素等作用机制的奥秘,并在工业、农业、医药等方面日益得到广泛应用。在未来相当长的一段时间内,分子生物学仍将保持带头分支学科的地位,促进生物学的全面发展。随着生物工程技术及其产业化的发展,生物学基础研究成果转化为生产力的应用前景将日显重要。

展望未来,生物学的前景非常广阔,生物学的发展热点集中在生物大分子的结构与功能研究、基因组与细胞的研究、综合理论研究、脑科学研究、行为科学研究、生态学研究、人体功能研究等领域。生物学是当代科学的前沿,它正向着前所未有的广度和深度进军,在人类未来的发展和进步中将起到越来越重要的作用。

📖 阅读材料

近现代生物学的发展

19 世纪 30 年代,德国植物学家施莱登(Schleiden)和动物学家施旺(Schwan)创立"细胞学说",指出细胞是一切动植物结构的基本单位,在细胞水平上说明了生物基本结构的一致性。为研究生物的结构、生理、生殖和发育等奠定了基础。

1859 年,英国生物学家达尔文(Darwin)出版了《物种起源》一书,科学地阐述了以"自然选择学说"为中心的生物进化理论,有力论证了物种是变化的,生物是进化的,阐明了生物进化的机制,这是人类对生物界认识的伟大成就,推翻了唯心主义形而上学的"特创论""物种不变论"等对生物学的长期统治,第一次把生物学放在完全科学的基础之上,极大地推动了现代生物学的发展。纵观 20 世纪以前的生物学发展可以看出,生物学的研究以描述为主,是描述性生物学阶段。

19 世纪后期,自然科学在物理学的带动下取得了巨大成就。物理和化学的实验方法和研究成果也逐渐引入到生物学的研究领域。1900 年,孟德尔(G. Mendel)"遗传学原理"的重新发现和证实,揭开了现代遗传学的序幕,充分地把数量统计方法运用到生物学中,推动了生物学朝着精密化方向发展。在这个阶段,生物学研究更多地采用实验手段和理化技术来考察生命过程,由于生物化学、细胞遗传学等分支学科不断涌现,使生物学研究逐渐集中到分析生命活动的基本规律上来。

人们通常称以上 3 个理论为现代生物学的三大基石。

20 世纪 30 年代以来,现代物理、化学、数学、计算机新理论和方法的广泛而深刻地渗透,给生物学带来巨大的变革和发展,生物学已从静态的、定性描述型学科向动态的、精确定量学科转化,实验生物学走向全面发展的新阶段。1926 年,摩尔根(Morgan, 1866—1945 年)提出基因论,标志着现代遗传学的正式建立。摩尔根的遗传学在胚胎学和进化论之间架起了桥梁,直接推动了细胞学的发展,促使生物学研究从细胞水平向分子水平过渡,并为生物学实现新的大综合奠定了基础。1944 年,艾弗里(Avery)等用细菌作材料进行试验,以及 1952 年赫希(Hershey)等进行的噬菌体感染实验,证明了 DNA 是遗传物质。1953 年,美国科学家沃森(Watson)和英国科学家克里克(Krick)搭建了"DNA 分子双螺旋结构模型",标志着生物学的发展进入了一个新阶段——分子生物学阶段。

分子生物学作为当代生物学的生长点,已渗入到生物学的各个分支领域,开辟了现代生物学的全新局面,并已成为当代最活跃、成果最多、最吸引人的学科之一。1973 年,基因工程在遗传学、微生物学、生物化学和分子生物学等生物科学分支学科的基础上问世。20 世纪 80 年代以后,以基因工程为主体的生物技术作为高新技术产业在世界范围内兴起,生物技术转化为强大生产力已展示出广阔的应用前景。1990 年开始的现代生物学中最宏伟的研究项目"人类基因组计划",取得了令人瞩目的成就。1996 年克隆羊"多莉"的诞生证明了哺乳动物高度分化的体细胞核具有全能性,为利用克隆技术繁殖濒危物种等带来了无限的希望。进入 21 世纪,在细胞和分子生物学等学科基础上建立起来的基因编辑技术,可以重新编辑 DNA 上的遗传信息,定向改变生物体的性状。近年来,科学家通过研究免疫细胞和肿瘤细胞之间"相爱相杀"的复杂关系,开创免疫治疗消除肿瘤细胞的新途径。2012 年,一位 5 岁的急性淋巴白血病患者,接受 CAR - T 临床治疗后治愈,开启了细胞治疗的新纪元。

在宏观生物学方面,现代生态学已发展成以人类为研究主体的多层次的综合性学科,在解决影响人类发展的资源和环境等全球问题上,正发挥着越来越重要的作用。

我国在现代生物学的基础研究中也取得了一些具有世界先进水平的重大成果。例如,1965 年,我国科学工作者首先用化学方法人工合成了具有全部生物活性的结晶牛胰岛素,这是人类历史上第一次用人工方法合成具备生理功能的蛋白质。1972 年,在测定猪胰岛素晶体结构的研究中,又取得了重要成果。20 世纪 70 年代始,袁隆平院士研制的杂交水稻开始大面积试种。1982 年,我国科学家人工合成了酵母丙氨酸转移核糖核酸。我国也参与了"人类基因组计划"的国际科学协作研究,成功地完成了部分基因组序列的测定。我国科学家屠呦呦,因为发现青蒿素,有效降低疟疾患者的死亡率,获得 2015 年"诺贝尔生理学或医学奖"。2017年,在中国上海诞生了世界首例非人灵长类动物体细胞克隆的后代"中中"和"华华"。这些生物学领域的科研成果都为国家增添了荣誉,为人类作出了贡献。

四、认真学好生物学课程

学前教育五年制大专开设生物学课程的重要性如何? 教学目的要求有哪些? 教学内容有哪些? 幼师生怎样才能学好生物学课程? 现在就来共同探讨这些问题。

(一) 学习生物学课程的重要性和必要性

学前教育五年制大专是培养未来的幼儿园教师,教学计划中开设的每一门课程的学习内容和要求,都是为培养目标服务的。通过生物学课程的学习,提高幼师学生的生物学素质,为将来从事幼儿教育事业打好生物学基础,以适应幼儿教育发展和改革对幼儿教师的要求。

(二) 生物学课程的教学目的要求

"学前教育五年制大专生物学教学大纲"明确规定了生物学课程的教学目的要求。从未来幼儿教育事业的需要出发,本教程的教学目的为:使学生受到科学教育的初步训练,初步具备从事幼儿科学教育的知识、能力和方法;从学生自身素质提高出发,本教程的教学目的为:使学生受到良好的科学教育,在原有的基础上进一步提高生物学素养,发展终身学习的能力和习惯,适应未来发展需求。

(三) 生物学课程的学习内容

学前教育五年制大专生物课程的学习内容主要包括:作为幼儿园教师提高生物学素养应具备的生物学基础知识、能力和方法,反映生物学经典的核心内容,体现现代生物学和技术的新进展,与培养创新精神和实践能力有关的实验、探索与实践活动,与幼儿园教师职前教育有关的参观、调查等。

幼儿认识自然通常是从认识周围环境中常见的植物、动物开始的,幼儿园教师要创造条件,培养幼儿对周围世界的好奇心,引导幼儿观察周围世界,给予幼儿粗浅的生物学知识,解答幼儿关于生物现象的疑问,激发幼儿的科学探究兴趣,使幼儿学会科学探究的方法,这就需要幼儿园教师有广泛而扎实的生物学基础知识和基本技能。因此,通过生物学课程学习,学生应当掌握生物学的基本现象、事实、规律;了解生物学基本原理以及在生物技术中的运用;学习生物学的探究方法,初步具备从事幼儿科学教育的技能;会运用所学的生物学知识去解释生活中常见的生物学现象;学会运用批判性和创造性思维方式去解决实际问题;培养终身学习的能力和习惯;养成良好的环保意识。

(四) 学习生物课程的方法

学好生物课程,不仅要有明确的学习目标,还要有勤奋的学习态度,掌握科学的学习方法。具体来说,要求做到以下几点:

1. 重在理解、勤于思考

生物学的基本知识、基本概念、基本原理和规律,是在大量研究的基础上总结和概括出来的,具有严密的逻辑性,教材中各章节内容之间,也具有紧密联系,因此,在学习过程中,不能满足于单纯的记忆,而是要深入理解,融会贯通。同时,要不断扩大视野,努力拓宽知识面。我们虽然不能像科学家那样进行大量的科学研究,但是也要像科学家一样勤于思考,培养自己发现问题和分析问题的能力,从而发展自己的创新能力。

2. 重视科学研究的过程

生物学的学习不仅包括大量的科学知识,还包括科学研究的过程和方法。因此,我们既要重视生物学知识的学习,又要重视生物学研究过程的学习,从中领会生物学的研究方法。

3. 重视观察和实验

生物学是一门实验科学,没有观察和实验,生物学就不可能取得如此辉煌的成就。同样,不重视观察和实验,也不可能真正学好生物学。因此,要认真做好每项观察、实验、探索和实践活动,培养观察能力和实践能力;发展从事幼儿园教育教学工作应具有的自制教玩具、设计和组织幼儿园科学活动的能力。

4. 强调理论联系实际

生物学是一门与生产和生活联系非常密切的科学。我们在学习时,应注意理解科学、技术和社会之间的相互关系,理解所学知识的社会价值,能运用所学的生物学知识去解释有关的生物现象,解决生物问题。我们还要密切联系幼儿园工作实际,将所学的生物学基础知识和基本理论,与日常生活中常见的生物种类、生物现象和生理现象密切联系起来,特别要注意观察并认识周围环境中的动植物,熟悉它们的名称、生活习性和用途,学会深入浅出地分析和解答幼儿可能提出的生物学问题,绿化、美化幼儿园环境,为幼儿学习科学创造条件、提供机会。

探索　实践

调查汇报

1. 查阅资料,收集近一年中媒体对生物学相关的学科理论及技术发展的有关报道。

2. 交流、汇总班级内的资料,整理后,做成黑板报或展板在班级或学校内进行宣传。

目的要求

1. 查阅资料,了解生物学发展的近况及其对人类社会的影响。

2. 初步学会检索、收集和处理信息的途径和方法。

3. 初步学会交流结果的整理、展示的途径和方法。

提示

1. 可以组成小组,小组长负责组内成员的分工。

2. 获得的生物学技术信息可按学科范畴进行归类,如分子生物学、脑科学、生物工程和生态学方面等。同学间可以通过讨论,确定适当的归类方案。

3. 做交流报告或展板的形式可以多种多样,但信息的表达应力求简明、准确、生动。

讨论

1. 近期,生物学在哪些方面已经或将要取得突破性进展?

2. 生物学的发展对人类社会已经或将要产生怎样的影响?

3. 在时效性和权威性方面评价获得的信息。怎样才能使获得的信息具有较高的时效性和权威性?

第一单元　生物的类群

"

在我们生存的星球上,分布着多样的生物类群。从赤道到极地,从雨林到沙漠,到处都有生物生存的踪迹。地球上的生物,包括动物、植物以及肉眼不可见的细菌、病毒等,有着巨大的多样性。那么,生物的类群有哪些,分别有何特征,我们如何区分呢?

"

第一章　植物的类群

在广袤的陆地和辽阔的海洋中，几乎到处都生活着各种各样的植物。据植物学家估计，地球上的植物目前已知的有50余万种。它们千姿百态，构成了绚丽多彩的植物界。植物具有哪些共同的特征？不同的植物类群之间，又各自具有怎样的特点？让我们从身边的植物开始，认识它们吧！

第一节　孢子植物

春天来了，随着气温的回升，公园池塘的水慢慢变绿了，如果我们仔细观察就会发现里面有一些呈绿色的丝状或球状的生物；在夏季阴湿的墙面或地面上，可以看到一丛丛或一片片绿茸茸的微小植物；在森林、溪沟和田野的阴湿环境里，常常能见到叶子背面长有褐色孢子囊群的植物，它们都是孢子植物。哪些生物属于孢子植物？它们在形态结构和生殖上又具有哪些特点呢？

孢子植物是一类能产生孢子并用孢子繁殖的植物，主要包括藻类植物、苔藓植物和蕨类植物。其中，藻类植物有3万多种，苔藓植物有2万多种，蕨类植物有1万多种。

一、藻类植物

如果春天我们取回一些变绿的池水，仔细观察就会发现里面有一些呈绿色的丝状或球状的生物，它们大多属于藻类。藻类植物是一群具有光合作用色素，能利用光能把无机物合成有机物，供给自身营养的低等植物。其中有的是单细胞植物，须在显微镜下才能看到，如绿藻；有的体形较大，结构复杂，如海带。根据藻类植物的细胞里含有的光合作用色素的不同，藻类植物可分为绿藻、褐藻、红藻、蓝藻。

观察思考

观察衣藻、水绵、紫菜和海带等几种常见的藻类植物(图1-1～图1-4),并思考下列问题:

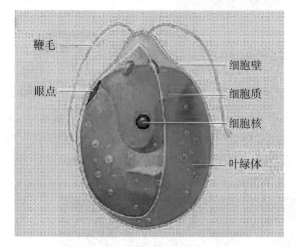

图1-1 衣藻

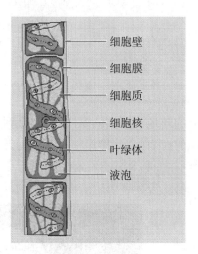

图1-2 水绵

图1-3 紫菜

图1-4 海带

1. 这些藻类植物生活在什么环境中?
2. 比较这几种藻类植物在形态结构上各有什么特点?
3. 藻类植物的共同特征是什么?

藻类植物的种类很多:有单细胞的,也有多细胞的;有的是绿色的,有的是褐色或紫红色的;有的生活在河流、湖泊、池塘中属于淡水藻,有的生活在海水中属于海藻。

海带　海带是海水中的大型褐藻,在浅海海底岩石上生活,主要分布在北方温度较低的海水中,海带的植物体长度可达3米以上。它的结构简单,没有根、茎、叶等器官的分化,只有扁平的叶状体、柄和起固着作用的根状物。海带的叶绿体里除了叶绿素以外,还含有大量的藻黄素,植物体呈现褐色。海带营养丰富,含有丰富的碘,因此,人们可以通过食用海带,来治疗和预防地方甲状腺肿(俗称大脖子病)。

紫菜　紫菜是人们喜爱食用的一种红藻,它生长在浅海岩石上。紫菜的植物体通常是由一层细胞组成,薄而柔软的叶状体,边缘有很多皱褶。紫菜的叶绿体里含有叶绿素和大量的藻红素,所以呈现紫红色。

对单细胞藻类来说,一个细胞就可以完成全部的生命活动,如衣藻。即使是个体比较大的藻类植物,也只有起固着作用的根状物和宽大扁平的叶状体,如海带,所以藻类植物没有真正根、茎、叶等器官的分化,结构很简单。藻类植物细胞一般都含光合作用的色素(叶绿素和其他光合色素),能进行光合作用,营养方式为自养型。绝大多数的藻类植物都生活在水中,它们的光合作用不仅为其他水生生物提供充足的食物和氧气,而且是大气中氧的重要来源。

信息库

地 衣

在裸露的岩石或者是树皮上,常常会有一些灰色或黄绿色的斑块,其实这是一类活着的生物——地衣。地衣(图1-5)是真菌和绿藻等的共生体。真菌从绿藻中得到光合作用制造的有机营养,而绿藻从真菌那里得到其菌丝从树皮等物体中吸收的水分和无机盐,它们互惠互利,相互依存。大部分地衣生长速度缓慢。目前,已被发现的地衣约有20000种。在没有土壤的环境中,植物很难生存,而地衣则能够生活在光秃的岩石上,并能促使岩石风化成为土壤。地衣还能够抵抗恶劣的气候条件,在干旱的沙漠和凛冽的寒风中生存。因此,地衣被称为生物占领新陆地的"开路先锋"。

图1-5 地衣

幼儿活动设计建议

奇妙的"水底森林"探险

藻类植物种类多样,我们身边也有各种藻类。

活动材料

透明塑料容器或玻璃罐、自来水或装有自来水的小水壶、砂子、不同种类和形状的藻类、彩色笔、绘画纸

活动过程

1. 在透明塑料容器或玻璃罐中放入一些砂子,以模拟水底。慢慢倒入自来水,直到砂子被覆盖,但不要太多。将不同种类和形状的藻类插入水中。

2. 观察容器中的藻类,了解藻类的外观。提供绘画纸,画一画观察到的藻类。

安全提示

防止砂子入眼、入口。

二、苔藓植物

夏天在阴湿的石面、地表、树干和背阴的墙壁上,常常密集地生长着许多矮小的植物,就像一片毛茸茸的绿毯,这往往是苔藓植物。它们个体很矮小,小的肉眼不易看清楚,大的也不过十几厘米。

观察思考

地钱、葫芦藓和墙藓等是常见的苔藓植物。观察下图或用放大镜观察实物,然后思考以下问题:

1. 与藻类植物相比,苔藓植物的生活环境有什么不同?

2. 举例说明苔藓植物的形态结构是怎样与其生活环境相适应的?

3. 苔藓植物有什么共同的特点?

　　有的苔藓植物没有茎、叶的分化，它们只是扁平的叶状体，如地钱(图1-6)。有的苔藓植物开始有了茎、叶的分化，但没有真正的根，它们的假根没有吸收水分和无机盐的功能，只能起着固定植物体的作用，植株长得很矮小，如葫芦藓(图1-7)、墙藓(图1-8)。

图1-6　地钱

图1-7　葫芦藓

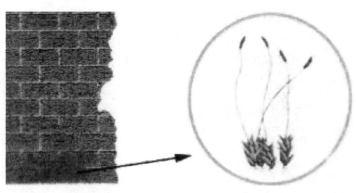

图1-8　墙藓

　　葫芦藓　藓类中最常见的是葫芦藓。葫芦藓生活在阴湿的泥地林下或树干上。植株高1～3厘米(不包括孢蒴和蒴柄)，一般茂密丛生，呈草绿色。葫芦藓的地上部分有细弱分枝的茎，又薄又小的叶螺旋状地着生在茎上。茎基部的叶不发达，排列得也比较疏松，茎顶部的叶片很稠密，能够进行光合作用。茎的基部长有很多条假根，假根有固着作用和吸收水分的作用。葫芦藓的孢蒴呈葫芦状，由此而得名。植物体内由于没有输导组织，吸水和保水能力都很弱，因此植株矮小，只能生活在阴湿的环境里。

　　苔藓植物的茎和叶中没有输导组织，因此它们的叶又小又薄，除进行光合作用外，还能吸收水分和无机盐。苔藓植物的形态结构和生活环境表明，它是植物从水生向陆生的过渡类型。

幼儿活动设计建议

观察葫芦藓

葫芦藓是一种常见的苔藓植物,通常生长在湿润的环境中,如树皮、岩石和土壤上。

活动材料

放大镜、找到附近大片的葫芦藓

活动过程

1. 用放大镜观察新鲜的葫芦藓。
2. 用尺子测量葫芦藓的高度。
3. 找到植株顶端的小葫芦状结构,猜猜它有什么作用。
4. 看看葫芦藓生长环境照片或视频,说一说它的生存环境有何特点。

安全提示

活动中勿揉眼睛,活动后要洗手。

信息库

苔藓植物在自然界中的作用

苔藓植物是从水生发展到陆生的一类小型植物。它的生长为其他高等植物创造了土壤条件,是植物界的开路先锋。苔藓植物具有保持水土的作用。集群生长和垫状生长的苔藓植物,植株之间的空隙很多,因此它们具有良好的保持土壤和贮藏水分的作用。有些苔藓植物的本身还有贮藏大量水分的功能,像泥炭藓叶中有大型的贮水细胞,可以吸收高达本身重量20倍的水分。

苔藓植物能够促使沼泽陆地化。泥炭藓等极耐水湿的苔藓植物,在湖泊和沼泽地带生长繁殖,其衰老的植物体或植物体的下部,逐渐死亡和腐烂,并沉降到水底,时间久了,植物遗体就会越积越多,从而使苔藓植物不断地向湖泊和沼泽的中心发展,湖泊和沼泽的净水面积不断地缩小,湖底逐渐抬高,最后,湖泊和沼泽就逐渐变成了陆地。

许多种苔藓植物可以作为土壤酸碱度的指示植物。像生长着白发藓、大金发藓的土壤是酸性的土壤,而生长着墙藓的土壤是碱性土壤。近年来,人们把苔藓植物当作大气污染的监测植物,如尖叶提灯藓和鳞叶藓对大气中的二氧化硫(SO_2)特别敏感。

古人很早就开始利用苔藓植物,有人用它来堵墙缝、隔热、塞枕头、做被褥,有人用它来做装饰、疗伤等。到了现代,人们开始人工栽培苔藓植物,装饰公园、庭院。藓类中泥炭藓的应用较广。它吸收力强,质地松软,又能抗菌,是很好的外伤包扎敷料,它还可用来包扎花卉、树苗等,既通风又保湿。有些种类的泥炭藓还可做草药,能清热消肿,泥炭酚可治皮肤病。泥炭藓还是决定泥炭层深度和沉积度的最主要植物。

三、蕨类植物

我们在森林、溪沟和田野的阴湿环境和花卉市场上,常常能见到叶形态很特别,背面常长有褐色孢子囊群的植物,这些植物就是蕨类植物。

肾蕨 肾蕨(图1-9)成片地生长在温暖地带的山野、林下。匍匐茎的短枝上生出圆球形的块茎。叶丛生,羽状复叶,孢子囊群生在每一组侧脉上侧的小脉顶端,囊群盖肾形。肾蕨株形美观,常作观赏植物。

卷柏　在蕨类植物中,有一些非常耐旱的种类,卷柏(图1-10)就是其中的佼佼者。卷柏是一种矮小的草本植物,高不过十几厘米。在直立短粗的茎顶部,密密丛生着许多扁平小枝,小鳞片状的叶分四行排列在小枝上,看上去很像一簇柏树小枝插在了地上。卷柏靠孢子进行有性生殖。卷柏分布十分广泛,在中国各地以及俄罗斯远东地区、朝鲜、日本都有。这种植物有极强的耐旱本领,因此多扎根于裸露的岩石上和悬崖峭壁的缝隙中。

观察思考

肾蕨、卷柏等是常见的蕨类植物,请用肉眼观察根、茎、叶的外形特点及植株的高度,并用放大镜观察孢子囊群和孢子。

 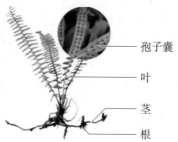

孢子囊
叶
茎
根

图1-9　肾蕨

图1-10　卷柏

思考以下几个问题:

1. 从形态上看蕨类植物和苔藓植物有什么区别? 这与它们的生活有何关系?
2. 蕨类植物的孢子有什么作用?

蕨类植物比苔藓植物高大,大多数是陆生的,有了根、茎、叶的分化。茎在地下或地面匍匐生长,叶面有角质层和气孔;根、茎、叶中具有输导组织,可以有效地运输水和营养物质,能够适应陆地环境;根、茎、叶内还具有机械组织,加大了对植物体的支撑能力,所以植株能够生长得比较高大;在生殖季节,有的叶片背面有许多褐色的孢子囊群。孢子成熟以后,就从叶表面散放出来,如果落在温暖潮湿的地方,就会萌发和生长。

👥 幼儿活动设计建议

探索神奇的肾蕨

通过观察和亲身经历认识蕨类植物,了解它们的基本特点和生长环境。

活动材料

肾蕨植物(最好是小苗或小植株)、小花盆或容器、泥土或土壤、小铲子或铲土工具、喷壶或水壶、放大镜、绘画纸、彩色笔、实验衣或园艺手套

活动过程

1. 准备一个小花盆或容器,填充土壤,然后将肾蕨植物小苗或小植株种植在其中。
2. 仔细观察肾蕨植物的生长环境。说说蕨类植物喜欢生长的环境。
3. 每天观察肾蕨的生长过程。说一说植物的叶子如何展开,颜色变化等。

4. 用画笔记录每天的观察结果。画一画或说一说肾蕨的外观、变化和成长过程。

5. 观察一段时间后，一起说说观察到的肾蕨的生长和变化。

6. 向伙伴展示绘画或模型。

安全提示

活动中穿着实验衣和园艺手套，确保安全。

信息库

蕨类植物与人类生活

蕨类植物与人类的关系非常密切。两亿多年前的古代蕨类植物被埋藏在地下形成了现在的煤炭。现存的蕨类植物很多种类可以入药，如乌蕨可治疮毒和毒蛇咬伤，卷柏外敷可以治刀伤出血等；很多种蕨类植物的幼叶是美味佳肴，如蕨菜等；许多蕨类植物在工业上有重要用途，如木贼的茎可做木器或金属的磨光剂；有些蕨类植物既是优良的绿肥，又是高蛋白饲料，如满江红（图1-11）；许多蕨类植物可作为土壤指示植物，如芒萁、狗脊蕨、铁线蕨（图1-12）等；还有很多蕨类植物具有观赏价值，可用于美化环境，如肾蕨、铁线蕨、卷柏、鸟巢蕨、桫椤（图1-13）等。

图1-11 满江红

图1-12 铁线蕨

图1-13 桫椤

本节评价

1. 如果鱼缸长时间不换水，内壁上就会长出绿膜，水会变成绿色，这是什么原因？

2. 某地修建了一座钢铁厂，几年后这里许多绿茸茸的苔藓植物都不见了，为什么？

3. 有些树的树干背阴的一面生长着一些苔藓，而向阳的一面则不生长，这是什么原因？

第二节 裸子植物

通常我们把"白果"当成银杏的果实，这好像已经成为常识，但实际上银杏属于裸子植物，"白果"只是直接暴露在外的种子。你知道什么是裸子植物吗？它们具有哪些特征呢？

裸子植物属于种子植物。我们把能开花，产生种子，并能用种子进行繁殖的植物，称为种子植物。种子的结构比孢子复杂，抵抗干旱和其他不良环境的能力也远远强于孢子。种子植物根据种子是否有果皮包裹，分为裸子植物和被子植物两类。

一、裸子植物的特征

裸子植物在温带森林和北方森林生物群落中大量存在,是可以耐受潮湿或干燥的物种。与被子植物不同,裸子植物不开花或结果。

信息库

银杏的种子

银杏为高大的落叶乔木,雌雄异株。银杏的叶为扇形,有细长的叶柄。银杏的种子称为白果,看上去像杏的果实,可它实际上是由胚珠发育成的种子。银杏种子的外种皮肉质、被白粉,故称白果;中种皮即种壳,骨质、坚硬;内种皮膜质,有光泽;种皮内部有胚(图1-14)。银杏的白果在宋代被列为皇家贡品,可以入药。

外种皮
中种皮
内种皮

图1-14 银杏

像银杏这样种子外面没有果皮的包被,种子是裸露的,叫裸子植物。常见的种类有雪松(图1-15)、银杏、苏铁(图1-16)等。

图1-15 雪松　　　　　　　　图1-16 苏铁

雪松,常绿乔木,叶针形,坚硬。球果第二年(稀三年)成熟,种子有宽大膜质的种翅。材质坚实,致密而均匀,具香气。雪松的树形美观,作为庭园树种被我国各大城市广泛栽培。

苏铁,又叫铁树,主干呈柱状,顶端丛生大型的羽状复叶,雌雄异株。苏铁主要分布在我国南方,在北方地区很难开花,所以人们常用"铁树开花"来比喻事物非常罕见或极难实现。实际上,只要条件适宜,铁树可连年开花不断。苏铁树形优美,为我国常见的观赏树种。

事实上，松只有种子而没有果实，松的球果不是果实，那一片片木质的结构是鳞片，种子就裸露在鳞片之间的缝隙中。松、杉、柏、银杏等的种子都是裸露的，它们都属于裸子植物。

裸子植物具有发达的根、茎、叶。根能更好地吸收水分和无机盐，且牢牢地固定泥土；茎内具有大量的管胞，具有输导和支持的作用；叶多为针形、鳞形，极少数为扁平的阔叶，从而可减少水分的蒸发，更适合陆地生活，所以裸子植物一般长得很高大，也能在干旱和土壤贫瘠的地方生长。

观察思考

松树（图1-17）、银杏和苏铁等是常见的裸子植物。请观察至少一种裸子植物实物，并思考回答以下问题：

1. 裸子植物的叶形具有什么特点？这种叶形对其生存有何意义？

2. 裸子植物与蕨类植物、苔藓植物相比，有什么异同点？

3. 松的球果是果实吗？

图1-17 松果和松枝

幼儿活动设计建议

观察几种常见的裸子植物

观察常见的裸子植物或标本，描述裸子植物的特征。

活动材料

松、杉、柏、银杏等裸子植物的标本

活动过程

1. 选取松、杉、柏（图1-18）和银杏的图片或实物标本，观察它们叶的形态。

2. 取松树的叶用指甲在叶表面刮一刮，说说有什么感觉。

3. 观察松、杉或柏成熟的球果，银杏的种子，说一说它们和桃子的种子有什么不同。

图1-18 侧柏的球果和叶

二、裸子植物与人类生活

裸子植物出现于3亿年前的古生代晚期，最盛时期是在中生代，现存的裸子植物共有12科，71属，约800种。我国是裸子植物种类最多、资源最丰富的国家之一，有11科，41属，约240种，其中不少是孑遗植物。尽管裸子植物在数量上不如被子植物多，但仍然从经济、文化到环境等方面，对我们的生活和环境产生影响。

1. 林业

裸子植物大多为乔木,覆盖着地球的森林中约有80%都是裸子植物。其在维护森林生态平衡和水土保持等方面发挥了重要的作用。裸子植物较耐寒,对土壤的要求较低,枝少干直,易于种植,因此,我国目前的荒山造林首选针叶树,如云杉、冷杉、杉木、马尾松、油松等成为重要的人工造林树种。

2. 食用和药用

许多裸子植物的种子可食用或榨油,如买麻藤、红松等种子,均可炒熟食用;银杏和侧柏的枝叶及种子、麻黄属植物的全株均可入药;近年来从红豆杉的枝叶及种子的提取物中出现具有抗癌活性的多种生物碱,可用于抗癌药物的制取。

3. 工业

裸子植物的木材可作为建筑、家具、器具及木纤维等工业原料。多数松杉类植物的枝干可割取树脂用于提炼松节油等副产品,树皮可提制栲胶。同时,裸子植物为我国的造纸工业和建筑工业提供了主要的木材资源。

4. 观赏和庭院绿化

大多数裸子植物为常绿乔木,寿命长,树形优美,修剪容易,是重要的观赏和庭院绿化树种,如苏铁、银杏、雪松、油松、水杉、金松、侧柏、圆柏、南洋杉、罗汉松等,其中雪松、金松、南洋杉被誉为世界三大庭院树种。

📖 信息库

裸子植物的历史和分布

裸子植物具有悠久的历史,在中生代最为繁盛,由于地球气候经过多次重大变化,许多种类相继灭绝,全世界现在仅存800多种,我国有250多种。裸子植物主要分布在温带地区,以及热带、亚热带海拔较高的山区。

我国是裸子植物种类最多、资源最丰富的国家之一,被誉为"裸子植物的故乡",其中有许多是闻名世界的珍稀植物,还有不少是第三纪的孑遗植物或称"活化石"的植物,如:银杉、水杉、银杏、珙桐等。我国较著名的裸子植物分布林区有长江流域以南的马尾松林和杉木林,东北大兴安岭的落叶松林,小兴安岭的红松林,甘肃南部的云杉、冷杉林,陕西秦岭的华山松林等。

📝 本节评价

1. 球果或松果在裸子植物的生殖中起到什么作用?

2. 裸子植物的叶子结构如何? 这样的结构适应了什么样的环境条件?

3. 调查校园、社区和街道的绿化树种或本地的裸子植物,收集图片、文字或其他的资料,在班上举办一次身边的裸子植物展。

第三节 被子植物

松树的球果和桃树的果实都蕴含着宝贵的种子,然而两者的生物学归属却截然不同。松树作为裸子植物的代表,其球果外表粗糙,坚硬的鳞片覆盖着内部的种子。与之形成鲜明对比的是,桃树则属于被子植物,其果实外表光滑、多汁,内部的种子被包裹在柔软的果肉之中,呈现出一种多姿多彩的外观。你能说出判断裸子植物还是被子植物的依据吗? 被子植物具有哪些特征?

一、被子植物的特征

松树的球果和桃树的果实里种子的着生状况明显不同(图1-19):松树的种子外面没有果皮包被,种子是裸露的,因此松属于裸子植物。桃树的种子不裸露,外面有果皮包被,因此桃属于被子植物。

图1-19 松的球果和桃的果实

可见,种子植物根据种子外是否有果皮包被可分为裸子植物和被子植物。被子植物的种子外面有果皮包被,能形成果实,所以叫被子植物。例如桃、玫瑰、百合、杨梅、葡萄、槐树、杨柳、无花果等。

珙桐 珙桐(图1-20)是落叶乔木,可生长到20~25米高。叶子广卵形,互生,无托叶,基部心形,边缘有锯齿。珙桐的花是由多数雄花和一朵两性花合成一个球形的头状花序,但基部有两片乳白色的大苞片,在微风中随风飘扬,如同无数鸽子,非常美观,有"植物活化石"之称,果实为长卵圆形核果。国家一级重点保护野生植物,为中国特有的子遗植物。珙桐为世界著名的珍贵观赏树,有和平的象征意义。材质沉重,是建筑的上等用材,可制作家具和作为雕刻材料。

图1-20 珙桐

一般而言,被子植物由根、茎、叶、花、果实、种子六种器官构成。其中,根、茎、叶担负着营养植物体的生理功能,叫营养器官。花、果实、种子与植物的生殖有关,叫生殖器官。被子植物的基本特征是:具有根、茎、叶、花、果实和种子六大器官;典型的花由花被(花萼和花冠)、雄蕊和雌蕊等部分组成;种子外面有果皮包被。

观察思考

被子植物是植物界中种类最多、分布最广、结构和功能最复杂的一个类群。生活中我们会接触到形形色色的被子植物,观察棉、大豆、小麦和玉米的标本或图片(图1-21),并思考回答以下问题:

1. 这些被子植物在形态和结构等方面有什么相同点和不同点?
2. 对照裸子植物,找出上述被子植物与裸子植物的异同点。

棉　　　　　　　大豆　　　　　　　小麦　　　　　　　玉米

图1-21 棉、大豆、小麦和玉米

由于裸子植物的种子裸露在外,所以种子在抵抗不良环境条件及传播等方面都比被子植物差。而被子植物的种子藏在果实之内,不但受到了保护,又有利于种子传播,大大加强了繁殖后代的能力。因而被子植物成为植物中最高等、种类最多、分布最广的一个大类群。

📖 信息库

单子叶植物和双子叶植物

被子植物是植物界中最大的一个类群,它分为两个主要类群:单子叶植物和双子叶植物。

单子叶植物的种子在发芽时只有一个子叶。这些植物的叶脉通常呈平行排列,花的花瓣、雄蕊和花萼的数量通常是3的倍数,如3、6、9等。根通常不具备明显的主次根之分。茎的构造通常是散乱的,没有明显的年轮结构。它们在植物界中占有重要地位,包括一些重要的农作物如小麦、玉米和稻米等。

双子叶植物的种子在发芽时产生两个子叶。这些植物的叶脉通常呈放射状或网状排列,花的花瓣、雄蕊和花萼的数量通常不是3的倍数。根通常具备主根和分支次生根,形成较为复杂的根系结构。茎的构造通常具备明显的年轮结构,可以形成木质部分。大多数的草本植物和木本植物都属于双子叶植物类群。

被子植物在植物界中广泛分布,各自拥有丰富的物种多样性,对生态系统和人类的生活都有重要影响。

探索 🔖 实践

植物腊叶标本的采集与制作

腊叶标本是一种用于保存和展示植物的标本制作技术,通常用于植物学研究、教育和植物收藏。

一、实验目的　学会植物腊叶标本的采集与制作。

二、实验原理　通过将生物样本的水分去除并将其压扁,使其保持在平面上,以便于保存和研究。

三、仪器及用品

1. 采集标本的用具:采集箱、枝剪、小铲、标本夹、吸水纸、标签。

2. 用品:刷子、台纸、针、线、胶水。

四、实验步骤

1. 植物标本的采集:野外采集标本时要求具有代表性和典型性。草本植物一般要求具根、茎、叶、花(或果实)完全,可用小锹将植物连根挖出;木本植物需选用无病虫害,发育正常,大小适中,具花或果的枝条。采集时在标本上挂上标签,同时记录好植物号码、采集地、分布情况、采集日期等。

2. 整理:用刷子轻轻擦掉标本上的灰尘和赃物,使其清洁美观。把标本放在吸水纸上,加以整理,使其枝叶舒展,保持自然状态。

3. 压制:在标本夹里每放几层吸水纸,便放一份标本,最后将标本夹用绳子捆紧,放置通风处,加速标本干燥。同时注意每天应及时换纸,使其彻底干燥。

一株植物或植物的一部分,经过整理、压制、干燥后,叫腊叶标本。

4. 装贴(上台纸):装贴是指把腊叶标本固定在一张硬纸板(台纸)上。

把植物腊叶标本固定在台纸上的方法主要用胶水、针和线固定。枝叶柔软的标本,可用胶水涂在标本的下面,粘在台纸上。根和茎的部位可用针和线装订,注意线的颜色与标本相近似。上完台纸后,在台纸的右下角贴上标签,注明植物的学名、采集地、采集者、采集时间。

5. 实验报告：每人交一份制作好的腊叶标本。

五、结果分析

1. 如何优化腊叶标本的制备过程，以确保标本的质量和长期保存性？

2. 腊叶标本相对于其他标本制备方法的保存性能，例如颜色保持、形状保持和防腐性能等方面有何优势？

二、被子植物与人类生活

被子植物是植物界最高级、种类最多的一个类群，起源于1.8亿年前，现知有25万多种，隶属于1.26万多属，约383科。我国约300个科，3100余属，25 000多种。

在植物界中，被子植物与人类的关系最密切。人类绝大多数的食物来自被子植物，如小麦、胡萝卜、苹果、大豆等都是被子植物的产物。许多药物和草药来自于被子植物，例如，阿司匹林（从白杨树提取）、奎宁（从金鸡纳树提取）以及各种草药（如薄荷、迷迭香、洋甘菊）都具有医疗或药用价值。被子植物也是全球经济的重要组成部分，如棉花、咖啡、可可、橡胶树和棕榈树。被子植物在不同文化和宗教中具有重要的象征意义。例如，橄榄树在基督教中象征和平，荷花在佛教中具有特殊的宗教意义。在生物圈中，被子植物的生命活动为许多生物提供了食物和能量，有助于维持生物圈中的二氧化碳和氧气的平衡，并在水循环中也具有重要的作用。

总的来说，被子植物不仅支持了我们的生存和文化，还对我们的经济和环境产生了深远的影响。因此，保护和维护被子植物种类的多样性对于人类的生活和地球的可持续发展至关重要。

幼儿活动设计建议

观察几种常见的被子植物

观察几种常见的被子植物，描述其形态特征。

活动材料

不同种类的被子植物标本（例如：多肉植物、绿萝、薄荷等）。

活动过程

1. 选择两到三种不同的被子植物图片或实物标本，观察每种植物的叶片形态。

2. 说说叶片的颜色、形状、大小和质地。

3. 轻轻将每种植物的根部从土壤中取出，并观察根系的结构，说一说根部的颜色、形状、分支情况和深度有什么不同。

4. 如果植物标本有花朵，说一说花朵大小、颜色和形状有什么不同。

安全提示

请戴好园艺手套，请勿选择有刺的植物。

本节评价

1. 什么是被子植物？请举例说明。

2. 根据什么特征可以将种子植物分为裸子植物和被子植物？

3. 有的同学将水稻、西瓜、松树归为一类，把海带、地钱和蕨归为另一类。他分类的依据是什么？

第四节 植 物 的 运 动

你是否见过一株植物向着有阳光照射的窗户倾斜生长呢(图1-22)？你是否发现受到碰触的含羞草(图1-23)，会立即叶柄下垂，小叶闭合，蜷缩起来一动不动呢？原来，高等植物虽然不能与绝大多数动物一样主动进行整体移动，但是，植物体能够通过器官在空间位置上的变化来实现各种运动，从而更好地利用外界资源和适应环境的变化，只是这种运动极为缓慢，不易为人察觉。

图1-22 向光生长的植物

图1-23 含羞草

尽管植物没有附肢、翼等运动器官，它们同样可以进行运动。目前，人们知道能运动的植物有近千种。关于植物运动的分类方法较多，按其与外界刺激的关系分类，主要分为向性运动和感性运动。

一、向性运动

向性运动是植物器官由于受到外界环境中单方向的刺激引发的运动，其运动的方向与受到刺激的方向有关。研究表明，向性运动包括接受外界刺激、将感受到的信号传导到向性细胞和接受刺激信息并发生相应的运动三个步骤。按照植物运动发生的驱动力，向性运动又被分为向光性、向重力性、向触性、向水性和向化性等。凡运动朝向刺激来源的为正向性，离开刺激来源的为负向性。所有向性运动都是生长运动，都是由于生长器官不均等生长所引起的。因此，当器官停止生长或者除去生长部位时，向性运动随即消失。

观察思考

在室内种植的情境中，植物通常会朝向窗户或光源生长；当植物生长在拥挤的环境中，它们会向上生长；沙漠地区的一些植物可能会以向下的方式生长，这些现象都与植物的向性运动有关。请寻找身边植物向性运动的例子，并与同学分享，并回答下列问题：

1. 为何植物会产生向性运动的现象？这对植物生长有何意义？
2. 如何通过一个简单的实验，让幼儿能观察到向性运动的现象？

1. 向光性

植物生长器官受单方向光照射而引起生长弯曲的现象，称为向光性。窗台的植物枝条往有光照的一侧生长、向日葵(图1-24)的花盘随着太阳移动转头等都是典型的向光运动。由于植物的向光性，植物叶柄可以通过在一定范围内的运动使叶片尽可能地处于最有利受光的位置，提高光能利用率。

图1-24 向日葵

信息库

生长素的发现

植物为什么会表现出向光性运动呢？科学家们研究发现，这与植物体内一种特殊的化学物质——生长素的调节有关。1880年，达尔文在研究光照对金丝雀鹬草胚芽鞘生长的影响时，发现胚芽鞘在受到单侧光照射时，弯向光源生长；如果切去胚芽鞘的尖端，胚芽鞘就不生长、也不弯曲；如果将胚芽鞘的尖端用一个锡箔小帽罩起来，胚芽鞘则直立生长；如果单侧光只照射胚芽鞘的尖端，胚芽鞘仍然弯向光源生长(图1-25)。根据上述事实，达尔文推想，胚芽鞘的尖端可能会产生某种物质，这种物质在单侧光的照射下，对胚芽鞘下面的部分会产生某种影响。

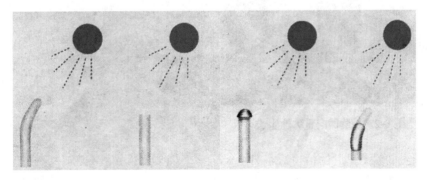

图1-25 达尔文向光性实验示意图

那么，胚芽鞘的尖端到底产生了什么物质呢？为解开此谜题，在达尔文之后，科学家们进行了一系列的探索研究。

1928年，荷兰科学家温特把切下的胚芽鞘尖端放在琼脂块上，几小时后移去胚芽鞘尖端，并将这块琼脂切成小块，放在切去尖端的胚芽鞘切面的一侧，结果发现这个胚芽鞘会向放琼脂的对侧弯曲生长(图1-26)。

如果把没有接触过胚芽鞘尖端的琼脂小块，放在切去尖端的胚芽鞘切面的一侧，结果发现这个胚芽鞘既不生长，也不弯曲。由此说明，胚芽鞘的尖端确实产生了某种物质，这种物质从尖端运到下部，并且能够促使胚芽鞘下面某些部分的生长。

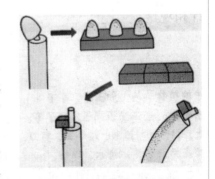

图1-26 温特实验示意图

1934年,荷兰科学家郭葛等人从一些植物中分离出了这种物质,经鉴定是吲哚乙酸。由于吲哚乙酸具有促进植物生长的功能,因此给它取名为"生长素"。之后,科学家们又陆续发现赤霉素、细胞分裂素等对植物生命活动的调节起重要作用的物质,像这样一些在植物体内合成,从产生部位运转到作用部分,并且对植物体的生命活动产生显著的调节作用的微量元素,统称为"植物激素"。

经过科学家们的深入研究发现,植物向光性产生的机理是由于生长素分布不均匀引起的,即在单侧光的作用下,背光侧的生长素浓度高于向光侧,使背光侧生长较快而导致茎叶向光弯曲。生长素对植物生长的作用,往往具有双重性。一般来说,低浓度的生长素可促进植物生长,而高浓度的生长素则抑制植物生长,甚至杀死植物。

2. 向重力性

向重力性是植物在重力的影响下,保持一定方向生长的特性。种子播种到土壤中,不管其胚的方向如何,发芽后总是茎向上长,根向下长,方位合理,有利于植物的生长发育;禾谷类作物的茎横放或植株倒伏时,下侧生长素较多,生长快,从而使茎向上弯曲,表现出负向重性。这是一种非常有益的生物学特性,可以降低因倒伏而引起的减产。

根和茎横放时,都是下侧生长素较多,但为什么根表现出正向重性而茎表现出负向重性呢? 这是因为根对生长素比茎敏感得多。根的正向重性有利于根向土壤中生长,以固定植株并摄取水分和矿物质;茎的负向重性则有利于叶片伸展,以获得充足的空气和阳光(图1-27)。

图1-27 正向重力性和负向重力性

3. 向触性

向触性是指接触刺激所引起的植物的弯曲生长运动。许多攀缘植物,如豌豆(图1-28)根、茎、叶等部位都能运动。牵牛花(图1-29)茎的末梢、葫芦科和攀缘植物(图1-30)的卷须的末梢不断地做大幅度的回旋运动,这种运动显著增加了卷须接触支撑物的机会。当旋转的器官触及粗糙物体时,由于其接触物体的一侧生长较慢,另一侧生长较快,使卷须发生弯曲而将物体缠绕起来。

图1-28 豌豆　　　　　图1-29 牵牛花　　　　　图1-30 爬山虎

4. 向水性和向化性

向水性(图1-31)和向化性是由于植物生长环境中水或某些化学物质分布不均引起的定向生长,植物根系在土壤中会向着养分、水分更多的空间生长。农业上采用深耕施肥,就是为了引导根系向着土壤深处下扎,占据更多的空间,更好地利用土壤深处的养分和水分。

图1-31　向水性

幼儿活动设计建议

观察植物向性运动

在单侧光照射下,植物会朝着光源的方向向光生长。观察并描述植物的向光性。

活动材料

花盆、豆类植物种子(如绿豆或豌豆)、培养介质(土壤或无机培养介质)、水壶、单侧开孔的纸板箱

活动过程

1. 将豆类植物种子播放在培养介质中,确保每个种子都埋在土壤或介质中。浇适量的水,使培养介质湿润但不过于湿。

2. 将培养盆放置在单侧开孔的纸板箱内,确保光源使植物能够正常生长。按照植物的需求定期浇水,保持培养介质湿润。

3. 每天观察植物的生长情况,特别注意主茎的生长方向。

4. 当植物出现明显向光现象时,说一说植物生长的方向。

二、感性运动

感性运动是无一定方向的外界刺激均匀作用于植株或某些器官所引起的运动,是由于生长着的器官两侧或上下面生长速度不等引起的。感性运动一般分为感夜性、感震性和感温性等。

当有昆虫落到捕蝇草(图1-32)叶片上后捕虫夹会迅速合上,大部分植物叶片气孔昼开夜闭,睡莲(图1-33)花朵的昼开夜合以及花生、大豆、红花苜蓿在清晨舒展叶片,在夜幕降临时合上叶片都是典型的感性运动。

图1-32　捕蝇草　　　　　　　　　　　图1-33　睡莲

观察思考

郁金香(图1-34)是一种受温度影响较大的植物,其生长和开花受到温度的季节性变化调控。

图1-34 郁金香

把郁金香花从环境温度7℃移至17℃处后,观察花的开放情况,回答以下问题:

1. 郁金香的花发生了怎样的变化?这属于植物的哪种运动方式?

2. 如果将郁金香的环境温度降低时,会发生怎样的变化?

感性运动通常是由于温度或光强度(或光周期)变化而引起的。如将番红花和郁金香从冷处移入温室内,几分钟后花朵开放。花的这一运动就是由于温度变化使得花瓣基部内外两侧生长快慢不同所致。蒲公英的花序、睡莲的花瓣是昼开夜合,而烟草、紫茉莉、月见草、晚香玉等的花则夜开昼合。也有的感性运动是由于外界的震动导致的膨压变化引起,称为感震运动。含羞草在受到外界刺激之后发生的反应就是典型的感震运动。

植物运动的形式多种多样,而其运动机制又是一个受多种因素控制的复杂问题。这是它们在生物进化中长期适应生活环境的结果,具有高度的合理性。

信息库

植物运动是长期自然选择的结果

植物通过向光运动可以获取足够的阳光进行光合作用,植物根的正向重力性和茎的负向重力性使植物种子萌发后实现根向下而茎向上的格局,从而能获取更多的阳光和营养物质(水和无机养料);植物的感性运动可避免外界的环境伤害。空气干燥、叶片失水剧烈时叶片卷曲或下垂有利于减少受光面积和蒸腾面积;气孔收缩或关闭能通过增加蒸腾阻力减少水分损失、维持水分平衡。攀缘植物通过攀缘运动依附于其他的物体上,以争夺阳光;食虫植物的感性运动使植物以异养动物作为自身营养的来源之一。

幼儿活动设计建议

植物感性运动观察

当含羞草的叶子受到触摸或刺激时,它们会迅速闭合,叶子的小叶片会向内折叠,看起来就像是在收缩。几分钟后,叶子会重新打开,恢复到原来的状态。

活动材料

含羞草盆栽

活动过程

1. 触碰含羞草的叶片,说说含羞草叶片发生的变化。

2. 触碰含羞草叶片的尖端,说说含羞草叶片的闭合过程或方向,观察茎是否有变化。

本节评价

1. 发芽后的谷种随意播于秧田,几天后根总是向下生长,茎总是向上生长,为什么? 有什么生物学意义?

2. 如果在触摸植物的叶片后,植物会做出反应,那么这种植物具有哪些优势?

3. 向日葵茎秆顶端随太阳转动,故名向日葵。这是一种什么形式的运动? 你能说明其中的原因吗?

4. 一朵盛开的睡莲花,随着太阳落下,花朵会逐渐闭合,仿佛晚上也要睡觉,睡莲也因此而得名。这是一种什么形式的运动?

第二章　动物的类群

在蓝色海洋里摇曳多姿的水母、非洲大草原疾速奔跑的羚羊，自然界多种多样的生物与我们一起生活在这个星球上。多姿多彩、形态和行为各异的动物，让我们生存的这个星球无比美丽。现在生活在地球上的动物，已经知道的大约有 180 多万种。我们有必要了解认识它们，才能和平共存、谋求平衡。如何识别动物种类，如何了解动物的行为也成为一门学问。那么，动物有哪些类群，它们有何形态结构与生理特征，又具备哪些独特的行为呢？

第一节　无脊椎动物

地球上大约 95％ 的动物都是无脊椎动物。如在泥土里的蚯蚓、蜗牛，在花丛中的蜜蜂、蝴蝶，家中喂养的蟊斯、螺蛳等等都属于无脊椎动物。它们看上去外形各异，那么它们有何共同点，又是如何区分的呢？

无脊椎动物是与脊椎动物相对应的一类，最明显的特征是不具有脊椎骨。从生活环境上看，海洋、江河、湖泊、池沼以及陆地上都有它们的踪迹；从生活方式上看，有自由生活的种类，也有寄生生活的种类，还有共生生活的种类，从繁殖后代的方式上看，有的种类可进行无性繁殖，有的种类可进行有性繁殖，有的种类既可进行无性繁殖还可进行有性繁殖。

无脊椎动物在进化上是比较古老和低等的一类，和人类的关系极为密切，有许多是人类的食品，或为人类提供工业、医药的原料，但也有不少种类对人类有害，如传播疾病等。

一、腔肠动物门

腔肠动物门是低等的多细胞动物,包括色彩斑斓的珊瑚、微小的水螅以及柔美的水母等。它们的身体一般呈辐射对称,有口但无肛门,在口的周围环生着一定数目的触手,食物从口进入消化腔进行消化后,营养物质输送到身体各处,不能消化的残渣仍从口排出。

腔肠动物的触手上密布了刺细胞(图2-1),这是腔肠动物门所特有的。当猎物碰到触手后,刺细胞就会发射刺丝囊,逮住或麻醉猎物。

水母,柔弱但偶尔会发光的身体给人以美感,有的水母是透明的(图2-2),有的则为粉红色、蓝色或金黄色(图2-3)。水母遍布全世界,从北极到南极,所有海域都有水母的身影。去海滨游泳的人如果被水母的触手刺到,会产生很强的疼痛感,有时甚至会致命。

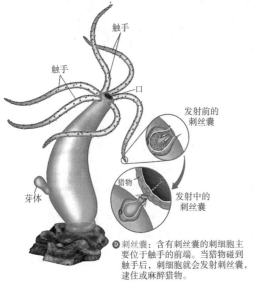

图2-1 刺细胞

图2-2 僧帽水母

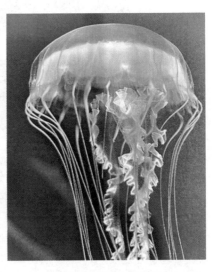

图2-3 罗盘金水母

水母移动身体的方式,是通过使身体绷紧和放松来完成的。它绷紧身体就像一只收缩的充气气球,使自己向前移动,这样的移动速度很慢,所以更多的时候它们是靠潮汐和水流来完成移动,水母的含水量高达97%,一旦水母落到了陆地上就会瘪掉。

海蜇的伞部隆起呈馒头状,直径达50厘米,胶质较坚硬,通常青蓝色,触手乳白色。广布于我国南北各海域,浙江沿海最多。海蜇的营养价值高,可供食用,也可入药。人们把它的伞部切下晒干就成了"海蜇皮"。

珊瑚其实是珊瑚虫群体的骨骼。大多数珊瑚虫聚集在一起生活,分泌保护性的石灰质骨针或骨片,并连接管状的骨骼,以保护它们柔软的身体。能形成珊瑚礁的珊瑚被称为石珊瑚,其他珊瑚则称为软珊瑚。

珊瑚礁是地球上最美丽、物产最丰富的生态系统之一(图2-4)。一块礁石由数百种造礁珊瑚形成,色彩缤纷且千姿百态。在珊瑚礁的缝隙中,生活着许多光彩夺目的鱼类和无脊椎动物,珊瑚礁还能保护其附近的海岸地带免受侵蚀,从而牵制海潮的力量。不过,全世界珊瑚礁的健康状况正在下降。大多数研究者认为,患病的珊瑚正在增多,珊瑚失去绚丽的色彩,变得灰暗或惨白。环境变化如沿海垃圾污染、高水位、海洋温度的变化等因素都会导致珊瑚更容易遭受疾病的侵害。

珊瑚虫

珊瑚礁

图2-4 珊瑚虫和珊瑚礁

📖 信息库

亲密无间的伙伴——海葵和双锯鱼

自然界中生物之间可以建立起十分和谐的共生关系。这些生物你离不开我,我离不开你,互惠互利。海葵和双锯鱼就是海洋生物中的一个共生例子。

海葵体呈圆柱状,上端中央有口,口周围有几圈像花瓣一样的触手,全部伸展开来时,好像葵花开放,海葵由此而得名。在它身体的基部,有一个足盘,能分泌黏液,把身体固着在浅海的岩石、木桩等物体上。

双锯鱼又叫小丑鱼,生活在我国南海和世界热带海洋的珊瑚礁丛里。一般长5~12厘米,身体表面有鲜艳的朱红色和雪白色相间的色带,清晰美丽。

海葵身体上分布有刺细胞,任何动物只要碰到海葵,就会被海葵花瓣状触手上的刺细胞中有毒的刺丝麻醉或杀死,但是双锯鱼却例外,它们不仅能在海葵周围活动,而且还可以肆无忌惮地来回穿梭于海葵的触手间。颜色鲜艳的双锯鱼,会引起许多凶猛的肉食性鱼类的追逐,这时双锯鱼便逃到海葵触手间躲藏,避免被敌害捕食,而接近海葵触手的凶猛鱼类却被海葵触手刺细胞射出的刺丝麻醉致死,成了海葵的美餐。海葵不但庇护双锯鱼,并且还供给它们食物。双锯鱼可帮助海葵清理卫生。海葵身体不能移动,常常被细沙、生物尸体或自己的排泄物掩埋窒息而死。双锯鱼在海葵的触手中间游动搅动海水,冲走海葵身体的"尘埃"与"污物",同时加强了海葵周围水的流动,使海葵得以获得充足的氧气。

如果人们把海葵拿走,双锯鱼就会被其他鱼类吃掉,海葵保护了双锯鱼,而双锯鱼的活动为海葵招来了食物并带来充足氧气,让海葵得以更好地生存(见图2-5)。

图2-5 海葵和双锯鱼

二、扁形动物门

世界上已知的扁形动物约有10 000多种,它们有些分布在海水、淡水和湿土,有些寄生在人和动物的体表或体内,这些种类对人畜的危害很大。猪肉绦虫(图2-6a)、血吸虫(图2-6b)、涡虫(图2-6c)等是比较常见的扁形动物。

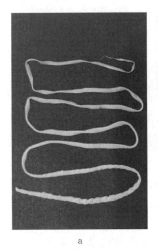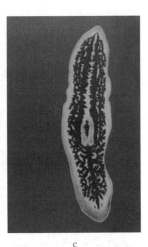

a   b   c

图2-6 猪肉绦虫、血吸虫和涡虫

猪肉绦虫成虫以人作为终寄主,寄生在人的小肠中,幼虫以猪作为中间寄主,寄生在猪的肌肉、舌、脑等部位,故由此而得名。

猪肉绦虫的身体背腹扁平,分为头节、颈节和节片三部分。体长2~3米,宽7~8毫米,共有节片800~900片,后端的成熟节片长约10毫米。头节圆球形,直径约1毫米,有四个吸盘,并有顶突与两圈小钩。

含有猪肉绦虫幼虫的猪肉叫"米猪肉"(也叫"豆猪肉"),人如果误食没有煮熟的"米猪肉",幼虫就会在人的小肠内发育。猪肉绦虫寄生在人的小肠内吸食人已经消化的养料,会使人发生营养不良、贫血等症状;人如果不慎误食了含有绦虫卵的食物,绦虫的幼虫会寄生在人的肌肉、舌、脑、眼等部位,引起人的肌肉无力、抽风、失明等症状,严重影响人的健康。预防猪肉绦虫的方法:首先,在选购猪肉时,要选择经过检疫的猪肉;其次,切菜时生熟食品要分开;最后,猪肉要在充分煮熟后再食用。

血吸虫,常见的有日本血吸虫、埃及血吸虫和曼氏血吸虫三种。在我国只有日本血吸虫,其成虫寄生在肠壁的小血管和肝门静脉血管内,幼虫以钉螺为中间寄主。

日本血吸虫雌雄异体,雄虫乳白色,长7~21毫米,体两侧向腹面卷曲,形成小槽,称"抱雌沟",用以夹抱雌虫。雌虫黑褐色,长12~23毫米。雌虫在肠壁附近产卵,卵可穿透肠壁,随粪排出,在水中孵出幼虫,进入中间宿主钉螺(图2-7)体内发育,最后逸出螺体,密集在水面上,一旦接触到人、畜的皮肤,就由此侵入体内,使人、畜患上血吸虫病。受感染者(图2-8),成人丧失劳动力,儿童不能正常发育,妇女不能生育,甚至丧失生命。要预防血吸虫病,必须消灭中间寄主,做好查螺灭螺工作。

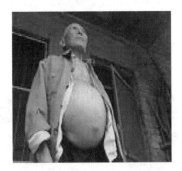

图2-7 钉螺   图2-8 血吸虫患者

扁形动物门的特征是身体左右对称,背腹扁平,有口无肛门。扁形动物在内外两个胚层之间出现了一个发达的中胚层,有三个胚层。左右对称的动物能够较快地运动、摄食和适应外界环境的变化;中胚层的出现增强了动物的运动能力,使它们能够主动地、较快地摄取食物。大多数扁形动物雌雄同体,能异体交配和体内受精。

📖 信息库

涡虫的再生

再生是指动物能自身修复或重新长出缺损的部分身体。如果将一条涡虫横向切断,保留头部的那段就会长出新的尾巴,保留尾部的那段会长出新的头部。这种将一条涡虫切成两段后长出两条新的涡虫,属于无性生殖。

👥 幼儿活动设计建议

观察涡虫的再生

涡虫具有较强的再生能力,如果将之横向切断,一条涡虫可以长出两条新涡虫。

活动材料

涡虫、培养皿、解剖镜、冷冻载玻片、标签纸、毛笔、单刃刀片

活动过程

1. 在培养皿中倒入少许纯净水,将涡虫放入其中。(用毛笔刷可轻松搬移涡虫)

2. 在解剖镜下观察涡虫,辨认其头部、尾部及"眼点",见图2-9a。

3. 将涡虫放在冷冻载玻片上,使之肌肉松弛。随后,在解剖镜下用单刃刀片将涡虫拦腰切成两片,见图2-9b。

4. 分别取下头部和尾部,放入两个装有纯净水的培养皿,皿底标注"头部""尾部"。

5. 将培养皿放置在教师固定的位置,每隔3~4天换一次水。

6. 连续两周观察并描述两个培养皿中涡虫的生长状况。

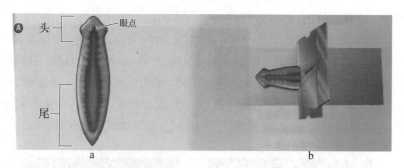

图2-9 观察涡虫的再生

安全提示

1. 单刃刀片刀口比较锋利,注意安全。

2. 步骤3和4中解剖镜的操作由教师完成,之后请幼儿观察。

3. 实验结束需洗净双手。

三、线形动物门

线形动物大约有12 000种，它们分布广泛，通常生活在土壤中或动物体内。其中少数过着自由生活，大多数寄生在人、家畜和农作物体内，会对人、家畜和农作物造成严重的危害。常见的线形动物有蛔虫、蛲虫、钩虫等（图2-10）。

蛔虫是人体肠道内最常见的寄生虫，体长圆柱形，两端逐渐变细，活虫呈乳白色或略带粉红色。雌雄异体，雄虫较小，体长15～25厘米，尾部向腹面弯曲；雌虫较大，体长20～35厘米，尾端尖直。蛔虫身体前端有口，消化结构简单，体表有角质层，能抵抗人的消化液的侵蚀。雌雄蛔虫发育成熟后，在人的小肠内交配，雌虫体内受精，每条雌虫平均每天产卵20万粒左右。蛔虫的受精卵（图2-11）具有感染性，随着人的粪便排出体外。人喝了含有感染性虫卵的生水，吃了黏有感染性的生菜或者用黏附着感染性蛔虫卵的手去拿食物，都可能会感染蛔虫病。受感染后，出现不同程度的发热、食欲不振或者容易饥饿，肚脐周围阵发性的疼痛、磨牙、失眠、营养不良等。因此必须预防蛔虫病。首先，要注意个人饮食卫生，生吃的蔬菜、水果等一定要洗干净，不喝不清洁的生水，饭前便后要洗手；其次，要管理好粪便。

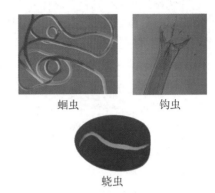

蛔虫　　钩虫

蛲虫

图2-10 常见的线形动物

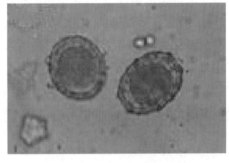

图2-11 受精的蛔虫卵

蛲虫属于线形动物。寄生在人和动物大肠和盲肠内，幼儿感染率较高。蛲虫的身体较小，雄虫长25毫米，雌虫长约10毫米。成虫乳白色，像白棉线头。雄虫雌虫发育成熟后进行交配，交配后雄虫即死亡。雌虫夜间爬到寄主的肛门附近产卵，产卵后也死亡。在寄主肛门的附近产卵时对皮肤刺激造成瘙痒，患者用手挠抓肛门，虫卵附在手上、指甲底下、被褥和内衣上，很容易带入口中，造成重复感染。预防蛲虫病的主要措施是要培养良好的卫生习惯，饭前便后要洗手，经常剪指甲，常换内衣裤，纠正小孩吸吮手指的不良习惯。床单被褥常洗常晒。

线形动物特征是身体细长或圆筒形，体表有一层角质膜，前端有口后端有肛门。有了肛门后，动物的消化、吸收和排泄分开，提高了消化效率。线形动物雌雄异体，雌雄体在外形上存在区别。

四、环节动物门

拨开土壤，你可能会找到蚯蚓。蚯蚓是环节动物门的常见动物，其身体分成许多体节，开始有了明显的真体腔，出现了血液循环系统，多数环节动物的身体上长有刚毛。环节动物门在动物演化上发展到了一个较高阶段，是高等无脊椎动物的开始。

已知的环节动物的种类有8 700多种，世界各地都有分布。常见的种类除蚯蚓外，还有蚂蟥、沙蚕等（图2-12）。

蚯蚓　　　　　　　　蚂蟥　　　　　　　　沙蚕

图2-12 常见的环节动物

常见的蚯蚓是环毛蚓,生活在潮湿、疏松、富含有机物的土壤中,以落叶和泥土中的有机物为食。

蚯蚓头部退化,没有听觉,眼也已经退化,只有感光细胞,但对光的刺激有敏锐的反应。蚯蚓身体细长而柔软,由多个体节组成,体节上生有刚毛。在靠近头部的第14～16体节间有一圈较宽阔而没有刚毛的粉红色环带,称作"生殖带"(图2-13)。

图2-13 蚯蚓的生殖带

蚯蚓的体壁能分泌黏液,黏液使身体表面湿润黏滑,可以减少身体与地面的摩擦,并且有助于蚯蚓通过体表完成呼吸作用。体壁的肌肉发达,依靠肌肉的舒缩以及体表刚毛的配合进行运动。当蚯蚓前进时身体后部的刚毛钉入土里,使后部不能移动,这时身体向前伸长。接着,身体前部的刚毛钉入土里,使前部不能移动,这时身体向前缩短。像这样一伸一缩,蚯蚓就向前移动。

蚯蚓是雌雄同体、异体受精的动物。交配时两条蚯蚓的生殖带紧贴在一起,相互交换精子,然后将交换来的精子和自己的卵细胞结合,完成受精作用。

蚯蚓对人类有很多益处。第一,改良土壤。第二,蚯蚓是优良的动物蛋白饲料和食品。蚯蚓的身体中含有大量的蛋白质和脂肪,还含有不少糖类和矿物质,营养价值很高,是畜、禽、鱼的优质饲料,也可以做人类的食物。第三,蚯蚓在医学上用途很广,可以做解热镇痉剂和利尿剂等。第四,人们可以利用蚯蚓来处理有机废物,消除环境污染。

观察思考

蚯蚓在土壤活动中活动,使土壤变得疏松,改善土壤通气状况和储水能力,有利于植物的生长。蚯蚓吃进腐烂的有机物后,产生的粪便中含有丰富的氮、磷、钾等成分,有利于改良土壤。

观察

1. 取黑色的土和黄色的土分别装在箱中,做成三层:第一层放黑色土,第二层放黄色土,第三层再放黑色土。

2. 装好土后在箱上做好记号,将各层的边界标出。

3. 选择几条健壮的蚯蚓放在木箱中,每天定时洒水,保持土壤的湿度,并投放适量的树叶、菜叶或泡过的茶叶。

4. 每天观察一到两次,并将观察结果记录下来。

5. 活动结束后,把蚯蚓放回大自然。

讨论

1. 说出观察到的现象,解释该现象并描述其在自然界的意义。

2. 观察期间,为什么每天要给土壤洒水?每天要投放适量的树叶或泡过的茶叶,其目的又是什么呢?

3. 为什么活动结束后要把蚯蚓放回大自然?

信息库

"能干"的蚯蚓

蚯蚓有"大自然耕耘机"和"大自然施肥者"的美誉。蚯蚓能够松土,由于它经常在地下钻洞,使土壤疏松多孔,可以含有更多的空气和水分,有利于植物的生长,所以人们把蚯蚓称为"活犁耙"。同时,蚯蚓的粪便中含有丰富的氮、磷、钾等成分,有利于改良土壤。

蚯蚓在垃圾处理方面的"神通"也显得格外引人注目。蚯蚓可大量吞食垃圾中的有机物,如饭菜、纸张、蛋壳、果皮等,一个三口之家一天产生的生活垃圾,几千条成年蚯蚓可将其全部"消耗"。据统计,两吨的活蚯蚓一天可吃掉一吨有机垃圾。悉尼奥运会期间,奥运村的生活垃圾就是靠160万条蚯蚓处理掉的。蚯蚓可以把垃圾变成于人类有益的东西:蚯蚓肠道中能分泌出多种生物活性成分,一些矿物质经过蚯蚓处理后会变成易被植物吸收的养料,蚓粪酸碱度适宜,具有保水、保肥性能,含有植物所需的微量元素,是绿色环保的生物肥料。

在美国、日本等发达国家,利用蚯蚓处理垃圾的方式早已不鲜见。美国加利福尼亚州的一个公司养殖了5亿条蚯蚓,每天可处理废物200吨;日本的许多家庭都利用蚯蚓来消灭每日的生活垃圾。

蚯蚓处理垃圾的前提是要将垃圾完全进行分类。纸张、玻璃、木材废料等用来回收利用;电池等有毒害垃圾被卫生填埋;剩下的约40%的有机垃圾则可经过堆制发酵后,用蚯蚓进行处理。

蚂蟥生活在水中的称作水蛭或水蚂蟥,生活在陆地的称作山蛭或山蚂蟥。蚂蟥的身体狭长扁平,由许多体节构成。身体的前后端各有一个吸盘,前吸盘的中央有口,口内有三个腭。蚂蟥常用吸盘吸附在人、家畜或小动物的身上,用腭咬破皮肤,然后吮吸血液(图2-14)。蚂蟥吸血的量可以超过它体重的34倍,一次吸食足以让它生活200多天。人的皮肤被吸血后,伤口常会流血不止,这是因为蚂蟥的唾液中含有蛭素。蛭素是一种抗血凝剂,能够阻止血液凝固。医学上可以利用蚂蟥的这一特性来吸出人体的局部淤血或脓血。

图2-14 正在吸血的蚂蟥

📖 信息库

如果被蚂蟥叮咬,千万不要硬性将蚂蟥拔掉,因为越拉,蚂蟥的吸盘吸得越紧,这样,一旦蚂蟥被拉断,其吸盘就会留在伤口内,容易引起感染、溃烂。可以在蚂蟥叮咬部位的上方轻轻拍打,使蚂蟥松开吸盘而掉落。也可以用清凉油、烟草浸出液(就是浸有香烟的水)、食盐、浓醋、酒精(或白酒)、辣椒粉、石灰等滴洒在虫体上,使其放松吸盘而自行脱落。蚂蟥掉落后,若伤口流血不止,用干净手指或纱布按住伤口。

环节动物有一定的经济意义,如分布在淡水和海水的一些种类可作为鱼虾的食料,土壤里的蚯蚓对农业有利。但蚂蟥等种类能吸吮人、畜血液,损坏人、畜的健康。

👥 幼儿活动设计建议

观察蚯蚓

蚯蚓是我们身边常见的环节动物,它的身体分节,依靠刚毛和肌肉收缩完成运动。

运动材料:A4纸、蚯蚓、土壤、光滑的玻璃

活动步骤:

1. 准备一张A4纸,放置蚯蚓若干条,同时在旁边准备一堆疏松的土壤。

2. 观察蚯蚓的体表,描述体表特征,如干燥或湿润、光滑或粗糙等。

3. 寻找蚯蚓:将蚯蚓放在疏松的土壤上,静置一段时间,找找蚯蚓在哪里?尝试描述一下蚯蚓的这个行为特点有何意义?

4. 观察蚯蚓的运动:把蚯蚓放在A4纸上,观察并说说蚯蚓是如何运动的? 把蚯蚓放到光滑的玻璃上,观察并描述蚯蚓的运动情况,你能说出为什么吗?

5. 观察蚯蚓后,我们应该如何处置蚯蚓? 如果你在雨天看到马路上的蚯蚓,我们又该怎么办呢?

五、软体动物门

软体动物是两侧对称、身体柔软的无脊椎动物,通常有一个或两个贝壳。大多数软体动物生活于水中,但也有一些生活在陆地上。蜗牛、河蚌和乌贼是软体动物的代表(图2-15),目前经过确认的软体动物已经超过了11万种,数量仅次于节肢动物门,是动物界第二大门。

蜗牛

河蚌

乌贼

图2-15 软体动物代表

观察思考

仔细观察蜗牛、河蚌、乌贼等动物,思考并回答下列问题:

1. 上述三种生物有何共同点?

2. 你能描述它们的区别吗?

蜗牛、河蚌和乌贼共同的特征是身体柔软,没有体节,身体一般左右对称,大多可以分为头、足和内脏囊三个部分,体外有外套膜,并有外套膜分泌的贝壳,它们都属于软体动物门。

蜗牛通常栖息在温暖而阴湿的环境中,以植物的茎叶作为食物,常取食农作物的嫩茎、叶片和幼芽。在寒冷的冬季和炎热干燥的夏季,蜗牛能够分泌黏液,将壳口封闭,不吃不动,在枯叶或瓦砾堆中进行冬眠或夏眠。

蜗牛身体表面有一个螺旋形的贝壳,壳内贴着一层外套膜,外套膜包裹着柔软的身体。蜗牛身体的软体部分可以分为头、腹足和内脏团三部分。蜗牛在爬行时头和腹足伸出贝壳外,不活动时则缩进贝壳内。

蜗牛的头上有四只触角,其中较长的那一对触角,有触觉功能。小触角具有嗅觉功能。蜗牛口内的舌上长着有许多的牙齿(齿舌),总数达一万颗以上,它就是利用这些牙刮下树叶或草来摄食。当牙齿用久了变钝时,会马上长出新牙齿。

蜗牛的腹足宽大,肌肉发达,因为位于软体的腹面,所以称为腹足。腹足是蜗牛的运动器官,蜗牛爬行时,靠腹足的波状蠕动而缓慢爬行。腹足的腹面前端有足腺,足腺能够分泌黏液,使腹足经常保持湿润,以免爬行时受到损伤,因此蜗牛爬过的地方总是留下一条黏液的痕迹。蜗牛对农业生产有害。但蜗牛肉是一种营养价值很高的高蛋白低脂肪的食品,此外还有药用价值。

河蚌生活在江河、湖泊和池沼的水底。河蚌身体表面有两片贝壳,贝壳的内面贴着一层柔软的外套膜,外套膜包裹着柔软的身体。在身体的前端有一个肉质的斧头状的斧足,是河蚌的运动器官,斧足的肌肉收缩,可以使河蚌的身体缓慢地移动。在斧足的两旁各有两片瓣状的鳃,鳃是河蚌的呼吸器官。河蚌的口在身体的前端,口的两旁有一对触唇,触唇上长满了纤毛,纤毛不停地摆动,使流经口旁的微小生物进入口里,再进入胃肠中消化,不能消化的食物残渣由肛门排出体外。

在河蚌贝壳的内表面,有一层光亮的珍珠层,珍珠层是由外套膜分泌的珍珠质形成的。当河蚌的外套膜受到沙粒等异物的刺激时,会分泌大量的珍珠质把异物一层层地包裹起来,日久天长,就形成了珍珠。

河蚌的用途很广,它的肉可以供人类食用,贝壳可以做纽扣和艺术装饰品,贝壳和肉可以做家禽的饲料。珍珠不但是人们喜爱的装饰品,而且有很高的药用价值,如能美容养颜、抗衰老,清热解毒等。

乌贼生活在海水中,贝壳退化,有大大的眼睛及有吸盘的触手。吸盘的四周有一圈锐利的牙齿,可帮助它们很牢固地抓住猎物。乌贼借助身体前方水管喷出的水的力量倒着游泳。遇到危险的时候,它们会改变身体的颜色,以保护自身的安全;紧急情况下,它们都能喷出一团像烟雾般的黑色液体造成混乱,然后借机逃走。

软体动物分布非常广泛,与人类的关系也很密切。有的可以食用,如鱿鱼、牡蛎、螺蛳、乌贼等;有的可以入药,如鲍的壳(石决明)、乌贼的内壳(海螵蛸)等;有的可育珍珠,如珍珠贝,珍珠既是高贵的装饰品又可以入药;有的可以做家禽饲料和鱼类饵料;有的贝壳是人们喜爱的观赏品,如宝贝、鸡心螺、竖琴螺等;有的种类会危害海港建筑,如船蛆;有的种类危害农作物,如蜗牛、蛞蝓等;有的是吸虫的中间寄主,危害很大,如钉螺。

📖 信息库

多姿多彩的软体动物

软体动物的种类很多,除了前面介绍的几种动物外,还有与蜗牛相似的田螺、蛞蝓,与河蚌相似扇贝、蚶、牡蛎、缢蛏等(图2-16)。

田螺一般生活在地质柔软、饵料丰富的湖泊、池塘、水和沟内,吃水藻及腐殖质等。平时以宽大的足在水底或水生植物上爬行。田螺不仅是餐中美食,而且可以入药。

 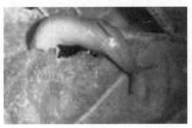 

田螺　　　　　　　　　蛞蝓　　　　　　　　　扇贝

图2-16　多姿多彩的软体动物

蛞蝓又叫鼻涕虫。一般生活在阴暗潮湿、多腐殖质的地方。在公园、农田、果园等随处可见,昼伏夜出,身体裸露,外壳退化。除了没有保护壳外,形态特征和蜗牛很相似,喜欢吃幼嫩多汁的植物,是农业上的间歇性害虫。

扇贝又称干贝蛤。自由地生活在水里,它是唯一会游泳的贝类,遇到敌人时会迅速活动肌肉,反复开闭外壳喷出壳内的水,形成一股冲击力,迅速逃离。扇贝有许多非常原始的眼睛,就分布在美丽的壳的边缘。眼睛无法辨认物体形状,只能分辨出明暗的差异。

六、节肢动物门

动物界中最大的一个门,已知的种类约有120多万种,占整个动物界的4/5。节肢动物门的主要特征是不仅身体分节,附肢(足和触角)也分节,因而称作节肢动物。身体分部,体表有外骨骼,在生长发育的过程中要蜕皮。感官发达,有触角、单眼、复眼等。

节肢动物门主要包括甲壳纲、蛛形纲、多足纲和昆虫纲。其中昆虫纲的种数最多,占节肢动物的94%。

(一) 甲壳纲

甲壳纲是节肢动物门中一个重要的纲,是唯一生有两对触角的节肢动物。甲壳纲动物的身体分节,有的分为头、胸、腹三部分,如对虾(图2-17);有的头胸部和腹部,如中华绒螯蟹(图2-18),头胸部特别发达,略呈圆形或椭圆形。腹部极度退化,称蟹脐,扁平呈片状,折叠在头胸部的腹面。雌蟹的蟹脐呈圆形,雄蟹的呈三角形。

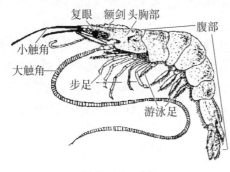

图 2-17 对虾

图 2-18 中华绒螯蟹

甲壳纲动物的头胸部有八对足,包括三对颚足及五对步足。头胸部的前三对足称为颚足,具有感觉及辅助摄食功能。五对步足,为捕食及爬行器官。第一对步足通常特化为强壮的爪钳,如中华绒螯蟹的一对步足特别强壮,称螯足,为捕食及御敌工具,其上生有绒毛,故又称毛蟹。

观察思考

观察虾和蟹的身体,思考并回答如下问题:

1. 虾和蟹的身体与蚯蚓有何区别?
2. 日常生活中我们食用虾和蟹的部位有何不同?

(二) 蛛形纲

蛛、蝎、螨等都属于蛛形纲动物,其中蛛是蛛形纲中最大的一类。

观察思考

观察蜘蛛的外形和结构特点,思考并回答如下问题:

1. 比较蜘蛛与蟹的主要不同之处。
2. 蜘蛛为什么能"吐"丝?

蜘蛛(图2-19)的身体分为头胸部和不分节的腹部,体表被几丁质的外骨骼。只有单眼,腹面有六对附肢。第一对附肢是螯肢,基部有毒腺,毒腺可分泌毒液用于麻醉小虫;第二对附肢是触肢,有触觉、把持和撕碎食物的作用;其余四对是步足,末端有爪,用于行走、结网和抓住物体,是运动器官。

蜘蛛的腹部不分节,末端有纺绩器,与体内的纺绩腺相同,纺绩腺分泌的液态蛋白质通过纺绩器上的小孔排出体外,在空气中凝结,再由第四步足梳理成细丝,用来结成蛛网。

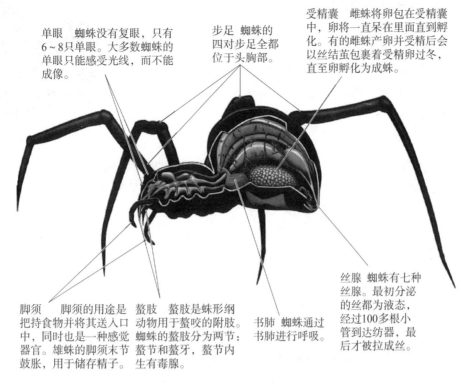

单眼　蜘蛛没有复眼,只有6～8只单眼。大多数蜘蛛的单眼只能感受光线,而不能成像。

步足　蜘蛛的四对步足全都位于头胸部。

受精囊　雌蛛将卵包在受精囊中,卵将一直呆在里面直到孵化。有的雌蛛产卵并受精后会以丝结茧包裹着受精卵过冬,直至卵孵化为成蛛。

脚须　脚须的用途是把持食物并将其送入口中,同时也是一种感觉器官。雄蛛的脚须末节鼓胀,用于储存精子。

螯肢　螯肢是蛛形纲动物用于螯咬的附肢。蜘蛛的螯肢分为两节:螯节和螯牙,螯节内生有毒腺。

书肺　蜘蛛通过书肺进行呼吸。

丝腺　蜘蛛有七种丝腺。最初分泌的丝都为液态,经过100多根小管到达纺器,最后才被拉成丝。

图 2 - 19　蜘蛛

信息库

蜘 蛛 丝

纺丝织网是蜘蛛的本能,蜘蛛结网也是蜘蛛对陆上生活适应的结果。蛛丝由纺绩腺的分泌物形成,分泌物的主要成分是丝心蛋白。蛛丝很细,直径通常只有几微米,甚至不到 1 微米,但弹性和韧性都很大,耐拉力比同样细的钢丝要高出 10 倍左右,具有超强的韧性与抗断裂机能。具有抗紫外线与耐热的特性,蚕丝在 140℃ 便会产生黄化的现象,而蜘蛛丝在 200℃ 以下时均表现出优良的热稳定性,超过 300℃ 时才会出现黄变的情况。

蜘蛛丝有吸收巨大能量的能力,同时又有耐高温、低温与抗紫外线的特性,可广泛应用在军事(防弹衣)、航空航天(结构材料、复合材料和宇航服装)、建筑(桥梁、高层建筑和民用建筑),加上它又是由蛋白质所组成,与人体有良好的兼容性与生物分解性,因而也可用作医疗材料,如人工筋腱、人工韧带、医疗缝合线等外科植入材料等。

(三) 多足纲

蜈蚣(图 2 - 20)分布于我国大部分地区。栖息于阴暗潮湿的杂草丛中、乱石堆下、朽木落叶和石块缝隙之下。白天蛰伏,夜晚觅食,主要以昆虫的成虫、幼虫、蛹为食,也吃其他动物。

蜈蚣整个身体背腹稍扁,前后部宽度几乎相等,通常有二十二个体节构成,体表有外骨骼。分为头和躯干两部分。头部有触角一对,呈丝状。触角基部有单眼四对,口器位于头部的腹面前端。头下面有一对巨大的颚肢,颚肢顶端有小孔,内通毒腺。躯干部每节上都生长着一对步足。最后一对特大,伸向后方,称尾足,其上有小棘。蜈蚣在中医学上有重要的医药价值。

图 2 - 20　蜈蚣

马陆(图 2-21)属节肢动物。体呈圆桶形,头部触角短小,大颚一对,小颚一对。马陆为植食性。马陆身体分为头部和躯干部,头部有一对触角和一个口器。躯干部前四体节的第一体节无附肢,其余三个体节各具有一对附肢。其余部分每体节有两对步足,气门亦具有两对,生殖腺成对。马陆不具有毒腺但其体内具有臭腺,遇敌害时,可以释放出难闻的气体,身体可以卷曲成球。

图 2-21 马陆

(四) 昆虫纲

据统计,昆虫种类有 100 多万种,占动物种类的 4/5 以上,是动物界的第一大家族。它们栖息在各种环境中,从冰天雪地的寒带到热带雨林,沼泽、湖泊、高山、海洋都有它们的身影。昆虫的大小和形态差异极大,目前已知最小的昆虫是柄翅卵蜂,其体长小于 0.25 毫米,主要寄生在其他昆虫的卵中;最大的昆虫是长达 30 厘米的竹节虫。

1. 昆虫的结构

昆虫的身体一般分为头、胸、腹三部分。以蚱蜢为例(图 2-22):

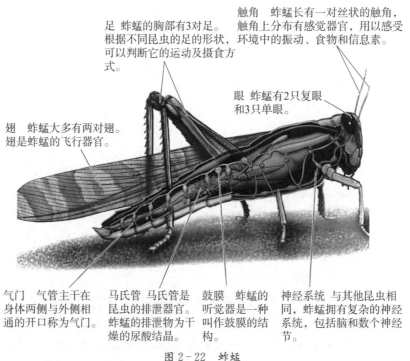

触角 蚱蜢长有一对丝状的触角,触角上分布有感觉器官,用以感受环境中的振动、食物和信息素。

足 蚱蜢的胸部有3对足。根据不同昆虫的足的形状,可以判断它的运动及摄食方式。

眼 蚱蜢有2只复眼和3只单眼。

翅 蚱蜢大多有两对翅。翅是蚱蜢的飞行器官。

气门 气管主干在身体两侧与外侧相通的开口称为气门。

马氏管 马氏管是昆虫的排泄器官。蚱蜢的排泄物为干燥的尿酸结晶。

鼓膜 蚱蜢的听觉器是一种叫作鼓膜的结构。

神经系统 与其他昆虫相同,蚱蜢拥有复杂的神经系统,包括脑和数个神经节。

图 2-22 蚱蜢

(1) 头部:头部是感觉和摄食的部分,其上生有触角、复眼、单眼及口器。触角一对,呈丝状,具有触觉和嗅觉作用;三个单眼在触角附近,它只能感光,不能视物。头部上方两侧有一对复眼,复眼由许多小眼构成,每个小眼可分为集光和感光两部分,是蚱蜢的主要视觉器官;口器是蚱蜢的摄食器官。

(2) 胸部:胸部是蚱蜢的运动中心,有足三对和翅两对。每个胸节各有一对足,分别称为前足、中足和后足。前足和中足都是步行足,而后足特别强壮发达为跳跃足。

在中胸和后胸的背侧各有一对翅,顺次称为前翅和后翅。前翅狭长,革质,比较坚硬,用来保护后翅。后翅宽大,柔软膜质,用于飞翔。

(3) 腹部:由十一个体节组成。第一腹节较小,左右两侧各有一个鼓膜,能感知声音,是蚱蜢的听觉器官。蚱蜢体内的气管与外侧相通的开口成为气门,气门是气体出入身体的门户。

除此之外,蚱蜢还具有坚硬的外骨骼,具有复杂的消化系统、循环系统、神经系统、生殖系统等。

观察思考

观察蛔虫、蚯蚓、蚱蜢的身体,思考:

1. 与蛔虫、蚯蚓相比较,蚱蜢身体有哪些特点?

2. 蚱蜢适应怎样的生活环境和生活方式?

3. 说出蚱蜢外骨骼的作用。

准备两杯水,将甲、乙蚱蜢的中胸以前和中胸之后两个不同部位浸入水中。

4. 观察并描述蚱蜢的活动。

5. 利用所学知识解释你看到的现象。

2. 昆虫的生殖和发育

昆虫是雌雄异体的动物,绝大多数昆虫的生殖一般要经过交配、受精然后产卵,卵孵化以后,在其幼体长大过程中,有"蜕皮现象"。昆虫与其他动物个体发育有很大差异。

观察思考

毛毛虫从何而来? 它为何会变成蝴蝶呢? 许多昆虫的发育过程与蝴蝶相似,如家蚕、家蝇、蜜蜂。观看蜜蜂的发育过程(图 2-23),思考并回答下列问题:

1. 具体归纳蜜蜂的发育要经过哪些阶段?

2. 所有昆虫的发育都与蜜蜂一样吗?

图 2-23　蜜蜂的发育过程

(1) 完全变态　像蜜蜂这样,虫体自卵孵出后,经幼虫、蛹发育为成虫。幼虫与成虫不仅形态不同,生活方式及生活环境也完全不同,在变为成虫之前,需要经过一个不食不动的蛹期,蛹经蜕皮最后才羽化为成虫。这样的发育过程称为完全变态,如菜粉蝶、蝇、瓢虫等。

(2) 不完全变态　昆虫的种类多样,其生殖发育过程也不尽相同。

观察思考

仔细观察蝗虫的发育过程,思考并回答下列问题:

1. 观察蝗虫的不完全变态发育示意图(图 2-24),描述其在不同时期的形态有什么特点?

2. 蝗虫的发育与菜粉蝶有何不同?

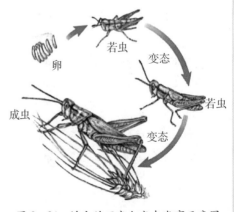

图 2-24　蝗虫的不完全变态发育示意图

蝗虫的发育与菜粉蝶不同。虫体自卵孵化,幼虫经过几次蜕皮后便可发育为成虫。幼虫与成虫在形态上比较相似,生活环境及生活方式一样,只是动物体大小不同、性器官尚未成熟及翅还停留在翅芽阶段,这一阶段通常称为若虫,像这样的发育过程称为不完全变态,如蝗虫、蟋蟀、椿象等。

昆虫的生长、蜕皮和变态都受到昆虫内分泌系统产生的激素的控制(图2-25)。昆虫激素主要有脑激素、蜕皮激素和保幼激素,它们各有不同的功能。

脑神经分泌细胞分泌脑激素。脑激素是一种活化激素,具有活化咽侧体和前胸腺的功能。蜕皮激素具有引起昆虫蜕皮的作用,促使幼体向成虫转变。保幼激素具有抑制成虫性状出现的作用。当咽侧体分泌旺盛,产生较多的保幼激素时,保幼激素和蜕皮激素共同作用,使昆虫的幼虫蜕皮后仍为幼虫。当保幼激素分泌量较少时,幼虫蜕变成蛹。当咽侧体停止分泌保幼激素时,血液和体液中没有保幼激素,仅有蜕皮激素,这时蛹变态为成虫。昆虫体内的这三种激素相互协调,共同控制昆虫的生长、蜕皮和变态。

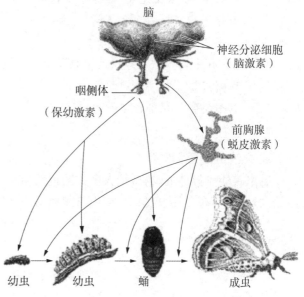

图2-25　激素对昆虫生长、发育的关系

人们明确了昆虫激素和昆虫的生长、发育与变态的关系,就可以更好地为生产实践服务。如:为了让蚕吐丝更多,抓住蚕产生丝素、丝胶的五龄阶段,用保幼激素均匀喷洒在蚕体上,就能延长五龄蚕的生长期,使它能更多地吃桑叶,多产蚕丝。如果缺少桑叶、病害蔓延等则可以用蜕皮激素喷过的桑叶喂养四眠后的蚕。这样,可以缩短五龄阶段,使蚕早日结茧,提前吐丝,从而规避风险。

节肢动物广泛分布在海洋、河流、陆地,常见的种类有蝗虫、蜜蜂、蝴蝶、螃蟹、蝎、蜘蛛等,与人类的生活、健康、经济等各方面有十分密切的关系。有益的方面包括可做食物,如虾、蟹;可做饵料,如昆虫幼虫;可做药物,如蝎子、蜈蚣等;可改良土壤,如地下生活的昆虫可改良土壤的通气性与排水性。但某些鳞翅目(如菜粉蝶)、鞘翅目(如天牛)的昆虫会危害农作物、仓库储物;一些有毒的节肢动物如毒蜘蛛、蝎子等对人类的健康和生命可能造成直接危害。

探索 实践

昆虫标本的采集和制作

目的要求

1. 初步学会采集和制作昆虫标本的方法。
2. 通过标本采集和鉴定,熟悉当地昆虫种类及形态特征。

材料器具

捕虫网,毒瓶,采集箱,镊子、昆虫针、展翅板、三角纸包、昆虫盒、海绵或棉花、乙醚或氯仿(也可用苦杏仁,枇杷仁,青核桃皮,月桂叶)

实验步骤

一、昆虫标本的采集

1. 制作毒瓶。在市售的毒瓶底部(也可自制)放入海绵或棉花,滴入一些乙醚或氯仿。也可以把苦杏仁、枇杷仁、青核桃皮等捣碎,包在纱布内,放入毒瓶底部,约占瓶高1/3,压平后,将刺有小孔的硬纸盖在上面。

2. 捕捉昆虫。采集飞翔的昆虫要用捕虫网。捕捉这类昆虫的时候,把网口迎着飞来的昆虫,猛然一兜,立刻再把网身翻折上来,遮住网口,以免昆虫从网口飞出。蛾类多数在夜间活动,利用它们的趋光特点,可在路灯附近捕捉。采集活动迟缓的昆虫,虽然会飞但是常常停息的昆虫(如某些甲虫),不需要用捕虫网去捕,可以用镊子去捕捉。

3. 毒杀昆虫。将捕获的昆虫放入毒瓶毒杀。大型的鳞翅目昆虫,在瓶内两翅易折断或鳞片掉落,可以先用三角纸包把它包好,然后投入毒瓶。

4. 临时包装。应及时从毒瓶中取出已毒死的昆虫,毒瓶里积存的昆虫不要过多,免得昆虫互相碰撞,损坏触角、翅、腿等部分。从毒瓶里拿出来的昆虫,可以暂时保存在三角纸包(可以用废纸做成)里,再把三角纸包放进采集箱中。

每采集到一种昆虫,都要用肉眼或者放大镜进行初步观察,并且要做记录,把采集地点、采集日期、采集人姓名、昆虫的生活习性(如栖息的环境、危害的农作物、危害的状况),尽可能详细地写在记录本上。将昆虫从毒瓶里取出,分别放在三角纸包时,应该系上或装进临时标签,标签上注明采集地点、采集日期和采集人姓名。

二、昆虫干制标本的制作

昆虫一般都适于制成干制标本。这种标本的制作,要在昆虫采集回来以后,及时进行,免得时间久了,虫体过于干燥,制作起来容易损伤触角和足等部分(图2-26)。制作过程如下:

1. 针插。虫体针插标本应按昆虫大小,选用适当粗细的昆虫针。昆虫针在虫体上的针插位置是一定的,鳞翅目、膜翅目等都从中胸背面正中央插入;同翅目、双翅目从中胸的中间偏右的地方插针;直翅目插在前翅基部上方的右侧;鞘翅目插在右鞘翅基部的左上角。虫体在针上有一定的高度,针上部外露全针的1/4为宜。这样,每个昆虫标本在昆虫针上的高度就一致了。

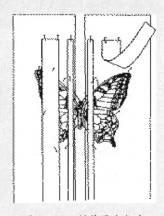

图2-26　制作昆虫标本

插针部位的规定,一方面是为了插得牢固,另一方面是为了使插针不破坏虫体的鉴定特征。

2. 展翅。蝶类、蛾类、蜻蜓等翅膀较大的昆虫,需要先做展翅工作。

做法是:把采集来的昆虫放在展翅板的纵缝里,用针把昆虫固定在缝底的软木底板上,把翅展平,使左右4翅对称,用纸条压住翅的基部,用大头针把纸条钉好,把触角和三对足整理好。鳞翅目,使两翅后缘稍向前倾。蝇类和蜂类以前翅的前端与头平齐为准。等到虫体完全干燥以后,从展翅板上取下来,放在三级板上调整好昆虫在昆虫针上的高度。

3. 身体微小的昆虫不能用昆虫针插入虫体,这就需要先将昆虫用胶水黏在三角纸的尖端,再用昆虫针插入三角纸基部的中央,将三角纸的尖端转向针的左边,然后把昆虫针倒着插进三级板第一级的小孔中,使三角纸上露出的昆虫针的高度,跟三级板第一级的高度相等。

4. 整姿。将昆虫针插在昆虫上以后,要用镊子整理一下触角、翅和足,使昆虫合乎自然状态。把这些标本放在通风的地方阴干,完全干燥以后,放入标本匣中保存。

5. 装盒。针插的昆虫标本,必须放在有盖的标本盒内。盒盖与盒底应可以分开,用于展示的标本,盒盖可以嵌玻璃,长期保存的标本盒盖最好不要透光,以免标本出现褪色现象。

标本在标本盒中应分类排列,如蝶类、蛾类、甲虫等。鉴定过的标本应插好学名标签,在盒内的四角还要放置樟脑球以防虫蛀,樟脑球应固定。然后将标本盒放入关闭严密的标本橱内,定期检查,发现蛀虫及时用敌敌畏进行熏杀。

信息库

新陈代谢的工作者①

有许多昆虫,它们在这世界上做着极有价值的工作。当你走近一只死鼹鼠,看见蚂蚁、甲虫和蝇类聚集在它身上的时候,你可能会全身起鸡皮疙瘩,拔腿就跑。你一定会以为它们都是可怕而肮脏的昆虫,令人恶心。事实并不是这样的,它们正在忙碌着为这个世界做清除工作。让我们来观察一下其中的几只蝇吧,我们就可以知道它们的所作所为是多么的有益于人类和整个自然界了。

你一定看见过碧蝇吧? 也就是我们通常所说的"绿头苍蝇"。它们有着漂亮的金绿色的外套,发着金属般的光泽,还有一对红色的大眼睛。

当它们嗅出在很远的地方有死动物的时候,会立即赶过去在那里产卵。几天以后,你会惊讶地发现那动物的尸体变成了液体,里面有几千条头尖尖的小虫子,你一定会觉得这种方法实在有点令人反胃,可是除此之外,还有什么别的更好更容易的方法消灭腐烂发臭的动物的尸体,让它们分解成元素被泥土吸收而再为别的生物提供养料呢? 是谁能够使动物的尸体奇迹般地消失,变成一摊液体的呢? 正是碧蝇的幼虫。

如果这尸体没有经过碧蝇幼虫的处理,它也会渐渐地风干,这样的话,要经过很长一段时间才会消失。碧蝇和其他蝇类的幼虫一样,有一种惊人的本事,那就是能使固体物质变成液体物质。碧蝇的幼虫就靠着这种自己亲手制作的肉汤来维持自己的生命。

其实,能做这种工作的,除了碧蝇之外,还有灰肉蝇和另一种大的肉蝇。你常常可以看到这种蝇在玻璃窗上嗡嗡飞着。千万不要让它停在你要吃的东西上面,要不然的话,它会使你的食物也变得充满细菌。不过你可不必像对待蚊子一样,毫不客气地去拍死它们,只要把它们赶出去就行了。因为在房间外面,它们可是大自然的功臣。它们以最快的速度,用曾经活过的动物的尸体产生新的生命,它们使尸体变成一种无机物质被土壤吸收,使我们的土壤变得肥沃,从而形成新一轮的良性循环。

幼儿活动设计建议

介绍一种无脊椎动物

仔细观察生活在我们周围的无脊椎动物,如蚯蚓、蚊子、苍蝇等,有的对人类有益,但有的却能传播疾病。

活动资源

若干无脊椎动物的图片、实物或视频

活动过程

1. 选择一种你感兴趣的无脊椎动物。
2. 和家长一起准备介绍该动物的内容,可从外形、生活习性和人类关系等角度加以介绍。
3. 携带你要介绍的无脊椎动物的图片、实物或视频,向班级同学介绍该动物。

---

① 选自法国著名生物学家法布尔的《昆虫记》。

📝 **本节评价**

1. 请你按照由低级到高级的进化顺序说出无脊椎动物主要包括哪些动物门？各个动物门有哪些常见种类？

2. 动物界中的第一大门是哪个动物门？主要特征是什么？

3. 在阳光的照耀下，为什么蚯蚓容易死，而蝗虫却不怕晒？

4. 列表比较蝗虫和家蚕个体发育过程中的相同点与不同点？

5. 据记载：从公元前 707 年至公元 1935 年的 2 000 多年间，我国共发生蝗灾 800 多次，平均每三年一次。蝗灾严重时，成群的蝗虫迁飞似乌云般遮天蔽日，蝗虫所到之处，粮食颗粒无收，危害极其严重。新中国成立后，党和政府十分重视对蝗灾的防治工作，及时掌握蝗情，进行了人工、农业和化学方法的防治。因此，我国基本控制了蝗灾。蝗虫为什么会造成这么大的危害呢？请你分析原因。

第二节　脊椎动物

鲨鱼、蟒蛇、猎豹等动物，虽然外形和生存环境不同，但它们的背部都具有脊椎骨，属于脊椎动物。脊椎动物是动物界中的高等类群，它们几乎分布在地球上所有的生物群落中，包括高原、雨林、海域甚至是沙漠。现存脊椎动物有约 44 000 多种，包括鱼类、两栖类、爬行类、鸟类和哺乳类。

观察思考

观察图 2-27 所示各类脊椎动物的图片或标本，思考并回答下列问题：

鱼类有用于游水的复杂骨架

两栖类是最先具有四肢的脊椎动物

爬行类动物通常有矮矮的身躯和外张的肢体

鸟类具有适应飞翔的轻型骨架

哺乳动物挺直四肢行走

图 2-27　各类脊椎动物

1. 据图，归纳脊椎动物得名的原因。

2. 观察鲫鱼、蟾蜍、龟、家鸽、家兔，描述它们的外形上有什么特点？它们的形态和生理特征是如何与其生活相适应的？

3. 你还知道哪些鱼类、两栖类、爬行类、鸟类和哺乳类动物？

一、鱼纲

鱼纲是现存脊椎动物中种类最多的一个纲，全世界现存种类有 24 000 种左右，分布在全世界各个水域中，其中我国约有 2 500 多种，绝大多数生活在海水中，海水鱼有 1 500 多种，淡水中仅 800 种左右。通常根据鱼类骨骼性质，将鱼类分为软骨鱼和硬骨鱼两大类。鱼类具有对水生生活高度适应的特征。

鱼纲是体外被鳞、用鳃呼吸和以鳍游泳的水生脊椎动物。常见的有带鱼、鲤鱼、鳝鱼等。我们以鲫鱼为例来学习鱼纲的主要特征。

观察思考

观察鲫鱼(图2-28)的外形、运动及呼吸,想一想鱼类是如何适应水生生活的?

图2-28　鲫鱼的外部形态

（一）鲫鱼

鲫鱼是在淡水中生活的鱼类,分布广泛。鲫鱼的食物是水生植物和水生动物,生活最适宜的水温是15～30℃。当栖息水层的水温高过30℃时,鲫鱼就移向较深的水层;水温低于15℃时,鲫鱼的食欲减退;水面结冰以后,鲫鱼就躲在水域的深处,不吃不动。

1. 鲫鱼的外部形态

鲫鱼的身体左右侧扁,呈梭形。身体分头、躯干、尾三部分。除头部以外,体表覆盖有鳞片;鳞片表面有一层黏液,可以保护身体,游泳时可以减少水的阻力。鲫鱼背部颜色深黑,腹部灰白色,这是适应环境的保护色。

鲫鱼的头部前端有口。眼在头部的两侧,眼没有眼睑,不能闭合,视力很弱,只能看近物。眼的前面有两个鼻孔,只有嗅觉作用。鲫鱼没有外耳,但有内耳,藏在头骨里,能感知身体平衡,并有听觉作用。鲫鱼有一种特殊的感觉器官,叫作侧线,侧线位于躯干部的两侧,有感知水流和测定方向的作用。

鲫鱼的运动方式是游泳。鱼的游泳,主要是靠身体两侧肌肉交替收缩和各种鱼鳍的协调作用而进行的。鳍的主要作用是保持身体的平衡,同时控制运动的方向。鳍可以分为背鳍、胸鳍、腹鳍、臀鳍和尾鳍。鲫鱼在水中运动时,胸鳍和腹鳍能够保持鱼体的平衡,尾鳍能够控制鱼体前进的方向,背鳍和臀鳍有保持鱼体稳定的作用。

2. 鲫鱼的结构和生理

（1）骨骼系统:鲫鱼的脊柱是由许多块脊椎骨前后连接而成的,有强大的支持作用,还有保护脊髓和内脏的作用。

（2）消化系统:食物由口进入,口腔内没有牙齿,在咽部有咽喉齿,有的食物在此被压碎,然后经食道到肠,在肠内消化。养料由肠吸收,不能消化的食物残渣由肛门排出体外。

（3）呼吸系统:鲫鱼的呼吸器官是鳃,鳃位于头部两侧的鳃盖内。在每一侧有4片鳃,每一片鳃都具有细而密的鳃丝。鳃丝呈丝状,有许多毛细血管,当水流经鳃丝时,溶解在水里的氧就渗入毛细血管里,随着血液循环,氧被输送到身体各部分。同时,血液里的二氧化碳,渗出毛细血管,排到水中。见图2-29鲫

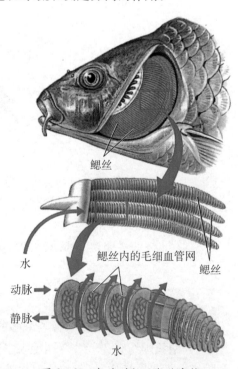

图2-29　鲫鱼的鳃及气体交换

鱼的鳃及气体交换。

　　鲫鱼体腔的背侧有一个白色的鳔,分前、后两室,里面充满氧、氮、二氧化碳等气体。鳔可以控制鱼体的沉浮。鱼在水中由浅层游向深层,水的压力增加,鱼必须调节身体的比重才能适应。这时鳔内气体减少,鱼体比重增大,鱼则下沉。相反,鳔内气体增多,鱼体比重减少,鱼则上浮。

　　(4) 循环系统:鲫鱼的循环系统比较简单,心脏由一个心房和一个心室组成。血液循环路线也只有一条。鱼类的血液循环属于单循环(图2-30)。

　　由于鲫鱼的循环系统比较简单,心脏跳动得比较缓慢,血液运输氧和体内氧化有机物的能力都比较低,释放的热量也就比较少。同时,身体表面缺乏专门的保温结构。因此,鲫鱼的体温随着外界温度的改变而变化,鲫鱼是变温动物。

　　(5) 神经系统:鲫鱼的神经系统由脑、脊髓和由它们发出的神经组成。鲫鱼脑的结构比较原始、低等,脑的体积也比较小。鲫鱼的大脑不发达,小脑相对发达。

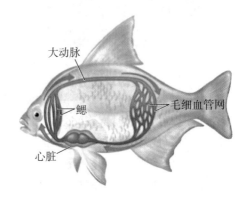

图2-30　鲫鱼的循环系统

　　3. 鲫鱼的生殖和发育

　　鲫鱼是雌雄异体的动物,卵和精子在水中完成受精作用,受精卵在水中发育成胚胎,胚胎再继续发育,形成幼鲫。

(二) 鱼类的多样性

地球表面的大部分区域被水覆盖着。在广阔的水域里,生活着种类繁多的鱼类。

观察思考

　　观察中国四大家养鱼(青鱼、草鱼、鲢鱼、鳙鱼)的图片(图2-31)、标本或活体,思考:这些鱼的外形及生活习性有什么相同点?

青鱼　　　　草鱼　　　　鲢鱼　　　　鳙鱼

图2-31　四大家鱼

　　1. 淡水鱼类

　　我国的淡水鱼资源丰富,产量位居世界第一。我国常见的淡水鱼类有青鱼、草鱼、鲢鱼、鳙鱼、鲫鱼等。

　　青鱼身体呈长圆筒形,体色青黑,鳍灰黑色。栖息在水的中下层,主要以螺蛳、蚌、蛤等软体动物为食。

　　草鱼外形与青鱼相似,但体表为青黄色,鳍灰色。栖息在水的中下层和水草多的岸边,主要以水草、芦苇等为食。

　　鲢鱼也叫鲢子、白鲢,身体侧扁,鳞片细小,眼位置较低,体色为银灰色。鲢鱼生活在水的上层,以浮游植物为食。

　　鳙鱼又叫花鲢、胖头鱼,外形与鲢鱼相似,头较大,约占体长的1/3,身体背面为暗黑色。鳙鱼生活在水的上层,主要以浮游动物为食。

2. 海洋鱼类

我国常见的海洋鱼类有大黄鱼、小黄鱼、带鱼、鲳鱼等(图2-32)。

大黄鱼　　　　　　　　小黄鱼　　　　　　　　带鱼 　　　　　　鲳鱼

图2-32　常见的海洋鱼类

大黄鱼又叫大黄花,身体长而侧扁,头大,尾柄细长。身体背侧灰黄色,腹面金黄色。大黄鱼栖息在较深的海区,每年4~6月向近海洄游产卵,产卵后分散在沿岸索食,以鱼、虾为食,秋冬季又向深海区迁移。大黄鱼分布在我国东海、南海及黄海南部,是我国重要的经济鱼类之一。

小黄鱼又叫黄花鱼,体形很像大黄鱼,但尾柄较短,鳞较大。身体背侧灰褐色,腹部黄色。小黄鱼是中下层的海产鱼类,以糠虾、毛虾以及小型鱼类为食。小黄鱼分布在我国黄海、渤海、东海南部以及朝鲜半岛西海岸,是我国重要经济鱼类之一。

带鱼身体侧扁,呈带形,尾细长如鞭。口大,下颌比上颌长,牙齿发达而锐利。背鳍长,几乎和背长相等,没有腹鳍,鳞退化。全身呈银白色,体长可达1米以上。带鱼栖息在中下水层,性凶猛,贪食,主要吃鱼类、毛虾和乌贼等,有时还吃自己的同类。带鱼分布在西北太平洋和印度洋,是我国重要经济鱼类之一。

鲳鱼身体侧扁而高,呈菱形,银灰色。头较小,吻圆,口小,牙细。背鳍和臀鳍鳍条较长,腹鳍消失。尾鳍分叉很深,下叶较长。鲳鱼栖息在泥质海底,以甲壳类为食。肉味鲜美,是名贵食用经济鱼类。

📖 信息库

海马是"鱼"还是"马"?

海马(图2-33)是一种奇特而珍贵的近陆浅海小型鱼类,因其头部酷似马头而得名,头每侧有两个鼻孔,头与躯干成直角形,尾部细长,具四棱,常呈卷曲状,全身完全由膜骨片包裹,有一无刺的背鳍,无腹鳍和尾鳍。雄性海马腹面有一个育儿囊,卵产于其内进行孵化,一年可繁殖23代。

海马全世界都有分布,但以热带种类数量较多。海马通常生活在沿海海藻丛生或岸礁多的海区,或附着于漂浮物上随波逐流,可用背鳍摆动直立游泳,以小型甲壳类为食。海南岛四周沿海和西沙、南沙群岛近海都十分适宜海马的繁衍生长。

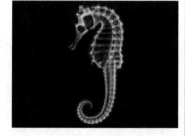

图2-33　海马

(三) 鱼纲的主要特征

终生在水中生活,体表一般被有鳞片,用鳃呼吸,用鳍游泳,心脏有一心房和一心室,单循环,雌雄异体,卵生,体外受精,变温动物。

(四) 鱼类与人类的关系

鱼类与人类关系密切。以鱼类为主要养殖对象的海洋渔业,是国民经济的重要组成部分。鱼类大多味道鲜美、蛋白质含量高,是人类的食物;同时我们还可从鱼类身上提取药物(如深海鱼油、鱼肝油等)、化工原料(如鱼鳞胶等);一些鱼类因其鲜艳的色彩而极具观赏价值,如公园水域常见的锦鲤;有些鱼类是寄生虫的中间宿主,在传播食源性寄生虫病中起到了关键作用;极少数的鱼类如噬人鲨会直接伤人。

信息库

千奇百怪的鱼类

会爬树的鱼

鱼类在水中生活的主要呼吸器官是鳃,鱼儿离开水,生命也就停止了。然而在我国沿海,生活着一种能够适应两栖生活的弹涂鱼。

弹涂鱼体长 10 厘米左右,略侧扁,两眼在头部上方,似蛙眼,视野开阔。它的鳃腔很大,鳃盖密封,能贮存大量空气。腔内表皮布满血管网,起呼吸作用。它的皮肤亦布满血管,血液通过极薄的皮肤,能够直接与空气进行气体交换。其尾鳍在水中除起鳍的作用外,还是一种辅助呼吸器官。这些独特的生理现象使它能够离开水,较长时间在空气中生活。此外,弹涂鱼的左右两个腹鳍合并成吸盘状,能吸附于其他物体上。发达的胸鳍呈臂状,很像高等动物的附肢。遇到敌害时,它的行动速度比人走路还要快。生活在热带地区的弹涂鱼,在低潮时为了捕捉食物,常在海滩上跳来跳去,更喜欢爬到红树的根上面捕捉昆虫吃。因此,人们称之为"会爬树的鱼"。

能发电和发射电波的鱼

在浩瀚的海洋里生活着会发电的电鳐,有"海底电击手"之称。它的发电器是由鳃部肌肉变异而来的。在头部的后部和肩部胸鳍内侧,左右各有一个卵圆形的蜂窝状的大发电器。每个发电器官最基本结构是一块块小板——电板(纤维组织),约 40 个电板上下重叠起来,形成一个个六角形的柱状管,其内充填有胶质物。每块电板具有神经末梢的一面为负极,另一面为正极,电流方向由腹方向背方,放电量 70~80 伏特,有时能达到 100 伏特,每秒放电 150 次。通过放电,将其他动物击昏而捕食之。

会发声的鱼

许多鱼类会发出各种令人惊奇的声音。例如,康吉鳗会发出"吠"音;电鲶的叫声犹如猫怒;箱鲀能发出犬叫声;鲂鲱的叫声有时像猪叫,有时像呻吟,有时像鼾声;海马会发出打鼓似的单调音;石首鱼类以善叫而闻名,其声音像辗轧声、打鼓声、蜂雀的飞翔声、猫叫声和呼哨声,其叫声在生殖期间特别常见,目的是集群。

鱼类发出的声音多数是由骨骼摩擦、鱼鳔收缩引起的,还有的是靠呼吸或肛门排气等发出种种不同声音。有经验的渔民常能够根据鱼类所发出声音的大小,来判断鱼群数量的多少。

会发光的鱼

我国东南沿海的带鱼和龙头鱼借助身上附着的发光细菌发光,而更多的鱼类则是由鱼本身的发光器官来发光。如烛光鱼,其腹部和腹侧有多型发光器,犹如一排排的蜡烛;深海的光头鱼头部背面扁平,被一对很大的发光器所覆盖,该大型发光器可能就起视觉的作用。

幼儿活动设计建议

鱼的眼睛能闭上吗?

鱼类具有眼睛,能感知光线和视物,但因为不具备眼睑,因此鱼类即使睡觉,也无法闭眼。

活动材料

易于购买、观察的活鱼(如鲫鱼)、鱼缸、放置几天的自来水(或河水)

活动过程

1. 观察水中的鱼类,注意鱼的眼睛是睁开还是闭合。
2. 每隔 2 小时观察一次,观察并描述鱼眼睛的开闭情况。
3. 小伙伴们一起交流观察结果。

二、两栖纲

两栖类动物是水生鱼类过渡到真正陆生爬行类的中间类型。一生可划分为水中生活的幼年时期和陆地生活的成年时期,两个时期的外形及生活习性截然不同。两栖类动物的皮肤光滑裸露,无鳞片覆盖,体温不恒定,属于变温动物(或称冷血动物),有夏眠或冬眠现象。繁殖方式以卵生为主,极少数卵胎生。

两栖动物离不开潮湿的陆地和水域环境,因此,它们的分布范围小,种类不多。地球上现存的两栖动物约有2800余种,我国约有220余种,常见的种类有青蛙、蟾蜍等。

观察思考

观察青蛙活体或标本,思考并回答下列问题:

1. 轻触青蛙的体表,描述触碰的感觉。

2. 青蛙在外形及内部结构上与鱼类有什么异同?

(一) 青蛙

青蛙(图2-34)生活在稻田里、沟渠和池塘边。每年春季,雌雄青蛙开始活动,在水中完成受精作用。

图2-34 青蛙

1. 青蛙的外部形态

青蛙身体的背面黄绿色,腹面白色,有黑色的斑纹,背面两侧还各有一条纵的黄金色的褶皱。青蛙的身体表面皮肤是裸露的,没有鳞片和其他覆盖物。皮肤能分泌大量的黏液,皮肤内有丰富的血管,有辅助呼吸的作用,这是对陆生生活的一种适应。

青蛙的身体分为头、躯干、四肢三部分,没有颈和尾。头呈三角形,前端比较尖,游泳时可以减少水的阻力。头部的前端有一对鼻孔,是嗅觉器官。头部的上面两侧,各有一个大而突出的眼睛,蛙眼对于活动着的物体感觉非常敏锐。在两眼的后方,各有一个圆形的薄膜状的鼓膜,这是听觉器官。青蛙的头部紧紧地连接着躯干部,躯干部短而宽,上面生有前肢和后肢。前肢短小,有支持头部和躯干部的作用;后肢肌肉发达,趾间有蹼,适于跳跃和游泳。

2. 青蛙的结构和生理

青蛙口腔的深处有一个缝隙,这是喉门。在喉门里有两片声带,当气体从肺里冲出时,使声带振动而发出声音。雄蛙口角的两旁有一对鸣囊,鸣囊对声带发出的声音有共鸣作用。雄蛙的鸣叫声很嘹亮,这是雄蛙和雌蛙不同的特征之一。

青蛙的心脏有左心房、右心房,只有一个心室,左心房里的动脉血和右心房里的静脉血都流入心室,因此,心室中有一部分混合血。青蛙的血液循环是不完全的双循环,因此输送氧的功能仍比较弱,身体里释放的热量也比较少。同时,青蛙身体表面缺少羽毛、毛等专门的保温结构,因此青蛙也是变温动物。入冬以后,青蛙就钻入水边的泥土中进行冬眠。

青蛙的大脑与各内脏器官比鱼发达,感觉器官也比较发达,例如,蛙眼对活动的物体非常敏锐,出现了感知波的中耳等。因此,青蛙能够在比较复杂的陆地环境中捕食和逃避敌害。

3. 青蛙的生殖和发育

青蛙虽然能在陆地上栖息,但它的生殖和发育没有摆脱水的束缚。春季,青蛙处于繁殖期,雌蛙将卵排在水中,接着,雄蛙把精子排到水中,卵和精子在水中相遇而受精。

青蛙的受精卵进行细胞分裂,发育成胚胎。胚胎继续发育,形成幼体——蝌蚪。刚孵化出来的蝌蚪无口,头部下边有吸盘,吸附在水草上,靠体内残存的卵黄供给营养。经过几天后,形成了口,开始摄食水里的微生物,头部两侧生有3对羽状外鳃,这是呼吸器官。有一条扁而长的尾。再过一些时候,蝌蚪的外鳃消失,长出像鱼那样的内鳃,外面有鳃盖,身体外面出现了侧线。心脏只有一心房和一心室。此时的蝌蚪,从外部形态到内部结构都非常像鱼。再过 40 多天,像鱼的蝌蚪逐渐生出后肢,然后再生出前肢,尾部逐渐缩短,最后消失;内鳃逐渐萎缩、消失,肺逐渐形成,可以用肺呼吸;心脏变为二心房一心室,血液循环路线也由一条变为两条。这时候,蝌蚪从外部形态到内部结构,都变成了一个幼小的青蛙。幼蛙离水登陆,爬到岸上来生活,逐渐发育为成蛙。从幼体到成体的发育过程中,在生活习性和形态结构上有显著的变化,青蛙的发育也是变态发育(图 2-35)。

图 2-35 青蛙的生殖发育

观察思考

观察青蛙的发育过程,思考并回答下列问题:

1. 蝌蚪和青蛙在形态结构有什么显著的变化?
2. 蝌蚪和青蛙在生活习性上有何差异?

(二) 其他两栖动物

除青蛙以外,蟾蜍、大鲵、蝾螈和哈士蟆等都是两栖动物(图 2-36)。

蟾蜍　　　　　　　大鲵　　　　　　哈士蟆

图 2-36 其他两栖动物

蟾蜍又叫癞蛤蟆。与青蛙相比,它的身体比较大,而且皮肤上有许多瘤状突起,能够分泌毒液。蟾蜍的眼睛后面有一对大型毒腺,毒腺分泌的毒液,可以制成中药蟾酥,有强心、利尿、解毒和消肿的作用。蟾蜍的跳跃能力远不如青蛙,但食量却比青蛙大许多。蟾蜍是农业害虫的天敌,应该加以保护。

大鲵又叫娃娃鱼。大鲵身体扁平,终生有尾,是世界上现存最大的两栖动物。一般体长 60、70 厘米,最大的可达 2 米。大鲵主要产于我国华南和西南地区,是我国特产的珍稀动物,已被国家列为二级重点保护动物。目前,大鲵的人工饲养和繁殖在我国已获得成功。

哈士蟆又叫"中国林蛙"。它的外形像青蛙,四肢有显著的黑色横纹。雌蛙输卵管的干制品称为哈士蟆油,可做中药和滋补品。目前我国已经进行哈士蟆的人工饲养。

(三) 两栖纲的主要特征

幼体生活在水中,用鳃呼吸;成体生活在陆地上,也能生活在水中,主要用肺呼吸;皮肤裸露,能够分泌黏液,有辅助呼吸的作用,心脏有二心房一心室,双循环。

(四) 两栖类与人类的关系

两栖动物与人类关系密切。绝大多数蛙和蟾蜍生活于农田、耕地中,常以严重危害农作物的蝗虫、蚱蜢等为食。据统计,平均每只黑斑蛙一天内捕食 70 多只昆虫。值得一提的是,两栖类捕食的昆虫,常是许多食虫鸟类在白天无法啄食到的害虫等,因此它们是害虫的重要天敌之一。

很多两栖动物可做药用,如著名的哈士蟆和蟾酥;两栖类动物数量多、分布广,容易培养和观察,也是教学和科研的良好实验材料。

由于蛙肉鲜美,所以常作为珍馐佳肴,很多地方的蛙类被漫无节制地捕杀而濒临灭绝。我们需要自觉抵制食用野生蛙类的行为,同时也需要特别注意保护它们的栖息环境和繁殖场所。

📖 信息库

捕虫能手——青蛙

青蛙的种类很多。常见的一种黑斑蛙,体长可达8厘米;背部绿色,有黑色斑纹,腹部洁白如雪,皮肤光滑;头背宽扁,略呈三角形,头顶两侧有一对圆而突出的眼睛,视觉很敏锐,能迅速发现飞动的虫子。青蛙是动物中"捕食害虫的能手"。无论是能飞的螟蛾,还是善跳的蝗虫,都是青蛙捕食的对象。根据观察统计,每只青蛙每天要吃掉大约60只害虫,从春季到秋季的七八个月中,一只青蛙可以吃掉10 000多只害虫。因此,青蛙又有"田园卫士"的美称。一些地方捕捞蛙卵进行人工育蛙,把育成的蛙放入稻田,这种"养蛙治虫"的生物防治试验,已经取得了良好的治虫效果。

青蛙是人类消灭农业害虫的助手,我们应该保护好大自然中的青蛙。保护青蛙,既要严禁人们捕杀,也要禁止随意捕捞蛙卵或蝌蚪,还应该保护好青蛙和蝌蚪生活的水域环境,防止农药、化肥等污染水域。

👥 幼儿活动设计建议

小蝌蚪找妈妈

青蛙的发育是变态发育,从用鳃呼吸的蝌蚪发育为用肺呼吸、适应陆地生活的蛙,外形和生活习性等各方面都发生了巨大变化。

活动资源

动画片《小蝌蚪找妈妈》(上海电影美术制片厂)

活动过程

1. 观看水墨动画片《小蝌蚪找妈妈》。

2. 角色扮演:"小蝌蚪找妈妈"。

3. 说一说:"为何小蝌蚪和妈妈长得不像呢?"

三、爬行纲

爬行类动物是真正的陆栖脊椎动物,由古代两栖类演化而来,它们的身体构造和生理机能比两栖类更能适应陆地生活环境,是鸟类和哺乳类的演化源祖。爬行动物在中生代很繁盛,几乎遍布全球,恐龙是当时的代表。现在世界上的爬行类动物约有5 700多种,常见的有蜥蜴、蛇、龟、鳖、鳄鱼等。

观察思考

观察爬行动物如蜥蜴、蛇的运动方式和行为特征,思考并回答下列问题:

1. 描述它们运动的特点。

2. 蜥蜴、蛇等爬行动物通常都有冬眠现象,如何解释该现象?

(一) 典型爬行动物

1. 壁虎

壁虎(图 2-37)又叫守宫、天龙,是昼伏夜出的动物。白天常栖息在建筑物的壁缝、墙洞等处,夜间出来捕食蚊、蝇、蛾等害虫。

图 2-37 壁虎

壁虎的背腹扁平,体长一般不到 20 厘米,大型的可达 30 厘米。体表干燥,上面覆有颗粒状细鳞,减少体内水分的蒸发,适于在陆地上生活。壁虎的口阔,舌宽而长,前后肢各有 5 个指或趾。指、趾的底面粗糙,末端膨大成吸盘可牢牢吸附在墙壁上。壁虎的尾部细长,当遇到敌害时,尾部能自行断落,以便转移敌害的视线而逃走,尾具有较强的再生能力。

壁虎肺泡数目多,气体交换的能力较强,只靠肺的呼作用就能够满足身体对氧的需要。

壁虎的心脏由左心房、右心房和一个心室组成。心室里已经有了一个不完全的隔膜,这种不完全的隔膜减轻了动脉血和静脉血的混合程度,提高了血液输送氧的能力。但是,动脉血和静脉血还不能完全分开,血液输送氧的能力还较弱,身体里产生的热量还不够多,又没有保温的结构,因此,壁虎与青蛙一样,不能保持恒定的体温,仍然属于变温动物。

壁虎是雌雄异体的动物,雌雄个体通过交配,在雌壁虎体内完成受精作用,雌壁虎可产卵。卵外包有卵壳,对卵有保护作用,里面含有较多的养料供卵发育。雌壁虎将受精卵产在墙壁缝隙或其他隐蔽的地方,靠外界温度继续发育,待幼体发育完全后,就从壳里爬出来,在墙壁或屋檐下活动。壁虎的生殖和发育完全摆脱了对水生环境的依赖,从而成为真正的陆生脊椎动物。

2. 龟

龟生活在水中,但经常浮到水面上来呼吸空气,有时也爬到岸上来休息。龟身体的背面和腹面都被有坚厚的甲,由背甲和腹甲合成龟壳,甲的外面为角质板。龟活动的时候,头、颈、尾、四肢从壳里伸出来,遇到敌害的时候,这些部分都缩进壳里。

中华鳖体躯扁平,呈椭圆形,背腹具甲。眼小,颈部粗长,呈圆筒状,伸缩自如。生活于江河、湖沼、池塘、水库等水流平缓、鱼虾繁盛的淡水水域,也常出没于大山溪流中。中华鳖是一种珍贵的、经济价值和药用价值都很高的水生动物(图 2-38)。

海龟

中华鳖

图 2-38 龟和鳖

3. 蛇

蛇的身体细长,没有四肢,体表有鳞片。蛇的种类很多,有的无毒,有的有毒。我国最常见的无毒蛇是黄颔蛇(图 2-39),因为它的眼后有一条黑色纵纹,像一道黑眉,所以也叫黑眉锦蛇。它的头部呈椭球形,口里没有毒牙,尾比较细长,常栖息在住宅、草丛里,以鼠、鸟、蛙为食,分布很广。

在我国分布极广的毒蛇是蝮蛇(图2-40)。它常栖息在石缝、田埂、菜园、灌木丛里,以鼠、鸟、蜥蜴和各种节肢动物为食物。蛇体粗短,头呈三角形,口中有一对管形的毒牙,毒牙基部有毒腺,含有混合性蛇毒。尾骤然变细,极短。蝮蛇的生殖是卵胎生。

图2-39 黄颔蛇(黑眉锦蛇)

图2-40 蝮蛇

4. 扬子鳄

扬子鳄(图2-41)是我国的特产动物,主要分布在安徽、浙江、江苏3省长江沿岸的局部地区,以鱼、田螺和河蚌等作为食物。每年10月钻进地下的洞穴中冬眠,第二年4、5月才出洞活动。

扬子鳄的头和躯干比较扁平,尾长而侧扁,最大的身长可达2米左右。皮肤上覆盖着大的角质鳞片。身体背面黑绿色,有黄斑,腹面灰色,尾部有灰黑色相间的环纹。前肢五指,指间无蹼;后肢四趾,趾间有蹼,前后肢适于爬行和游泳。

扬子鳄是珍稀的淡水鳄类之一,它是现在野生数量非常稀少的爬行动物,被称为"活化石",对于人们研究古代爬行动物的兴衰,以及研究古地质学和生物的进化,都有重要的科学研究价值。我国已经把它列为国家一级保护动物,并且建立了扬子鳄的自然保护区和人工养殖场。

图2-41 扬子鳄

(二) 爬行纲的主要特征

体表覆盖着角质的鳞片或甲;用肺呼吸;心室里有不完全的隔膜,体温不恒定,有休眠现象;体内受精;卵表面有坚韧的卵壳;体温不恒定。

📚 信息库

"变色龙"——避役

避役(图2-42)有一种特殊的本领,就是会根据环境情况迅速改变自己身体颜色,以求得自身的安全,所以俗称"变色龙"。

避役生活在热带丛林中,是一群典型的树栖爬行动物,以捕食昆虫为生。体长一般在15~25厘米;身体左右侧扁而短;头较大,头顶有冠状或盔甲一样的皮褶;鼻吻端有的生有两三只角;全身披有颗粒状的鳞;尾巴很长,能缠绕在树枝上;四肢细长,脚趾对生,犹如钳子一样牢牢地钳在树枝上。

图2-42 避役

避役有三个绝招。

第一是会随环境很快变色。避役这种高超的伪装术,是因为体内有许多特殊的色素细胞。当外界颜色变化后,避役就迅速调整细胞中的色素分布,使身体的色彩和环境保持一致,从而逃避敌害,隐蔽自己。

第二是它的眼睛可以"一目二视",它的左右眼能独立活动,一旦发现昆虫,用一只眼紧盯着虫子,另一只眼可同时向后盯着其他猎物。

第三是当昆虫爬到距它还有二三十厘米时,它就全神贯注地注视着目标,待瞄准目标之后,突然闪电般地从口中吐出一条尖端膨大、又细又长的舌头,准确无误地把虫子黏牢拉回到嘴里,然后舌头一卷,吞入肚里,其速度之快令人叹为观止(图2-43)。

图2-43 避役捕食昆虫

四、鸟纲

鸟类由古代爬行动物进化而来。世界上现存有9 000多种,分布极广。鸟全身被羽毛、前肢特化成翼——鸟类的飞行器官,可进行双重呼吸,是卵生、恒温的脊椎动物,形态结构和生理机能均适于空中飞翔,常见种类有雁、鸭、鹰等。除了少数种类,如鸵鸟、企鹅等不能飞行外,绝大多数都非常善于飞行,从而扩大了鸟的生存和活动空间,有利于鸟的生存和繁衍。

观察思考

观察展示家鸽的外部形态和内部结构的图片或视频,分析并回答下列问题:

1. 归纳并说出鸟类适应飞翔生活的特点。
2. 鸟类的羽毛有几种类型,作用分别是什么?

(一) 鸟类的形态结构

鸟类的形态结构不尽相同,但除了少数鸟类之外,都能飞翔。现以家鸽为例,描述鸟类适应飞翔的特征。

家鸽(图2-44):家鸽善于飞翔,群居,有很强的归巢能力,有时离巢数十公里以至几百公里以外,也能够正确判别方位飞返原地。

家鸽的身体分为头、颈、躯干、尾和四肢五部分。家鸽在外形上具有许多适于飞翔的特点。例如,身体呈流线型;前肢变成翼,翼和尾上生有大型的正羽等。

图2-44 家鸽

家鸽的头部前端生有角质的喙,口中没有牙齿。上喙的基部有两个鼻孔,头部两侧有一对眼,两眼的后下方各有一个耳孔。家鸽的视觉和听觉很发达。

家鸽的内部结构和生理功能也有许多与飞翔生活相适应的特点。例如,大肠很短,没有膀胱,不能贮存粪便和尿液,可减轻体重。家鸽的骨骼轻而坚固,有的愈合,如腰椎;有的中空并充满空气,如长骨。这样,既可以减轻身体的重量,又能加强坚固性。胸骨上有龙骨突,上面着生发达的胸肌,从而牵动两翼飞翔。

图 2-45 鸟类的双重呼吸

家鸽的肺部连通一些气囊。气囊伸展到内脏器官间或骨腔内,出入气囊的空气都要经过肺,因此,家鸽每呼吸一次,肺内可以进行两次气体交换,这种方式叫"双重呼吸"(图2-45),使体内的器官能获得充足的氧气,因此鸟在高空缺氧的情况下也能活动自如。

家鸽的心脏由四个腔组成:左心房、右心房、左心室和右心室。双循环可使动脉血和静脉血完全分开,有效提高输氧能力。使身体的各个器官都能获得充足的氧,满足飞行时大量能量的需要;有发达的大脑和小脑,可有效保持身体平衡。

家鸽的骨骼、肌肉、呼吸、循环、神经等各个系统的形态结构和生理功能都适于飞翔。因此,家鸽具有很强的飞翔能力。

(二) 鸟类的繁殖

鸟类的繁殖活动,一般包括求偶、筑巢、孵卵和育雏等。

鸟类在繁殖期间,交配、筑巢和育雏大都有一定的活动区域,这个区域叫作巢区。雄鸟来到繁殖地点后,首先要占领巢区,然后开始求偶活动。雄鸟在求偶时,常常发出各种动听的鸣声,炫耀美丽的羽毛和特殊的动作,来吸引同种的雌鸟,讨得雌鸟的欢心,从而结成配偶,如孔雀开屏(图2-46)。

筑巢鸟类在占领巢区、选好配偶之后,就开始筑巢(图2-47)。鸟类筑巢的地点和方式与选材是多种多样的,这跟不同鸟类的生活环境和生活习性有关。很多鸟类在地面上筑巢,如褐马鸡在林中地面上筑巢;有些鸟类在水面上筑巢,如天鹅在水深1米左右的蒲草和芦苇丛中筑巢;也有些鸟类利用天然的树洞或岩洞筑巢,如猫头鹰、啄木鸟和大山雀等。

图 2-46 孔雀开屏

也有些鸟类自己不筑巢,例如杜鹃、帝企鹅等。

鸟的孵卵通常由雌鸟担任,雄鸟只在附近守卫。有不少鸟类,雌雄共同孵卵,如麻雀、鸿、鸽、啄木鸟、鸵鸟等;也有少数鸟类只由雄鸟孵卵,如企鹅等。

有些鸟的雏鸟,刚孵出来的时候,身上长满了绒羽,眼睛已经睁开,腿也硬挺,能够跟随亲鸟寻找食物,这样的鸟叫"早成鸟",如鸡、鸭、野鸭、鸵鸟等。也有些鸟的雏鸟,刚孵出来的时候,身上没有丰满的绒羽,甚至还光着身体,眼睛没有睁开,腿也软弱,不能行走,必须在巢内由亲鸟哺育一段时间,才能够独

图 2-47 筑巢

立觅食,这样的鸟叫"晚成鸟",如家鸽、啄木鸟、黄鹂、家燕等。晚成鸟比早成鸟产的卵要少些。

(三) 鸟纲的主要特征

有喙无齿;被覆羽毛;前肢变成翼;骨中空,内充空气;心脏分四腔;用肺呼吸,并且有气囊辅助呼吸;体温恒定;卵生。

观 察 鸟 类

鸟类的体型适宜飞翔,体型优美,提供了很好的观赏价值。

活动资源

鸟类的图片或一只家鸽

活动过程

1. 观察鸟类的外形特点,并说一说下列问题:

(1) 鸟类的运动器官是什么? 该器官有何特征?

(2) 鸟类的眼睛能闭上吗? 为什么?

(3) 为什么鸟类的眼睛能闭上,而鲫鱼不行呢?

2. 如果你新发现某动物,你觉得你根据什么确定该动物是否属于鸟类?

五、哺乳纲

哺乳动物是全身被毛,体温恒定,胎生和哺乳的脊椎动物,是脊椎动物中最高等的一个类群。世界上有 4 000 多种哺乳类动物,分布于世界各地,有的在寒冷的北极,如北极熊;有的在干燥的沙漠,如骆驼;有的能在天上飞,如蝙蝠;有的能在海里游,如鲸。

观察思考

观察家兔的外部形态,结合家兔的结构和生理功能的知识,思考并回答下列问题:

1. 哺乳动物需要冬眠吗,为什么?

2. 哺乳动物有哪些主要特征?

(一) 哺乳纲的形态结构

我们以常见的哺乳动物——家兔为例来了解哺乳动物的形态结构、生理特性。

家兔是草食性的小型哺乳动物,常以菜叶、野草和萝卜等作为食物。家兔在夜间十分活跃,白天常常闭目睡眠。家兔胆小,怕惊扰,汗腺不发达,不适应热和潮湿的环境。

家兔的身体分为头、颈、躯干、四肢和尾五部分。体表被有光滑柔软的体毛,对家兔有保温作用。

家兔的嗅觉灵敏,听觉发达,长而大的耳廓能够转向声源的方向,准确地收集声波。前肢短小,后肢强大,善于跳跃;有灵敏发达的感官,具迅速跳跃、奔跑的运动能力,使它能够随时觉察外界环境的变化,有利于逃避敌害和摄取食物。

家兔的体腔被肌肉质的膈分隔成胸腔和腹腔两部分。膈是哺乳动物特有的结构,在动物的呼吸中起重要作用。膈的升降和肋骨位置的变化,能使胸腔的容积扩大或缩小,从而迫使肺扩张或收缩,进而完成呼吸过程。

家兔的消化系统发达(图 2 - 48),最显著的特点是牙齿有了分化,有适于切断食物的凿形门齿和适于研磨食物的方形臼齿。牙齿分化的意义很大,既大大地提高了哺乳动物摄取食物的能力,又提高了食物的消化效率。

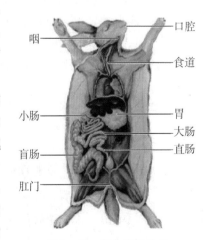

图 2 - 48　家兔消化系统

家兔的心脏由左心房、右心房、左心室和右心室组成,有肺循环和体循环两条血液循环路线。因此,家兔的动脉血和静脉血是完全分开的,循环系统输送氧气的能力强,体温相对稳定,属于恒温动物。

家兔的大脑和小脑都很发达。由于大脑发达,形成了高级神经活动中枢,对外界的刺激能够做出准确而迅速的反应。

家兔是胎生的。胎生是指受精卵在母体子宫内发育成胚胎,胚胎通过胎盘从母体得到养料和氧气;同时,把新陈代谢所产生的废物和二氧化碳送进胎盘的血管里,由母体排出体外。胚胎逐渐发育成胎儿,胎儿从母体中生出。哺乳是指出生后的幼体依靠母体的乳汁而生活。胎生和哺乳为胚胎和幼体的发育提供了良好的条件,如充足的营养、恒温的环境、不容易受到伤害等,因而大大提高了后代的成活率。

(二) 哺乳动物的多样性

现存的哺乳动物有4 000多种,我国哺乳动物共有400多种。

1. 鸭嘴兽

鸭嘴兽生活在河边或湖边(图2-49),它全身长满暗褐色的毛,嘴扁平,母兽的腹部有乳腺,可以分泌乳汁,哺育幼兽。鸭嘴兽的生殖方式是卵生,有孵卵行为。体温不像其他哺乳动物那样恒定,在26～32℃间调节,穴居。

鸭嘴兽是为数不多的卵生的哺乳动物,母兽腹部有乳腺,无乳头。由于它们保持了许多爬行动物的特征,因此是最低等的哺乳动物。仅分布在澳洲。

图2-49 鸭嘴兽

2. 袋鼠

袋鼠是澳大利亚特有的动物(图2-50)。袋鼠的生殖方式是胎生,但由于母兽体内没有胎盘,幼兽生出来时,发育很不完全,只有人的一个手指那么大。母兽腹部有一个育儿袋,幼兽一生下来就爬进育儿袋中,用口衔住乳头,吸取乳汁,经过大约8个月,幼兽发育长大,才能跳出育儿袋,跟随母兽觅食。

图2-50 袋鼠

3. 蝙蝠

夜行性,以昆虫为食。有冬眠习性,蝙蝠的耳短而宽,听觉敏锐。眼睛小,视力极差(图2-51)。蝙蝠能在漆黑的夜空高速迂回飞行,并且能够准确地猎到飞虫,这是因为蝙蝠在飞行中能够从喉内发出高频率的超声波。超声波在空中遇到障碍或昆虫时,能反射回来,然后传入听觉器官,经过大脑皮层分析,能迅速判别目的物。因此,蝙蝠在黑暗中飞行,能避过障碍物和捕食昆虫。蝙蝠这种回声定位的精密程度和抗干扰能力胜过雷达,对人们进一步改进雷达的性能有参考价值。在山洞内长年累积的大量蝙蝠粪,可作为上等肥料,也可供药用,中药中的"夜明砂"即为加工后的蝙蝠粪。

图2-51 蝙蝠

 幼儿活动设计建议

蝙蝠是属于鸟类吗?

蝙蝠有上肢演变而来的翼手,能飞翔;鸟类具有翅膀,上有羽毛,也能飞翔。

活动资源

蝙蝠的图片或飞翔的视频、鸟类的图片或视频

活动过程

　　1. 观察鸟类和蝙蝠的图片,观看两者飞翔的视频
　　2. 说说蝙蝠体表有羽毛吗?
　　3. 说说小蝙蝠是吃食物长大的还是喝奶长大的?
　　4. 你觉得蝙蝠属于鸟类吗? 为什么?

　　4. 海豚

　　海豚(图 2 - 52)生活在海洋中,有三角形的背鳍,前肢和尾特化为鳍,后肢退化。它的吻长而突出,适于捕食小鱼、乌贼、虾、蟹等。海豚是有名的游泳能手,它游泳的速度非常快,达到每小时 50～100 千米。这不仅与它的流线型体形有关,也跟它具有特殊构造的皮肤有很大关系。海豚的皮肤柔软而有弹性,表皮很光滑,而且对压力很敏感;表皮下面是一层海绵状结构,里面有许多乳头状突起,突起之间充满液体,海豚皮肤的这些结构特点可以大大减少它在水中游动时的阻力。

　　海豚具有极为发达的大脑和超声定位的特殊结构。海豚大脑发达,经过训练可以进行各种精彩表演,还可以代替人去完成人在水下难以进行的工作,目前海豚已被训练用于海底打捞、探测鱼群等各种海下作业。海豚在水中回声定位的能力很强。它能够发现 3 000 米以外的鱼群,并且能够准确地确定鱼群的大小、方位和距离,而对于近处细如发丝的导线也能够及时避开。海豚的这种回声定位本领,对于人们研究和提高声呐的性能具有重要的参考价值。

图 2 - 52　海豚

　　5. 白鳍豚

　　白鳍豚又叫白暨豚(图 2 - 53),是我国特有的动物,背面体色为蓝灰色,腹面为白色,鳍也是白色,因而得名白鳍豚。白鳍豚口中有齿,以鱼为食。白鳍豚栖息在我国长江中下游一带,数量很少,是我国特产动物,被列为国家一级保护动物。

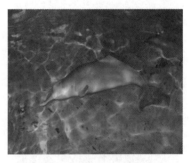

图 2 - 53　白鳍豚

　　6. 大熊猫

　　大熊猫又名大猫熊(图 2 - 54),中国的特有物种,仅分布于中国四川西部、陕西秦岭南坡以及甘肃文县等地。身体肥壮,尾短似熊,头骨宽短,颜面似猫。全身毛色大部分呈白色,唯眼圈、耳壳、肩部和四肢呈黑色。栖息于海拔 2 000～3 500 米的高山竹林中。以竹类(尤喜吃冷箭竹、华橘竹)的茎叶为食,兼食野果、鸟卵、竹鼠等,是食肉目中的素食者。独居,除产仔外,无固定巢穴,昼夜均有活动。听、视觉迟钝,嗅觉灵敏,善爬树、游泳。其生殖能力弱,初生幼仔生活能力弱,成活率低。是我国一级保护动物,并被列入"濒危野生动植物种国际贸易公约(CITES)",在四川卧龙划定自然保护区,加以重点保护。

图 2 - 54　大熊猫

　　7. 金丝猴

　　金丝猴(图 2 - 55)头圆、耳壳短,吻部肿胀而突出,鼻孔向上仰,故又名仰鼻猴。脸部蓝色,眼圈周围为白色。尾长于或等于体长。外形与猕猴相似,体毛大部分为金黄色,口腔两侧无颊囊。常年生活在 3 000 米左右的高山密林中,过着典型的树栖群居生活,白昼活动,很少下地。以植物的花、果、竹笋、树皮等为食。金丝猴是我国特产的珍

图 2 - 55　金丝猴

贵稀有动物,仅产在四川、贵州、云南、湖北等少数山区,数量十分稀少,是我国一级保护动物,也是世界上最珍贵的猴类。

(三) 哺乳纲的主要特征

体表被毛;牙齿有门齿、臼齿和犬齿的分化;体腔内有膈;用肺呼吸;心脏分为四腔;体温恒定;大脑发达;胎生,哺乳。

📖 **信息库**

动物的驯化

狗是最早被人类驯化的动物种类之一,在这之后,牛、马、羊等动物都被逐渐驯化,为人类提供食物及其他生活所需品,帮助人类进行工作。驯化的动物往往适应于某一种特定的生活环境,而不像野生的物种那样有较强的适应力,因而人类应保护好现有的野生物种,保护动物的多样性,避免物种退化。

狗在石器时代就被古人类驯化,是人类第一个好朋友,现在,只要有人类存在的地方,就有各种各样的狗陪伴在左右。所有的狗都是人类由一种灰狼驯化而来,由于人类在驯化饲养过程中有意进行杂交及优化,使其外观有很大差异。最早驯化的是牧羊犬,帮助主人看管羊群,随后,看家狗和猎犬也相继被驯化,它们在古代人类的生活中起着越来越重要的作用。

牛、马、羊等驯养动物,称为家畜。家畜为人类提供皮毛、肉类、奶制品,同时还帮助人类进行运输,并作为交通工具。

宠物是人类只为乐趣而饲养的动物,与家禽、家畜不同,人类不会让宠物去工作,更不会为了它们的肉或其他作用而杀死它们。宠物在给人类带来乐趣的同时,也需要人类的关心和爱护。

📝 **本节评价**

1. 鱼类有哪些主要特征?
2. 简述两栖类名称的由来。
3. 简述爬行类适应陆地生活的特征。
4. 调查当地的常见鸟类,观察这些鸟类的形态结构特点,归纳鸟类适应飞翔的形态结构、生理特性。
5. 以列表方式,对鱼类、两栖类、爬行类、鸟类、哺乳类动物进行比较。

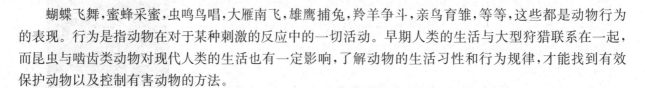

第三节 动物的行为

蝴蝶飞舞,蜜蜂采蜜,虫鸣鸟唱,大雁南飞,雄鹰捕兔,羚羊争斗,亲鸟育雏,等等,这些都是动物行为的表现。行为是指动物在对于某种刺激的反应中的一切活动。早期人类的生活与大型狩猎联系在一起,而昆虫与啮齿类动物对现代人类的生活也有一定影响,了解动物的生活习性和行为规律,才能找到有效保护动物以及控制有害动物的方法。

一、动物行为的类型

动物具备各种维持生存和繁殖的行为模式,有的是先天遗传的,有的是后天习得的。动物行为方式的多样性,是长期适应环境的结果。

(一) 攻击行为

在日常生活中,我们常可以看到两只狗为争夺食物在打架,两只公鸡为一只母鸡在争斗。同样,在野生动物中,同种动物之间也常发生攻击和战斗。在北极的海滩上,常常是一只雄海象占据一片海滩,这是它的"领域",不允许其他雄海象侵入这片海滩。由于雄海象占领的这个领域并没有明显的标志和界限,在开始阶段总有别的雄海象入侵,于是雄海象之间就会发生冲突(图2-56)。同种动物个体之间由于争夺食物、配偶、领域或巢区而相互攻击或战斗,这种行为叫作攻击行为。

图2-56 两只雄海象在战斗

幼儿活动设计建议

动物为什么要打架?

环境中资源是有限的,由于争夺食物、生存空间或者配偶交配权,动物有时会相互攻击。

活动资源

鸟类、蛇或哺乳类动物相互攻击的视频资料

活动过程

1. 观看鸟类、蛇或哺乳类动物相互攻击的视频资料。
2. 思考并说一说:
(1) 它们在干什么?
(2) 它们为什么打架呢?
(3) 你觉得动物打架好吗,为什么?

(二) 捕食行为

捕食行为,是动物维持生存所必须具备的最基本行为。从原始动物开始,就出现了捕食行为。草履虫依靠纤毛的摆动造成漩涡,将浮游动物集中并送入口沟;水螅会伸长触手,去捕食猎物;蜘蛛的捕食行为比较复杂,它会编织很精致的网,等待猎物自投罗网。

脊椎动物捕食猎物的行为就更为复杂,它们有完善的感觉器官在捕食中发挥作用。猫依靠嗅觉寻找鼠窝,依靠视觉和强健的指爪捕捉猎物;蝙蝠、海豚则具有回声定位的本领,它们能发出超声波来探查猎物。

有些动物具有集体打猎的行为。当一只蚂蚁发现一只大的死昆虫,它难以独自拖回,会回巢搬兵,沿途释放外激素,形成一条道路,其他蚂蚁沿这条道路赶来,集体将动物搬回巢穴。

(三) 防御行为

在动物的生存环境中,充满了危险,随时有被攻击和捕食的可能。动物在长期生存斗争中发展形成了多种多样的保护自己的行为。

逃避,是最好的防御行为,对于昆虫来说跳跃和飞行是最有效的逃避行为;羚羊、梅花鹿依靠灵敏的感觉和快速奔跑的能力,逃避大型食肉动物掠食。

隐蔽,也是动物逃避敌害的常用方式,许多动物具有与栖息环境相似的体色(保护色)(图2-57)和体态(拟态)(图2-58),具有保护色和拟态的动物不容易被掠食者发现,因而躲避了敌害生存下来。

冬天的雷鸟

夏天的雷鸟

图 2-57　雷鸟的保护色

图 2-58　角叶尾守宫的拟态

化学御敌也是许多动物采用的保护方式。蜂、蝎都有毒腺螯针,是对敌的武器。黄鼬在危急时会释放出难闻的臭气,使天敌放弃捕食;蜜蜂在巢穴外涂有黏液;黄蜂巢壁上也释放抗蚁物质,都有效地防御了蚂蚁的骚扰;乌贼遇到鲨鱼等凶猛动物的威胁的时候,就会将身体内墨囊中的墨汁释放出来,墨汁能将乌贼周围的海水染黑,而使敌害看不清乌贼,它就可以乘机逃走。

（四）集群行为

许多动物有营群居生活的习性,如蜂、蚂蚁等昆虫以及多数的鸟类和兽类。因为群居生活对动物有利,可以有效地猎食,也可以有效地防御捕食者的攻击。例如,一只鸟很容易被苍鹰捕食,但一群鸟的狂飞骚乱、高声鸣叫,会使苍鹰顾此失彼不能得手;集群进食的鹿群,总是强者在外围负责警卫,遇到敌害时立即发出警报,通知同伴逃离;蜜蜂群体中有明确的分工,有专门负责警卫的工蜂,警惕地守护着蜂巢,一旦有敌害出现,它们立即冲上去螯刺敌人,同时释放报警的外激素。

集群行为还使动物有更多的交配、生殖机会,为后代提供了更好的保护,并且在长期的接触中互相学习获得经验,因此群居性的社会动物的进化发展较快。

（五）互助行为

在动物集群中,特别是鸟、兽等集群中,友好互助的行为很多,例如,猕猴互相照顾梳理毛发,捕捉身上的寄生虫。遇到敌害时,雄性个体联合起来保护雌猴和幼猴逃离。当群居动物遇到敌害时,一些守卫者发出警报,使集群的其他个体做好防御准备,但守卫者本身却暴露了目标,容易被掠食者捕获,这种少数个体付出的代价却使群体得到安全。

（六）通信行为

不论独居或群居,动物个体彼此之间都能够通过信号来传达信息,互相联系,具有通信的本领和行为。例如,雄性萤火虫利用尾部发出的光信号,招引雌性萤火虫与之交尾,这是动物的视觉通信;多数昆虫、鸟类、兽类能利用鸣声、吼声,发出炫耀、求爱或报警的信息,这是听觉通信;还有一些动物运用化学物质传递信息,如雌蛾释放的性引诱素借风传播,能够引诱雄蛾与之交配。蚂蚁外出时释放外激素作为路途的标记,返回时不会迷路;一些兽类如狼、犬等排出的尿液带有特殊气味,可警告其他动物不要进入它的领地;还有些动物会同时发出多种信息,如鸟、兽求偶时会发出声音或气味并伴有动作,用来达到交配的目的。

幼儿活动设计建议

观察蚂蚁的运动

蚂蚁是社会性群居动物,在一个蚂蚁种群中,有明确的社会分工,它们分别承担不同的工种,如寻找食物、哺育幼体等。

活动资源

蚂蚁搬家的视频

活动过程

1. 观看蚂蚁搬家的视频(有条件的学校,可以在户外空旷地观察蚂蚁的运动)。

2. 想一想,说一说如下问题:

(1) 蚂蚁是一个还是大家一起搬运食物的?

(2) 仔细观察,蚂蚁个体之前通过什么方式沟通?

安全提示

若到室外观察,需注意安全,不要独立行动。

(七) 节律行为

每日有昼夜之分,每年有四季之分,海洋有涨潮退潮的变化。动物生活在这样的自然环境中,随着地球、日、月的周期性变化,逐渐形成了许多周期性的、有节律的行为,这种行为叫作"节律行为"。

如各种动物在一天中的活动是有节律的,在夜间活动的,属于夜行性动物,如大部分两栖动物和爬行动物,一部分哺乳动物、昆虫和少数鸟类。在白天活动的,属于昼行性动物,如大多数鸟类、一部分哺乳动物、昆虫以及少数两栖动物和爬行动物。

再如某些动物的活动,随季节的改变而发生周期性的变化,如鸟类随季节不同而迁徙的习性最为典型。除鸟类以外,其他许多动物也有"季节节律行为"。例如,温带和寒带地区的蛙、蛇、蝙蝠、刺猬和土拨鼠等,每年冬季要进行冬眠。

又如很多海洋动物的活动与潮水的涨退变化相适应,这种节律行为叫作"潮汐节律行为"。例如,生活在海滩上的一种小蟹,落潮时在海滩上寻找食物,而在海水再次涌来还差 10 分钟时,它就准时地藏进了洞穴。因为潮汐现象有个规律,每天总要比前一天晚来 50 分钟,而小蟹钻出洞穴觅食和躲进洞穴栖息的时间,每天也恰好向后推迟 50 分钟。以年为周期的生物节律,十分普遍,如植物的开花结实,动物的繁殖、换毛、换羽等。

为什么动物的许多活动和生理变化,在时间上与自然环境中的昼夜交替、四季变更、潮汐涨落是相呼应的? 这是因为动物体内存在着类似时钟的节律性,动物通过它能感受外界环境的周期性变化,并且调节本身生理活动的节律。生物生命活动的内在节律性,就叫作"生物钟"。前面所讲的昼夜节律、季节节律和潮汐节律等行为,都是生物钟在起着调节作用,这是动物长期对自然环境适应的结果。

(八) 洄游和迁徙

很多动物有长距离迁徙和洄游的习性。例如,鲑鱼在淡水河床上产卵,幼鱼在淡水中生活,稍长大后就顺江迁入海洋。成熟后它们又长途洄游回到海岸,寻找"故乡"的河口,然后逆流而上,长途跋涉一直游到它们出生的小支流中产卵,随后死去。通过艰难的洄游,它们为卵的孵化和幼鱼的发育找到了最适宜的环境,保证了种族的繁衍。

大雁、天鹅在每年的冬季来临时,从遥远的北方飞到江南越冬,因为北方冰雪覆盖、食物缺乏难以生存,而江南有丰盛的鱼、虾、贝类,为它们提供了充足的食物来源,长途的迁徙换来了优越的生存条件。第二年初春,北方还是天寒地冻的时节,大雁就早早地返回北方的故乡,忙于筑巢、产卵和孵化,它们赶在春暖花开、食物丰盛的季节哺育雏鸟,使雏鸟迅速生长,等到秋冬降临再一次迁徙时,雏鸟已长大不至于掉队。

不论是鸟的迁徙还是鱼的洄游,它们都有定向的能力,能利用太阳的位置来确定飞行方向,并有随时间的推移而调整方向的能力。

(九) 繁殖行为

性选择,是自然选择的一个类型,在生物进化中具有重要的意义。性选择一方面表现在雄性个体为争夺异性的竞争,另一方面也表现在雌性对雄性的选择。两种作用的结果,雄性发展出雌性喜爱的性状和行为,如鲜艳的羽毛、美丽的装饰,以及虫鸣、鸟啼、虎啸、狮吼等,得到选择而保留下来。

争夺异性是多数雄性动物的行为,身体强壮者总是优先与雌性交配,而弱小者则往往失去机会。自然选择使健壮者的基因得到了更多的遗传机会。

抚育幼仔是多数高等动物都具有的行为,如雌性帝企鹅在冰上产卵后,雄企鹅立即将卵用足托起,并用腹部羽毛盖住保温,就这样不吃不动几十天,用体温使卵孵化。大部分鸟类有筑巢、孵卵、育雏的习性和行为。哺乳动物中多数由雌兽承担哺育的任务,雄兽则承担捕获猎物,为雌兽和幼仔提供食物的工作。

(十) 反常行为

在动物身上,有时会突然出现一些反常行为。每当动物出现反常现象,往往预示着一种灾难的发生,如地震前,会出现鸡犬不宁、猫儿离家、牛羊乱窜、蛇蛙等冬眠动物数九寒天爬出洞外、鱼儿漂浮、鸟类惊飞群迁等现象。

动物的反常行为是在长期的进化过程中,具备了某些灵敏的感觉,使得它们能够从自己特定的生活环境中,获得必需的生活信息。例如,有的鱼类不仅有灵敏的听觉和嗅觉,还有特殊的电感受器,不仅能觉察到外围电场的微小变化,同时还能觉察到地磁场的变化;有些动物的听觉本领优于人耳,能很好地听到人耳听不到的超声和次声;有些动物的嗅觉远比人的鼻子灵,为超微量化学分析仪所不及;有些动物的光感受器能很好地看到人眼所看不到的红外光和紫外光;有不少的动物对气象的变化极为敏感,是很好的气象"预报员"……总之,这些动物也许正是凭借着自己的这些"奇异的本领",觉察到了人所觉察不出来的大灾害来临前的某些地球物理、地球化学因素的异常变化,并做出相应的行为反应,提前逃离灾难将要造成的险境。

📚 信息库

鸟类的筑巢行为

筑巢不是鸟类特有的行为,但是在动物界,鸟类的筑巢行为的复杂性以及巢穴的精美程度,确实无与伦比。

不管哪种鸟类,筑巢都是一项含辛茹苦的工作。细心的鸟类学家做过精确的记录,一对灰喜鹊在筑巢的四五天内,共衔取巢材 666 次,其中枯枝 253 次,青叶 154 次,草根 123 次,牛、羊毛 82 次,泥团 54 次。一只美洲金翅雀的鸟巢,干重仅 53.2 克,但总计竟有 753 根巢材。

每种鸟类的蛋的数目不一、大小不一,因此巢穴的大小也不一;雏鸟所需的生活条件不同,天敌的种类也不一样,因此巢穴所选的位置也不同,但不管怎样,鸟类的巢穴都为雏鸟提供了一个安全的生存空间(图 2-59)。

蜂鸟在树枝上建筑优雅、美丽的杯状巢穴。

红石燕将巢筑在泥土的外面。

这只雄性织巢鸟在将树叶固定到巢上。

图 2-59 不同大小和性状的鸟巢

二、动物行为方式的形成

如果你养过小狗，一定有这样的体会：它们不用你教，就会吃东西、睡觉，但你要想让它们学会到规定的地方去大小便，那可要经过一段时间的训练。你知道这是为什么吗？

动物的行为形形色色，有捕食行为、防御行为等，但总的来说从行为获得的途径来看，大致可分为两类：先天性行为和后天性行为。

（一）先天性行为

先天性行为，是动物生来就有的、由遗传物质所决定的行为，如动物的本能属先天性行为。动物的本能，是在进化过程中形成而由遗传固定下来的、对个体和种族生存有重要意义的行为。复杂的本能是一系列非条件反射按一定顺序连锁发生构成的，大多数本能行为比非条件反射要复杂得多。本能的特点是外部刺激是行为的起因，但本能的产生不完全取决于外界的刺激，同时还与动物体内的生理状况有密切关系。例如，高等动物的交配行为，一方面外界要有配偶存在；另一方面动物体内必须有性激素，动物的交配行为与其体内性激素的水平有重要关系。此外，如蜜蜂酿蜜，蚂蚁做窝，蜘蛛结网，鸟类筑巢、孵卵、育雏及迁徙，哺乳动物哺育后代等都是动物的本能。

（二）后天性行为

后天性行为，是动物在成长的过程中，由生活体验和学习逐渐建立起来的新的行为活动。动物通过多种方式建立后天性行为。

1. 模仿

模仿是动物在幼年时期建立后天性行为的一种主要方式。例如，小鸡模仿母鸡用爪扒土索食；年幼的黑猩猩模仿成年的黑猩猩用沾过水的小树枝从洞穴中取出白蚁作为食物。人类的幼儿期，也是通过模仿来学习走路和说话的。

2. 条件反射

动物出生后在生活中逐渐形成的后天性反射，叫作"条件反射"，是建立后天性行为的主要方式。

观察思考

观看动物园或海洋公园动物表演的视频，思考并回答下列问题：

1. 动物表演是先天性行为还是后天性行为？

2. 以某项动物表演项目为例，推测动物学会表演的过程。

3. 你如何看待动物园或海洋公园的动物表演项目？

条件反射是在非条件反射的基础上，借助于一定的条件（自然的或人为的），经过一定的过程形成的。例如：以食物喂狗，狗会分泌唾液，这是非条件反射；若对着狗摇铃铛，狗不会分泌唾液，但如果每次喂狗的时候，都对着狗摇铃铛，这样重复多次后，狗一听到铃铛的声音，即使不喂食物，也会分泌唾液，即狗对铃铛的声音建立了条件反射（图2-60）。但是如果建立条件反射后，不予以强化，已建立的条件反射会逐渐消失。在日常生活中，我们可看到牛、马在饲养员调教下，能耕田、拉车；马戏团的动物通过训练可学会表演节目等，都是动物通过条件反射的方式而形成的后天性行为。

图2-60 条件反射的建立

条件反射需长时间强化和训练,该反射的建立大大地提高了动物适应复杂环境变化的能力。人类具备语言中枢,还能对抽象语言和文字建立条件反射。因此人类能对观察到的现象进行抽象概括,并利用语言文字进行交流,从而能更深刻地探索和认识世界。

三、研究动物行为的意义

研究动物行为的目的,是为了更好地保护、利用动物。早在原始社会,人类已经在生存斗争中观察到各种动物的生活习性、繁殖规律和行为,并将其应用于野生动物的驯化、饲养及防治有害动物等方面。随着现代科学技术的发展,对动物行为的研究更加深入,并在人们生活的各个方面得到广泛运用。例如,模拟天敌的通信方式,驱赶机场鸟群,预防"鸟撞"事件发生;模拟生物传感系统制作机器人;雷达、电子扫描、红外线定位系统等都是在对动物的迁徙、定位等行为进行深入研究的基础上发明和改进的。

本节评价

1. 刚出生的婴儿会吃奶,并会抓握物体。这属于哪种行为?有何意义?

2. 同样是肉食动物,虎是单独生活的,狼却往往集结成群捕食猎物。这两种方式各有什么优势和不足?

3. 你听说过"狼孩"吗?若不知道,请查阅收集相关资料。从"狼孩"的故事中,你对人类的学习行为有什么新的认识?这对你树立良好的学习态度有什么启示?

第三章 微生物

　　馒头、面包等在闷热潮湿的环境下会长"毛",葡萄、柑橘等含糖量高的水果容易发生霉变,这是为什么呢? 在我们身边的土壤、水和空气中存在着许多人眼看不见的微小生物。馒头、面包上长的"毛"和导致水果霉变的生物都属于微生物。那么,什么是微生物,有哪些类群,微生物与人类有什么关系呢?

第一节 细 菌

　　细菌无处不在,如我们的皮肤表面就有万亿个细菌,一只手掌上就有100多万种细菌。高山、深海、土壤、大气中,到处都有它们的踪迹。甚至极端环境下也分布细菌,科学家们曾在南极站地表向下3 700米的冰层发现嗜冷菌,在温泉附近发现极端嗜热的细菌。细菌多大,形态如何,又是怎样生活的呢?

观察思考

观察细菌的形态

　　尽管细菌无处不在,但是由于细菌非常小,人眼无法看到它们,所以我们平时感觉不到它们的存在(图3-1)。取三种类型细菌(如大肠杆菌、乳酸杆菌等)的永久装片,在显微镜的高倍镜下观察,并思考回答下列问题。

　　1. 细菌是单细胞生物,还是多细胞生物? 你所看到的细菌形态如何?

　　2. 请比较细菌和动植物细胞,说出异同点。

　　3. 你能估算所观察到的细菌的大小吗?

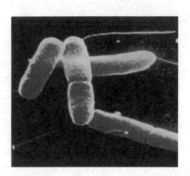
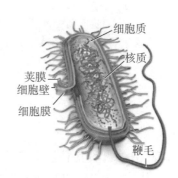

细胞质
核质
荚膜
细胞壁
细胞膜
鞭毛

图3-1 细菌的形态和结构示意图

一、细菌的形态结构

细菌的个体十分微小,一般为 0.3～2.0 微米(μm),大约 10 亿个细菌堆积起来,才有一颗小米粒那么大,因此必须用高倍显微镜或电子显微镜才能看到。

细菌主要有球形、杆形和螺旋形等几种形态(图3-2)。例如金黄色葡萄球菌呈球形,它们占人皮肤上细菌总数的 30% 以上;大肠杆菌呈杆状,是人肠道内共生菌群的主要组成成分;霍乱菌呈弧形。有些细菌个体相互连接成球团或长链。

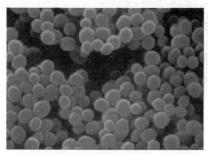
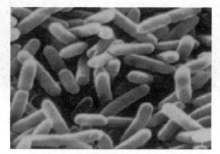
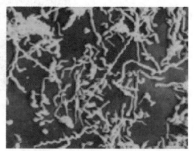

球菌   杆菌   螺旋菌

图3-2 电镜下的几种细菌形态

一个细菌就是一个细胞,因此它属于单细胞生物。它的外面包着细胞壁,里面有细胞膜和细胞质。与动植物等真核细胞一个显著的区别是,细菌的细胞里面没有成形的细胞核,只有核质集中的区域(拟核);而且细胞内的 DNA 分子上不含蛋白质成分,所以没有染色体的结构。我们称这类细胞为原核细胞。细菌的营养方式多样,绝大部分细菌是异养型的,需要依靠现成的有机物来维持生活,但蓝细菌等可以自养。有些细菌的细胞壁外有荚膜,有保护作用;有些细菌的体表有能够摆动的、纤细的鞭毛,鞭毛是细菌的运动构造。

有些细菌在其生长发育后期能够形成圆形或椭圆形的休眠体,叫作芽孢(图3-3)。芽孢对干旱、严寒、高温等恶劣环境有很强的抵抗力。一般条件下,芽孢可以生存十几年。芽孢又小又轻,能随风四处飘散,落在适宜的环境中,又能萌发成新的个体。

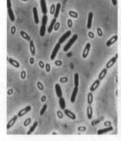
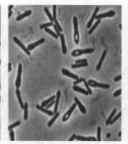
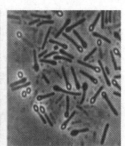

图3-3 不同细菌的芽孢

二、细菌的生命活动

细菌是单细胞生物。有些种类,虽然常常是许多个细胞连在一起,但是这些细胞彼此并没有关系,它们相互分开以后,各自都能够独立生活。细菌分布极其广泛,在地球上的任何地方都可以找到它们的踪迹,如土壤中、岩石上、极地的冰雪中、火山及生物体的表面或内部,都有细菌生活着。

绝大多数细菌不含有光合色素。因此,它们必须生活在有机物丰富的环境里,是异养型生物。有些细菌能够分解植物的枯枝、落叶和动物的尸体、粪便,并且从中吸取养料来生活,这种营养方式叫作腐生,营腐生生活的细菌叫作腐生细菌,如枯草杆菌,它可以引起食物腐败;有些细菌生活在活的动植物身体内,从中吸取养料来生活,这种营养方式叫作寄生,寄生生活的细菌叫作寄生细菌,如痢疾杆菌,它可以使人患细菌性痢疾。

不同细菌需要的生活条件不同,有些细菌需要在有氧的条件下才能分解有机物,从而获得能量,是需氧型细菌,如结核分枝杆菌;有些细菌需要在无氧的条件下分解有机物,以获得能量,是厌氧型细菌,如破伤风杆菌;还有些细菌在有氧和无氧的环境中都能分解有机物,以获得能量,是兼氧型细菌,如大肠杆菌。

细菌通过分裂的方式进行繁殖。细菌的繁殖能力很强,在条件适宜的情况下,每 20～30 分钟就能繁殖一次。

📖 信息库

难以杀灭的炭疽芽孢

炭疽芽孢杆菌,简称炭疽杆菌(图 3-4),是人类历史上第一个被发现的病原菌,1850 年在死于炭疽的绵羊血液中找到,1877 年德国学者郭霍获得纯培养。炭疽杆菌主要存在食草动物如牛、马、羊、骡等身上,可在动物体内迅速生长繁殖,并产生一种外毒素,能引起组织坏死和全身中毒,甚至致命。当炭疽杆菌离开动物体后,在动物尸体或污染的外界环境,如皮毛、骨粉、泥土等,炭疽杆菌就形成芽孢(图 3-5)。芽孢的抵抗力极强,可存活多年。当芽孢再次进入动物体内时,它又变为毒力极强的杆菌,引起疾病。人可通过摄食或接触被炭疽杆菌感染的动物及畜产品而被感染。被感染者出现全身中毒症状而死亡。炭疽杆菌感染死亡率极高。

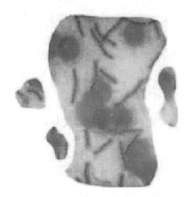

图 3-4 炭疽杆菌

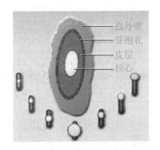

图 3-5 细菌的芽孢形态

三、细菌与人类的关系

细菌广泛分布在我们的体内、体表以及生活环境中。

有些细菌能够使动植物和人患病,人们称它们为病原菌。病原菌危害人体健康的方式主要有两种:一种是破坏人体的组织,如结核杆菌破坏人体的肺组织,引起肺结核;另一种是产生有毒的化学物质——毒素,毒素会影响人体组织的正常生理功能,如白喉杆菌产生的白喉毒素,对人体有毒害作用,使人患神经麻痹和心肌炎等疾病。常见的细菌性疾病有脑膜炎、破伤风、伤寒、细菌性痢疾等,如细菌性痢疾就是由于食用了被痢疾杆菌污染的食物引起的一种肠道传染病。

有些细菌对人类是有益的。例如,我们在日常生活中吃的醋、味精等调味品,酸奶、泡菜等腌制食品的制作离不开细菌;有些细菌还能产生抗生素,在防治动植物和人类疾病上有着广泛的用途;有些豆科植物的根瘤(图3-6)里具有根瘤菌,能够将空气中的氮气固定为植物生长所需要的氮素营养。如今,许多有益的细菌常被应用在工业、农业、食品、医药、冶金和环境保护等领域。

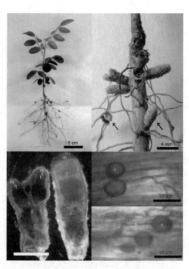

图3-6　绒毛槐的根瘤

一些腐生细菌和其他腐生生物,能够把地球上动植物死亡的尸体以及残枝落叶分解为无机物,释放于环境中,供植物等吸收和利用。如果没有细菌的分解作用,维持生命的物质循环将会中断,那么将无法实现生态系统的物质循环。

📚 信息库

人体携带的细菌

人体携带了大量的细菌。有些细菌依靠从人体中摄取的营养物质生长和繁殖,并使人患病,如霍乱、白喉、猩红热、破伤风、伤寒、百日咳等疾病的致病菌,这类细菌属于病原菌;有些细菌栖息在人体的消化管内,既从人体获取营养物质,又向人体提供它们合成的维生素等物质,如大肠内的一些细菌可以合成维生素 B_6、维生素 B_{12} 等。同时,它们也起着防止或排斥外来有害细菌入侵的作用,如大肠杆菌能分泌大肠菌素,对外来的细菌有毒害作用。因此,人们不能随意破坏身体内正常菌群的生存。

👥 幼儿活动设计建议

发现隐形的细菌

小朋友经常将手指头放在嘴里吮吸,或常咬指甲,通常情况下一个人的指甲缝里大约有 5 万个细菌,这些细菌会导致孩子的肠道传染病。

(活动材料)

一块白色布料或纸巾、一块黑色布料或纸巾、彩色标签或笔、通用培养基平板、透明塑料袋

(活动过程)

1. 将白色布料和黑色布料分别放在桌子上。仔细观察这两块布料,说说是否能看到任何微小的颗粒或斑点。在彩色标签或纸上记录观察结果,包括在每块布料上看到的东西。

2. 用洗手液洗净手掌,在白色或黑色的布料上按一下,然后将手掌平移到通用培养基平板上按一下。

3. 将通用培养基平板放在温暖的场所(如恒温培养箱)培养24~48小时。

4. 观察并描述经培养后的培养基表面出现的现象。

安全提示:经培养并观察后的培养基,一定要交给老师妥善处理。

本节评价

1. 细菌分布广泛的原因。

2. 为什么在天气温暖的时候,鱼、肉、饭菜放置不久就会腐败变质。放在冰箱中冷藏的食物,第二天加热后再吃,有时会拉肚子,试解释这种现象。

3. 假设你手上此刻有 100 个细菌,细菌的繁殖速度按每 30 分钟繁殖一代计算。4 小时后,手上的细菌数目是多少? 该结果有何启示?

第二节 真 菌

在森林的幽深之处,真菌像是一片暗夜中的繁星,它们的细丝在泥土深处纠结交织,构建着地下的城市。它们以静默的方式营造着生命的庇护所,为树木提供滋养,为植物传递信息,它们是自然界的秘密使者。在地球上的各种环境中广泛分布的真菌具有哪些共同的特征呢? 它们与人类又有什么样的关系呢?

一、真菌的形态结构

真菌的种类繁多,在自然界分布广泛。真菌个体大小的差异很大,通常分为三类,即酵母菌、霉菌和大型真菌。酵母菌通常是指单细胞真菌,个体微小,需要借助显微镜才能看见。在食品、物品上长的霉斑是霉菌的群体。蘑菇、木耳、灵芝等属于大型真菌。

1. 酵母菌

酵母菌(图 3-7)具有细胞壁、细胞膜、细胞质和液泡,而且具有细胞核。酵母菌不含有叶绿体和叶绿素,因此不能制造有机物,营腐生生活。

酵母菌的分布很广,尤其是在含葡萄糖多的物体上。它在有氧和无氧条件下都能生活。在有氧条件下,酵母菌把葡萄糖彻底分解成二氧化碳和水,并且释放出较多的能量,供生命活动利用;在没有氧的情况下,酵母菌能够将葡萄糖分解成二氧化碳和酒精,人们可以利用酵母菌来酿酒。

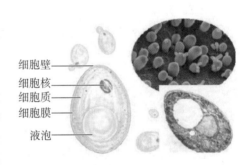

细胞壁
细胞核
细胞质
细胞膜
液泡

图 3-7 酵母菌

观察思考

酵母菌在面包制作中扮演着至关重要的角色。面包是通过面团的发酵过程而制成的,而发酵过程中的关键成分就是酵母菌。

如图 3-8 所示,观察面包上出现的孔隙,并分析面包上产生小孔隙的原因。

图 3-8 面包片

2. 霉菌

霉菌是一类能够生出菌丝的真菌。在阴雨季节,食物和衣物上常常会长出各种颜色的"绒毛"。这些"绒毛"就是各种霉菌的菌丝。霉菌的种类很多,常见的有根霉(图 3-9)、曲霉(图 3-10)和青霉等。它们大多生长在水果、食物、皮革、衣物和其他潮湿的有机物上。

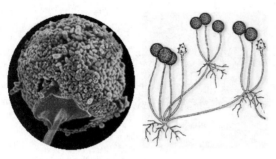

图 3-9 根霉

图 3-10 曲霉

观察思考

观 察 青 霉

青霉(图 3-11)是一类真菌的属名,它包括了多种不同的物种,其中一些对人类具有重要的意义。

如果你将新鲜橘子皮放于培养皿中,向上面滴加少许清水,盖上培养皿盖,放在温暖、阴湿的地方。过一段时间橘子皮上会长出毛茸茸的灰绿色霉斑。这就是青霉。取一块生有青霉的橘皮,垫上白纸,用放大镜观察并回答下列问题:

1. 青霉的颜色、形态有什么特点?
2. 青霉的营养方式和生殖方式是什么?

(注意:观察霉菌时,应佩戴口罩,以防过敏。)

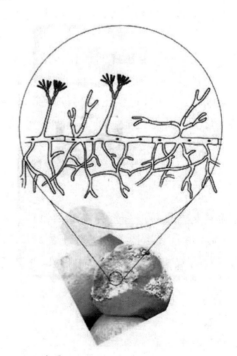

图 3-11 青霉

霉菌菌体由许多菌丝组成,又叫作菌丝体。霉菌的菌丝分为营养菌丝和气生菌丝两种。营养菌丝深入到有机物的内部,气生菌丝则向上直立生长。霉菌不含有叶绿素,依靠营养菌丝吸取现成的营养物质,营腐生或寄生的生活。霉菌主要靠孢子进行繁殖。

信息库

青霉素的发现

1928 年,弗莱明(英国,1881—1955 年)(图 3-12)在观察培养皿中的细菌时突然发现,在培养皿边沿生长了一堆霉菌,这些霉菌周围的葡萄球菌不仅没有生长,而且离它较远的葡萄球菌也被它溶解,变成了一滴滴露水的样子。对这个奇特的现象弗莱明进行了仔细的研究,终于发现这些培养液中含有一种化合物,于是就紧紧抓住不放,最后从中分离出一种能抑制细菌生长的抗菌素——青霉素。1929 年,弗莱明把他的发现写成论文,发表在英国《实验病理学》季刊上。

弗莱明发现青霉素,是他长期细心观察的结果。令人遗憾的是,它没有能马上临床应用,这是因为青霉素培养液中所含的青霉素太少了,很难从中直接提取足够的数量供医疗临床使用。

图 3-12 弗莱明

1940 年,在英国剑桥大学和牛津大学主持病理研究工作的弗洛里(英国,1898—1968 年)仔细阅读了弗莱明关于青霉素的论文,对这种能杀灭多种病菌的物质产生了浓厚的兴趣。他力邀了一些生物学家、化学家和病理学家,组成一个联合实验组,一起进行研制。其中的生物化学家钱恩(德国,1906—1966 年)是他最得力的助手。经过反复的研究实验终于生产出了用于临床的青霉素。

青霉素的发现和应用,对多种疾病如肺炎、猩红热、白喉、脑膜炎等有神奇的疗效,挽救了无数的生命,创造了史无前例的成功,也引发了世界各地积极寻找别的抗生素,开辟了整个世界现代药物治疗的新时期。它与原子弹、雷达一起,被公认为第二次世界大战时期的三大发明。1945 年,为了表彰青霉素的发明对人类的贡献,"诺贝尔生理学及医学奖"同时奖给了弗莱明、弗洛里和钱恩 3 个人,成为医学史上共同协作,取得辉煌成果的佳话。

3. 大型真菌

平时我们所食用的蘑菇、香菇、银耳等属于大型真菌,统称为蕈。

观察思考

观察蘑菇的形态结构和孢子

蘑菇是一种常见的大型真菌。地上部分叫子实体,由菌盖和菌柄组成,属于繁殖器官。有的菌柄的上部有菌环,有的菌柄的基部有菌托。蘑菇的地下部分就是交错伸展在土壤中的菌丝,是营养器官(图 3-13)。

仔细观察新鲜蘑菇的形态和颜色。剪取新鲜蘑菇顶部的菌盖,放在纸袋内保存数日。待菌盖下表面呈暗褐色时,将生有菌褶的一面朝下,轻轻放在白纸上,并用玻璃杯扣上放置一天。

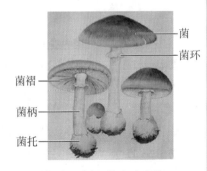

图 3-13 蘑菇的结构

请回答下列问题:

1. 蘑菇含叶绿素吗?它一般生活在什么地方?

2. 第二天看看白纸上是否留下一层粉末,这些粉末是什么?它们的排列方式与菌盖的菌褶之间有什么关系?

由于蘑菇的细胞内不含叶绿素,所以,蘑菇不能进行光合作用,只能依靠地下的菌丝吸取现成的有机物,营腐生生活。蘑菇菌盖的腹面,具有很多放射状排列的菌褶,菌褶上生有很多孢子。蘑菇也是进行孢子繁殖的(图3-14)。

我国目前已知的蕈有800多种,常见的有香菇、平菇、草菇、金针菇、木耳(图3-15)、银耳(图3-16)、灵芝(图3-17)、猴头菌(图3-18),除了可以食用以外,有的还有很高的药用价值,有的则是名贵的滋养补品。

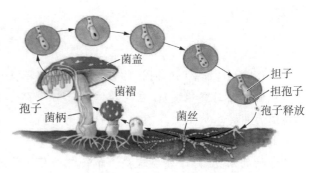

图3-14 蘑菇的生长过程示意图

图3-15 木耳

图3-16 银耳

图3-17 灵芝

图3-18 猴头菌

真菌大多为有分枝的丝状体,少数为单细胞个体。它们的基本特征是:细胞都具有细胞壁、细胞膜、细胞质和真正的细胞核,属于真核生物,但真菌体内不具有叶绿体,不能进行光合作用。

二、真菌的生命活动

同大多数细菌一样,真菌也不能把无机物合成为有机物,必须依靠现成的有机物维持生活。酵母菌依靠吸收外界环境中的葡萄糖等营腐生生活;青霉和黑根霉等霉菌依靠蔓延到营养物质内部的菌丝,吸收有机物等营腐生生活;有的真菌在其他生物体上营寄生生活。

酵母菌在有氧和无氧的条件下,均能分解有机物获得能量;霉菌和蕈只能在有氧的条件下,才能分解有机物获得能量。

有的单细胞真菌可以像细菌那样,由母细胞一分为二产生新个体;霉菌等大多数丝状真菌的菌丝体断裂片段可以形成新个体;大部分真菌主要依靠产生孢子进行繁殖。

三、真菌与人类的关系

许多真菌对人类是有益的。例如,利用酵母菌发酵制作各种果酒、白酒、啤酒、馒头、面包等,有些真菌如蘑菇、木耳等是营养丰富的美味佳肴。工业上利用真菌发酵来生产柠檬酸等,这种方法与化学合成法相比大大降低了成本。又如,腐乳、豆豉、酱油的制作过程中采用的某些霉菌,可以将豆类中的蛋白质分解成人们容易消化吸收的氨基酸等,并且使食物独具风味。再如,治疗肺炎、气管炎等多种疾病的抗生素——青霉素,就是利用青霉生产出来的。如今,人们用霉菌生产出了多种抗生素。利用真菌可生产一些生物杀虫剂,避免环境受到污染。随着科技发展和生物杀虫剂,生物肥料的广泛运用,不久的将来,人类可实现无公害农业生产,生产出更多的无公害农产品。

真菌也有对人类不利的一面。例如,甲癣(灰指甲)和足癣(脚湿气)都是由真菌引起的;发霉的花生、玉米等粮食或粮食制品上有黄曲霉菌株产生的可能致癌的黄曲霉素;小麦锈病就是由真菌引起的病害,会导致小麦严重减产;有些蘑菇有毒,误食会使人、畜中毒,甚至会引起人、畜死亡,因此不能随意采食不认识的野生蘑菇。

📚 信息库

毒蘑菇的鉴别

我国已发现的毒蘑菇有80多种。鉴别采来的蘑菇是否有毒,目前还没有找到规律。虽然也有一些习惯的鉴别方法,但这些都不是绝对可靠的。人们通常认为毒蘑菇具有以下特征:一是颜色鲜艳,如毒蝇伞(图3-19)、豹斑毒伞;二是具有恶臭,如臭黄菇(图3-20);三是菌体受伤以后流出乳汁,乳汁很快变色,如毛头乳菇(图3-21);四是具有苦、辣、酸和强烈的蒜味,如小毒红菇、绿褐裸伞,等等。此外,具有菌环的蘑菇大都是毒蘑菇,毒伞属中的绝大多数蘑菇都具有剧毒。

图 3-19 毒蝇伞

图 3-20 臭黄菇

图 3-21 毛头乳菇

人误食毒蘑菇以后表现出的症状一般是:恶心、呕吐、腹痛、腹泻、瞳孔放大、呼吸急促、昏迷、抽风等,中毒严重的很快就会死亡。

👥 幼儿活动设计建议

探索真菌世界

真菌种类繁多,我们的身边也常见各种各样的真菌。真菌的基本特征和生长方式是怎样的?

活动材料

各种食物样本(如面包、水果、蔬菜等)、透明塑料袋(用于每个样本)、镜子、卫生纸或棉球、画纸、彩色笔、放大镜

活动过程

1. 准备不同种类的食物样本,如切片的面包、水果块或蔬菜片。每个样本放入各自的透明塑料袋中。

2. 观察每个食物样本的外观,特别是有任何小点或颜色异常的地方。可以使用放大镜来更仔细地观察。

3. 画一画或说一说观察到的食物样本的外观。

4. 将每个食物样本的塑料袋封闭,请老师在袋子上标记,以识别每个样本。

5. 将封闭的塑料袋放在不同的观察点,如窗台上、阳台上或室外,以保持适当的温度和湿度。等待几天,每天都去观察每个食物样本的变化。

6. 使用彩色笔在原画上标记变化的地方,说一说发生的变化,讨论为什么食物会发生变化,以及这些变化是否与真菌有关。

安全提示

切勿把实验材料入口。实验后及时洗手。

📝 本节评价

1. 在阴雨季节,为什么食物和衣物上容易生长霉菌? 试推测霉菌的营养方式。
2. 调查市场上有哪些可供食用的大型真菌,列举你所知道的大型真菌。
3. 通过观察比较酵母菌、霉菌和蘑菇,你发现它们在形态结构和生理功能上有哪些异同?
4. 霉菌、蘑菇、木耳等都可以从死亡的植物体上获取养料,这对于自然界有什么意义?

探索 🏛 实践

观察青霉和蘑菇的形态

青霉和蘑菇都是通过孢子生殖的真菌,是常见的真菌类型。

一、实验目的

学会制作青霉的临时装片;认识青霉和蘑菇的形态特点。

二、实验原理

青霉是一种真菌,常见于温暖潮湿的条件下,它可能生长在橘子表面,导致橘子腐烂。青霉的孢子通常呈长条状或卵形,具有不同的颜色,如绿色、蓝绿色或灰色,取决于青霉的种类。蘑菇的孢子通常排列在蘑菇的菌褶上,通常呈圆形或椭圆形,具有不同的颜色,包括白色、棕色、黑色等,取决于蘑菇的种类。

三、实验材料

已培养好的青霉、新鲜的蘑菇、蘑菇菌褶的永久横切面、清水、解剖针、载玻片、盖玻片、吸水纸、显微镜、放大镜

四、实验步骤

1. 观察青霉

取一块生有青霉的橘皮,垫上白纸,用放大镜观察,可以看到一条直立生长的白色绒毛,这就是青霉的气生菌丝,气生菌丝的顶端长有成串的青绿色的孢子。

在载玻片中央滴一滴清水。用解剖针挑取少许长有孢子的菌丝,将菌丝放入水滴中,轻轻地将菌丝分开,盖上盖玻片,制成临时装片。用低倍镜观察青霉的菌丝和孢子。注意观察菌丝有没有颜色,有没有横隔,气生菌丝的顶端有没有扫帚状的结构,以及孢子的着生状态和颜色。

需要注意的是,当橘皮上出现绿色斑点时,应及时观察。因为当青霉全变成青绿色时,菌丝已破碎断裂,视野中只能看到孢子了。如果条件不具备,也可以观察青霉的永久装片。

2. 观察蘑菇

取新鲜的菌盖已经开始裂开的蘑菇,观察它的外形,包括菌盖、菌柄和菌盖下面菌褶的分布情况。将菌柄掰开,可以看到菌柄内充满了疏松交织的菌丝。

用低倍镜观察菌褶的永久横切片,可以看到菌褶是由菌丝构成的,菌褶最外层的一些细胞,顶端生有4个突起,每个突起的顶端各生有一个孢子。

五、结果分析

1. 青霉孢子的颜色和着生状态有什么特点?
2. 蘑菇孢子的着生状态有什么特点?

第三节 病 毒

流行性感冒是一种常见的传染性疾病,得了流行性感冒的人通常表现为高热、全身乏力、肌肉酸痛和轻度呼吸道症状。流行性感冒是由病毒引起的。那么,什么是病毒呢? 它是怎样生活的?

一、病毒的结构和繁殖

病毒的形态多样,但每种病毒有独特而严谨的结构。

观察思考

观察图 3-22 病毒的形态和结构。回答以下问题:

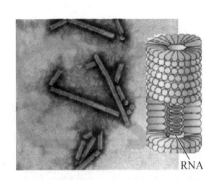

RNA

烟草花叶病毒

病毒DNA

噬菌体

图 3-22 病毒的形态和结构模式图

1. 病毒是否是生物?它有细胞结构吗?
2. 图中的病毒在形态和结构上有什么相同点和不同点?
3. 请说说病毒的结构特点,并推测其生活方式。

病毒在自然界中分布广泛,非常微小,在电子显微镜下才能够看到。病毒的大小常以微米或纳米(nm)为单位,通常在 150 纳米以下。

病毒的结构简单,一般有蛋白质组成的外壳和核酸(DNA 或 RNA)组成的核心,没有细胞结构。核酸在病毒的遗传上起着重要的作用,而蛋白质外壳对核酸起保护作用。

病毒不能独立生活,必须寄生在其他生物的活细胞内。其不能进行分裂生殖,只能通过病毒的核酸,并利用寄主细胞内的物质,复制出与病毒自身相同的核酸,进而形成许多新的病毒。新生成的病毒又可以感染其他活细胞。但病毒一旦离开寄主的活细胞,新陈代谢就停止了。一旦有机会侵入活细胞,生命活动又重新开始。病毒的寄生和增殖能摧毁寄主细胞。

二、病毒与人类的关系

病毒与人类之间的关系非常复杂,病毒既是人类健康的威胁,也在某些情况下促进了科学研究和医疗进步。

在自然界中,几乎所有的生物都能被病毒感染。病毒往往通过接触、空气、水、伤口、血液和生物媒介等途径进行传播。据统计,人和动物约 60% 的疾病是由病毒感染引起的。例如,口蹄疫病毒引起牛、羊、猪等动物患口蹄疫病,禽流感病毒引起禽流感,鸭瘟病毒使鸭患鸭瘟,稻矮缩病病毒能够使水稻患矮缩病;甲型肝炎病毒引起甲型病毒性肝炎,感染狂犬病病毒使人患狂犬病,流行性感冒病毒引起流行性感冒,艾滋病病毒引起艾滋病等。

病毒也有可以被人类利用的一面,随着科学研究的进展,人们一方面利用药物防治病毒性疾病,另一方面利用一些病毒为人类造福。如人们可以利用噬菌体侵染细菌的特点,防治某些细菌(如绿脓杆菌)对人类的感染;也可以利用一些昆虫病毒杀灭害虫,减少因使用农药而对环境造成的污染。我国科学家利用病毒作载体,成功地培育出抗虫棉新品种。

观察思考

由于病毒是专性活细胞内寄生物,因此,凡有生物生存之处,都有其相应的病毒存在。由于病毒侵染其他生物具有特异性,根据病毒所侵染的不同宿主对病毒进行分类,可以分为动物病毒、植物病毒和细菌病毒三类。病毒与进行寄生生活的细菌和真菌不同,有些病毒的宿主十分广泛。

请观察下列图片(图 3 - 23、图 3 - 24),思考下列问题:

1. 以下病毒的宿主是什么?

2. 请归纳病毒对人和动植物的影响。

3. 你还知道哪些病毒与人类关系密切的实例?

图 3 - 23   郁金香碎色病毒感染的郁金香

图 3 - 24   死于禽流感病毒的鸟

幼儿活动设计建议

保护我们的身体

在我们身边有多种多样的病毒。那么,病毒有怎样的特点? 又是如何进行传播引起疾病的? 生活中,我们可以怎么做以预防由病毒导致的疾病呢?

活动材料

水龙头、洗手液、一些不同颜色的珠子(代表病毒)、透明塑料袋、彩色标签或笔、演示板或白板

活动过程

1. 把一些不同颜色的珠子(代表病毒)放在透明塑料袋中。将袋子作为"传播器"。用手触摸传播器上的珠子,然后用同一只手触摸一个同伴的手。这就是病毒如何传播的例子。

2. 说说洗手的重要性,洗手可以帮助我们清除手上的病毒,从而减少感染的风险。

3. 学习正确的洗手方法。

4. 用演示板或白板,绘制一幅图,展示病毒如何传播和如何通过洗手来切断传播途径。

5. 讨论所学到的关于病毒和洗手的知识。说一说"为什么我们需要洗手?""洗手有哪些好处?"等等。

信息库

1. 艾滋病

艾滋病是英文"AIDS"的中文名称，AIDS 是获得性免疫缺陷综合征的英文缩写。它是由于感染了人类免疫缺陷病毒（简称HIV）后引起的一种致死性传染病。HIV 主要破坏人体的免疫系统，使机体逐渐丧失防卫能力而不能抵抗外界的各种病原体，因此极易感染一般健康人所不易患的感染性疾病和肿瘤，最终导致死亡。HIV 存在于艾滋病患者和携带病毒者的血液、精液、唾液、泪液、乳汁和尿液中，主要通过静脉注射毒品、不安全性行为、母婴以及输入含艾滋病病毒的血液或血液制品等途径传播（图 3−25）。

图 3−25　艾滋病病毒

2. 新型冠状病毒感染

新型冠状病毒感染是由新型冠状病毒引起的一种传染病。新冠病毒属 β 属冠状病毒，对紫外线和热敏感，乙醚、75％乙醇、含氯消毒剂、过氧乙酸和氯仿等脂溶性溶剂均可有效灭活病毒。人群普遍易感，传染源主要是新冠病毒感染者；主要传播途径为经呼吸道飞沫和密切接触传播，在相对封闭的环境中经气溶胶传播，接触被病毒污染的物品后也可能造成感染。

本节评价

1. 病毒的结构比原核细胞简单，但是有些科学家认为地球上出现原核生物如细菌之前不可能有病毒存在。这是为什么？

2. 病毒的传播途径有哪些？如何预防病毒性感染？

3. 请通过媒体收集有关病毒的资料，谈谈病毒与人类的关系。

第二单元 细胞和代谢

"

　　苍翠的树木、多姿的动物、微小的细菌,它们的形态千差万别,但是都可以统一到细胞这个层面。细胞是生物体结构和功能的基本单位,它又是由各种各样的化合物组成的。组成细胞的各种化合物以特有的方式聚焦在一起,并完成新旧更替,才产生了生命现象。那么,组成细胞的化合物有哪些,在细胞内发生的代谢又是怎样的呢?

"

第四章　细　　胞

我们的生命源于一个细胞——受精卵,受精卵一旦形成后,就不断分裂,细胞数目增加。与此同时,有些细胞在形态和功能上出现差异,最终形成不同的组织和器官,从而构建一个新个体。自然界绝大多数生物体,大到蓝鲸小到细菌都是由细胞构成的。细胞是生物体形态结构和生命活动的基本单位。那么细胞是由哪些化合物组成的,结构如何呢?

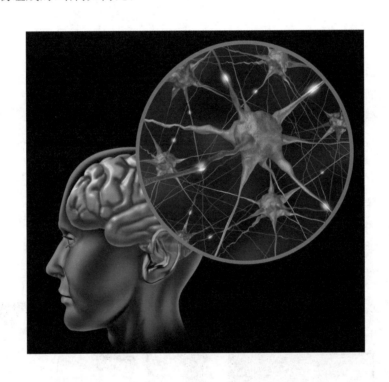

第一节　细胞的化学组成

含羞草叶片轻轻一碰即闭合,楚楚动人。生物能对环境做出反应,非生物如空气、泥土等却不能,乍一看生物与非生物区别如此明显,然而它们之间也有许多共同之处,如都是由元素和化合物组成。组成细胞的化合物,既包含简单的无机物,也包含复杂的有机物。

一、组成细胞的化学元素

组成细胞的化学元素,在无机自然界都能找到,没有一种化学元素是细胞特有的。但是细胞与地壳中元素的分布差异很大,对于生物至关重要的元素仅有 20 多种,其中含量较多的,如 C(碳)、H(氢)、O(氧)、N(氮)、P(磷)、S(硫)、K(钾)、Ca(钙)、Mg(镁)等,称为大量元素;有些含量很少,如 Fe(铁)、Mn(锰)、Zn(锌)、Cu(铜)、I(碘)等,称为微量元素,总质量仅占细胞干重的 1‰ 左右,且仅出现在某些生物分子中,但它们是维持正常生命活动不可缺少的。

观察思考

阅读材料并思考回答下列问题：

碘(I)是合成人体甲状腺激素的必需元素。缺碘或长期碘摄入不足会导致地方性甲状腺肿(俗称大脖子病)(图4-1)。

为消除碘缺乏造成的危害,我国政府采取了哪些措施?

图4-1 大脖子病

微量元素的含量虽小,但它们对维持生物细胞的健康起着重要作用。植物通过根系吸收微量元素,动物则从饮食中获得。

信息库

微量元素含量少作用大

元素在人体中的作用不能以其含量的多少来决定,有许多微量元素含量少但是作用大,摄入不足会对人体造成不利影响,甚至导致疾病。

锌是维持正常脑功能所必需的。正常成人含锌1.5~2.5克,其中60%存在于肌肉中,30%存在于骨骼中。近年来发现有90多种酶与锌有关,体内任何一种蛋白质的合成都需要含锌的酶。锌可促进生长发育、性成熟,影响胎儿脑的发育。

缺锌可使味觉减退、食欲不振或异食癖、免疫功能下降,伤口不易愈合。如果孩子身体缺锌,可能会导致记忆力下降、学习能力降低等问题。缺锌儿童的味觉和食欲减退,还可出现味觉异常,即异食癖,喜食那些不是食物的东西,如煤渣、石头、头发、泥土、生面、生米等。缺锌儿童还会出现生长发育停滞,性成熟产生障碍,伤口愈合能力差等症状。青春期男女脸上常长出粉刺,形成原因之一就是缺锌(图4-2)。

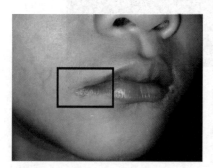

图4-2 缺锌的症状

微量元素"过量"同样也会打破机体元素平衡,可能会引起细胞中毒。有些儿童玩具的涂料含锌,婴幼儿喜欢把玩具放入口中,可能会导致食入锌过多而中毒。

二、组成细胞的化合物

生物体内常见的化学元素有20多种;同种元素在不同生物体内含量相差较大。化学元素构成各种化合物。细胞中的化合物可分为两大类:无机物和有机物。无机物包括水和无机盐,有机物则包括糖类、脂质、蛋白质、核酸和维生素等。

1. 水

水是生命之源。水是细胞内含量最多的化合物,不同种生物的细胞含水量不同(表4-1);同种生物处于不同发育阶段或者生活在不同环境中,细胞的含水量也会发生变化;同一生物个体的不同器官,细胞含水量也会有差异(表4-2)。

表4-1 生物体的含水量(%)

水母	藻类	鱼类	高等植物	蛙	哺乳动物	休眠的种子
97	90	80～85	60～80	78	65	<10

表4-2 人体组织器官的含水量(%)

牙本质	骨骼	骨骼肌	心脏	血液	脑	胎儿脑
10	22	76	79	83	84	91

水在细胞中以两种形式存在:一种是结合水,与细胞内的蛋白质等化合物结合,是细胞结构的重要组成成分,约占4%～5%;细胞中绝大部分的水以游离的形式存在,可以自由流动,称为自由水,约占细胞总水量的95%。自由水是细胞内的良好溶剂,许多种物质溶解在这部分水中。细胞内的许多生物化学反应必须有水参加。水在生物体内的流动,把营养物质运送到各个细胞,同时,把细胞在新陈代谢中产生的废物,运送到排泄器官并排出体外。

2. 无机盐

大多数无机盐以离子状态存在于细胞中。细胞中含量较多的离子为大量元素,如 Na^+、K^+、Ca^{2+}、Mg^{2+}、Fe^{2+}、Cl^- 等。

细胞无机盐的含量虽少,但对调节细胞的渗透压和维酸碱平衡有非常重要的作用。有些无机盐是细胞内某些复杂化合物的重要组成部分,例如,Mg^{2+} 是叶绿素分子(图4-3)必需的成分,Fe^{2+} 是血红蛋白(图4-4)的必需成分。钙是动物和人体骨骼与牙齿的重要组成元素。

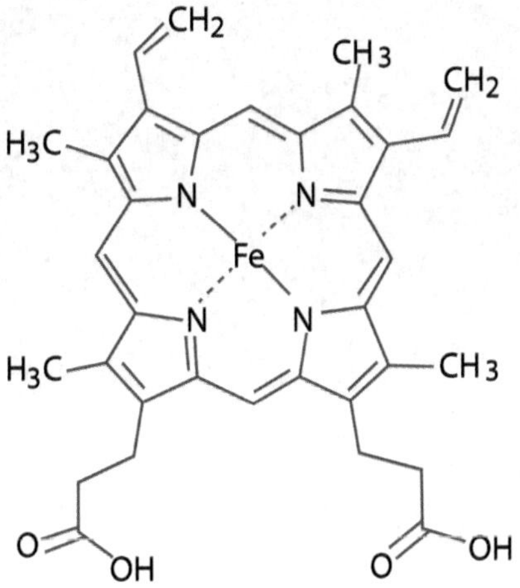

图4-3 叶绿素b结构图

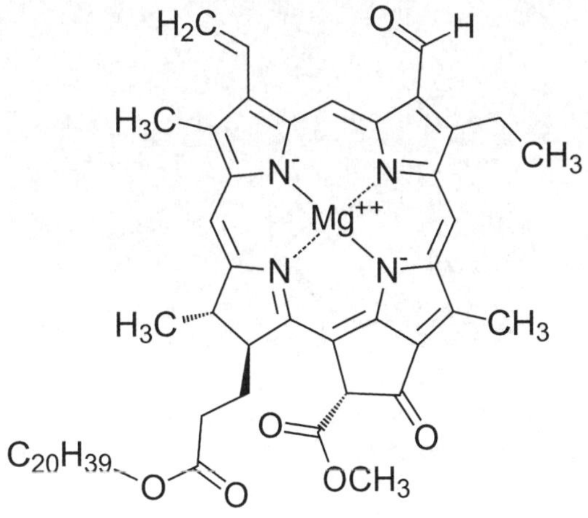

图4-4 血红蛋白中血红素结构图

有些无机盐对于维持生物体的生命活动有重要作用。例如,哺乳动物的血液中必须含有一定量的钙盐,如果血液中钙盐的含量太低,动物就会出现抽搐。

3. 糖类

糖类俗称碳水化合物,由 C、H、O 三种化学元素组成。糖类是维持生物体生命活动所需能量的主要来源,也是组成生物体结构的基本原料。根据糖类水解后形成的物质,糖类大致可以分为单糖、双糖和多糖。

　　单糖,是不能水解的糖。其中葡萄糖、果糖、半乳糖都是含 6 个碳原子的单糖,它们是在生物界分布最普遍的单糖。葡萄糖是细胞的主要能源物质。核糖和脱氧核糖是含 5 个碳原子的单糖,核糖是核糖核酸(RNA)的组成成分,主要存在于细胞质内。脱氧核糖比核糖少 1 个氧原子,它是脱氧核糖核酸(DNA)的组成成分,主要存在于细胞核内。

　　双糖,是指由两个单糖经脱水缩合连在一起的糖类,如两分子葡萄糖脱水缩合形成一分子麦芽糖,反之,麦芽糖水解为葡萄糖(图 4-5)。

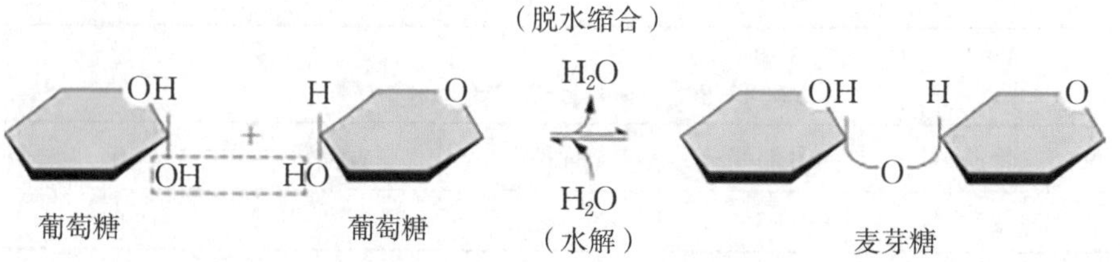

（脱水缩合）

葡萄糖　　　　　葡萄糖　　（水解）　　　　麦芽糖

图 4-5　麦芽糖合成和水解示意图

　　常见的双糖有麦芽糖、蔗糖和乳糖。麦芽糖俗称饴糖,在发芽的麦粒和谷粒中较多;蔗糖在甘蔗和甜菜里含量丰富;人和动物的乳汁中富含乳糖。

　　多糖,是指由许多葡萄糖分子经脱水缩合连在一起形成的结构复杂的糖类。植物中的淀粉(图 4-6)、纤维素以及动物肝脏和肌肉中的糖原都是多糖。在植物细胞中,谷类中含有丰富的淀粉,淀粉是植物细胞中糖的储存形式。纤维素是植物细胞壁的重要组成成分,是自然界中分布最广、含量最多的多糖。

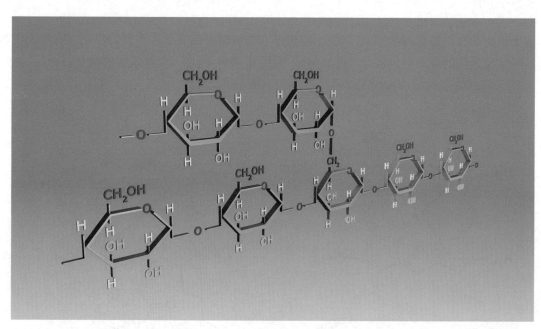

图 4-6　淀粉分子的局部结构

　　食物中的淀粉在消化管内被水解成葡萄糖,经吸收后由血液运输至肝和肌肉合成糖原储存,储存在肝细胞中的称为肝糖原,储存在肌细胞中的称为肌糖原。肝糖原的合成、分解与血糖浓度的平衡密切相关。淀粉和糖原经过酶的催化作用,最后水解成葡萄糖,葡萄糖氧化分解时释放大量的能量,可以供给细胞生命活动的需要。

　　4. 脂质

　　脂质俗称脂类物质,共同特性是不溶于水,易溶于有机溶剂。细胞中的脂质主要包括脂肪、磷脂和固醇。

　　脂肪(图4-7),由C、H、O三种化学元素组成,脂肪的基本成分是甘油和脂肪酸,大量储存在植物和动物的脂肪细胞中,含有不饱和脂肪酸的脂肪,在20℃时呈液态,不易凝结,如植物油。猪、羊、牛等动物脂肪分子中含有大量饱和脂肪酸,室温时呈固态。脂肪是生物体内良好的储能物质,单位重量的脂肪氧化分解可释放比糖或蛋白质约高出两倍的能量。许多植物种子中储存大量脂肪,能满足萌发过程中的能量供应;骆驼近一个月不进食也可以生存下来,原因之一就是在驼峰中储备了大量脂肪。高等动物和人体内的脂肪还有减少身体热量散失、维持体温恒定、减少内部器官之间摩擦和缓冲外界压力的作用。

　　磷脂(图4-8),磷脂是构成细胞质膜的重要成分,也是构成多种细胞器的膜结构的重要组成成分。在磷脂分子中,磷酸和含氮碱基一端为亲水的头部,两个脂肪酸一端为疏水(亲脂)的尾部。当磷脂分子被水包围时便会排列成为微团或磷脂双分子层。动物的脑和卵中、大豆的种子中,磷脂的含量较多。

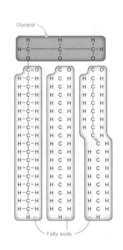

图4-7　脂肪(甘油三酯)结构图

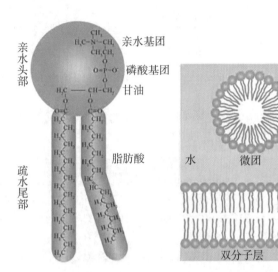

图4-8　磷脂分子的极性及其在水溶液中排列方式示意图

　　固醇,包括植物体内的植物醇、动物和人体内的胆固醇(图4-9)等,这些物质对于生物体维持正常的新陈代谢和生殖过程,起着积极的调节作用。胆固醇是人体必需的有机化合物,主要来自肝的合成,部分来自摄食。如果体内胆固醇的代谢异常,如心血管疾病发生与血液胆固醇含量偏高显著相关,多余的胆固醇沉积在动脉的内壁上,使管腔变小,最终可能形成凝块,阻塞动脉,导致动脉粥样硬化(图4-10),严重可引起心肌梗死或中风。

图4-9　胆固醇结构图

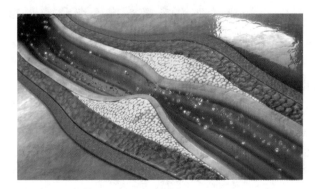

图4-10　人动脉粥样硬化示意图

5. 蛋白质

　　蛋白质是由氨基酸为基本单位组成的大分子化合物。组成生物体蛋白质的氨基酸分子已知的有22种,其中常见的有20种。它们结构上的共同点是:中心碳原子上都连接有一个氨基(—NH$_2$)、一个羧基(—COOH)、一个氢原子,不同种类的氨基酸区别在于侧链基团(R基)不同,如图4-11。

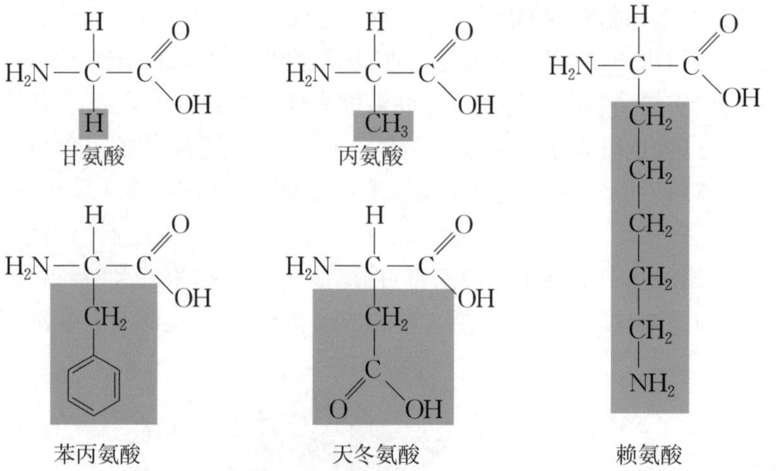

图 4-11 不同种类氨基酸的结构式

在一定条件下,一个氨基酸的氨基和另一个氨基酸的羧基脱去一分子水缩合形成肽键。两个氨基酸分子通过肽键连接成为二肽(图 4-12)。

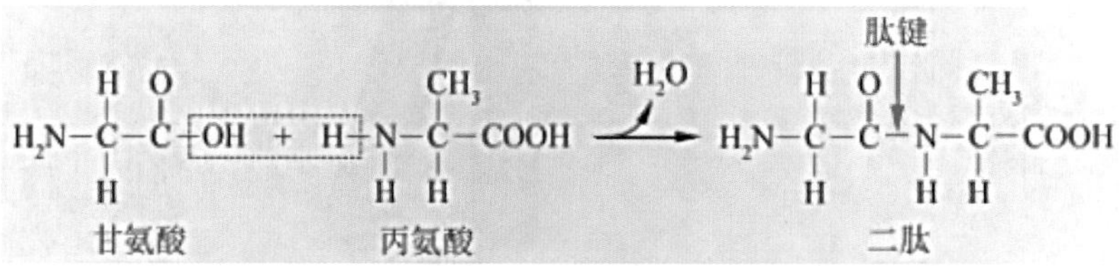

图 4-12 氨基酸分子脱水缩合形成二肽

多个氨基酸分子通过肽键连接,形成多肽。多肽通常呈链状结构,称为肽链(图 4-13)。一个蛋白质分子可以含有一条或几条肽链,肽链通过一定的化学键互相连接在一起。理论上,一个由 50 个氨基酸分子形成的肽链可能有 20^{50} 种排列顺序,这是蛋白质种类多样性非常重要的原因。在空间结构上,肽链不是直线,也不在同一个平面上,而是形成非常复杂的空间结构。

图 4-13 肽链的氨基酸序列示意图

📖 信息库

必 需 氨 基 酸

必需氨基酸指人体(或其它脊椎动物)不能合成或合成速度远不能适应机体需要,必须从食物中获取的氨基酸,如苏氨酸、色氨酸、赖氨酸、缬氨酸、苯丙氨酸、亮氨酸、异亮氨酸和甲硫氨酸。

由于组成蛋白质分子的氨基酸种类不同,数目成百上千,排列顺序变化多端,肽链的空间结构也千差万别(图 4-14),并且蛋白质往往由若干条肽链组成,因此,蛋白质分子的结构极其多样。但是在某些物理因素(高温、辐射、超声波、剧烈振荡等)和化学因素(强酸、强碱、重金属盐、有机溶剂等)的作用下,蛋白质高度有序的空间结构会被破坏,导致其理化性质的改变和生物活性的丧失而无法执行正常的生理功能。

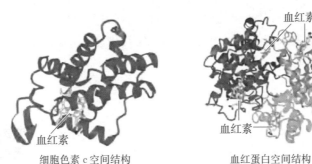

血红素

血红素

细胞色素 c 空间结构　　　　　血红蛋白空间结构

图 4 - 14　蛋白质空间结构模型图

　　细胞的功能主要由蛋白质完成,蛋白质是细胞和生物生命活动的主要承担者。对催化生物体各种生化反应、物质运输、调节新陈代谢、生长发育和免疫保护等有重要的作用。蛋白质还能作为能量供机体利用,由蛋白质提供的能量占人体每日所需总能量的 10%～15%。

　　6. 核酸

　　核酸是生物遗传信息的载体,存在于每个细胞中,对于生物体的遗传、变异和蛋白质的生物合成有极重要的作用。

　　核酸分为两类:一类称脱氧核糖核酸,简称 DNA,主要存在于细胞核内,在线粒体和叶绿体中也含有DNA;另一类称核糖核酸,简称 RNA,主要存在于细胞质中。

　　核酸的基本组成单位是核苷酸。每一个核苷酸是由一分子含氮的碱基、一分子五碳糖和一分子磷酸组成的。DNA 和 RNA 的主要区别在于五碳糖不同,DNA 分子中的五碳糖是脱氧核糖,而 RNA 分子中的五碳糖是核糖。图 4 - 15 中,D 表示脱氧核糖,R 表示核糖,P 表示磷酸基团;T 表示胸腺嘧啶,C 表示胞嘧啶,A 表示腺嘌呤,G 表示鸟嘌呤,U 表示尿嘧啶。

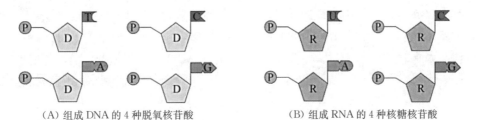

（A）组成 DNA 的 4 种脱氧核苷酸　　　　　（B）组成 RNA 的 4 种核糖核苷酸

图 4 - 15　组成 DNA 和 RNA 的核苷酸结构示意图

　　核酸是由几十个乃至上亿个核苷酸分子组成的。核酸分子中,一个核苷酸分子的五碳糖与相邻核苷酸的磷酸基团脱水缩合,形成链状结构,即核苷酸链。DNA 一般由两条核苷酸长链组成,而 RNA 是一条核苷酸链(图 4 - 16)。

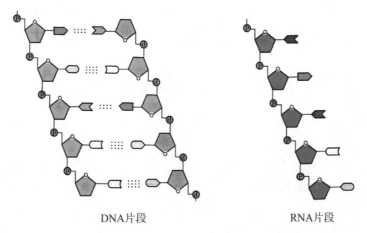

DNA片段　　　　　RNA片段

图 4 - 16　DNA 和 RNA 片段示意图

组成细胞的每一种化合物,都有其重要的生理功能,但是,任何一种化合物都不能够单独地完成某一种生命活动。只有按照一定的方式有机地组织起来,构成特定的结构,才能表现出生物体的生命现象,细胞就是这些物质最基本的结构形式。

观察思考

阅读材料并思考回答下列问题:

北宋文学家苏轼在《月饼》(图4-17)一诗中写道:"小饼如嚼月,中有酥和饴。默品其滋味,相思泪沾巾。""饴"指的是麦芽糖,属于糖类;"酥"指的是酥油,属于脂质。

糖类和脂质是我们食物中主要的营养成分,也是细胞中的重要化合物。细胞中常见的糖类和脂质种类有哪些? 它们对维持细胞的结构和功能有哪些具体的作用?

图4-17 月饼

信息库

我国科学家首次合成结晶牛胰岛素

1965年9月17日,以王应睐为首的中国科学家协作小组,历经数年艰辛探索,终于在世界上第一次人工合成了结晶牛胰岛素(图4-18)。牛胰岛素是一种蛋白质,与天然胰岛素分子相比,人工合成的这种蛋白质在化学结构和生物活性上完全相同。这一成果轰动了国际学术界,标志着人类在探索生命奥秘的征途上迈出了激动人心的一大步。

图4-18 人工合成结晶牛胰岛素
五十周年纪念邮票

探索 实践

食物中主要营养成分的鉴定

糖类、脂肪、蛋白质等化合物是人类食物中的主要营养成分,某些化学试剂能够和生物组织中的有机化合物发生反应,产生特征性的颜色。据此可以鉴定生物组织中糖、脂肪和蛋白质的存在。

一、实验目的

学会检测主要营养物质的方法,并据此设计检查食物中营养物质的方案。

二、实验原理

细胞中某些化合物会与特定化学试剂产生颜色反应。因此可以根据特定颜色反应来鉴定生物组织中糖、脂肪和蛋白质的存在。

三、仪器和试剂

量筒、小试管、试管夹、酒精灯、滴管、漏斗、火柴、纱布、班氏试剂、双缩脲试剂(5% NaOH 溶液、1% $CuSO_4$ 溶液)、碘液、苏丹Ⅳ染液、蒸馏水;1% 可溶性淀粉溶液、1% 葡萄糖溶液、10% 鸡蛋清溶液(5毫升鸡蛋清加45毫升蒸馏水搅拌均匀而成)

四、实验步骤

1. 糖类的鉴定

(1) 淀粉的鉴定:在试管内加入 2 毫升 1‰可溶性淀粉溶液,然后逐滴加碘液 2~4 滴,摇匀,观察并记录溶液呈现的颜色。

(2) 还原性糖的鉴定:在已盛有 2 毫升 1‰葡萄糖溶液的试管中加入 1 毫升班氏试剂,摇匀后在酒精灯上加热至沸腾,观察原来呈蓝色的溶液发生的颜色变化,观察并记录溶液呈现的颜色。

2. 蛋白质的鉴定

在试管内加入 2 毫升 10%鸡蛋清溶液,然后加入 2 毫升 5% NaOH 溶液,振荡后再缓慢加入 2~3 滴 1% $CuSO_4$ 溶液,摇匀,观察并记录溶液呈现的颜色。

3. 脂肪的鉴定

在试管内加入 2 毫升植物油,然后逐滴加入苏丹Ⅳ染液,振荡,至颜色不再变化为止。观察并记录溶液呈现的颜色。

五、结果分析

1. 欲探究砀山梨中是否含有糖类、蛋白质或脂肪,应如何设计实验?

2. 有人说"吃水煮萝卜和甘蓝就不会摄入脂肪,因此可有效减肥",你如何对该说法进行证实或证伪?

幼儿活动设计建议

不挑食身体好

吃得好不等于吃得健康。通过该活动,幼儿可以了解合理营养的重要性,从小养成均衡饮食的习惯。

活动材料

膳食宝塔中的各种食物卡片(可以自制或者购买)或教师准备的各种食材

活动过程

1. 根据图片或实物,说出各种食物的名称。

2. 选取食物或图片,为自己搭配一顿早餐。

3. 比一比,我的早餐和其他同学的早餐有何区别?

4. 说一说,哪一份早餐更健康,为什么?

本节评价

碳水化合物(糖类)、脂肪、蛋白质、维生素、水和无机盐是人体所需的六大营养物质。其中碳水化合物是人体最主要的热量来源,脂肪是人体良好的储能物质,蛋白质是构成人体的"建筑材料",水是人体赖以生存的重要条件,维生素、无机盐是维持人体正常生理功能必需的化合物,因此要注意饮食多样化,保证人体的营养均衡。

1. 小米粥是我国居民喜爱的日常饮食佳品,小米中富含碳水化合物、维生素及甲硫氨酸、赖氨酸等必需氨基酸,是价值较高的粮食。下列有关叙述正确的是_____(单选)。

A. 小米中含有淀粉等多糖,可以直接被人体吸收

B. 小米中含有的所有氨基酸都可以通过人体细胞自身合成

C. 要检测小米中是否含有脂肪,可用苏丹Ⅳ染液进行检测

D. 小米中含有的钙、铁、锌、银等元素属于微量元素,对人体并不重要

2. 草木灰是植物燃烧后的残余物,属于不可溶物质。凡是植物所含的无机盐,草木灰中都含有。动物体内也有无机盐,大多数以离子形式存在,虽然含量很少,但对生命活动中却起着重要作用。请将下列无机盐与其功能进行连线。

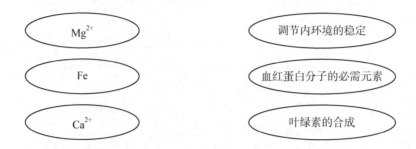

3. 现代人为了管理健康和身材,通常限制糖类和脂质的摄入。但在人类早期的狩猎时代,会尽可能最大量摄入高能量食物,从而维持自身的生存。构成人体内的元素及其化合物来自食物,下图是构成人体的某些化合物的组成示意图,请分析回答下列问题。

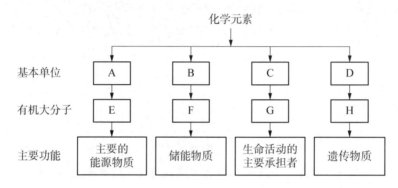

(1) A 是_____,由_____等化学元素组成。

(2) 已知 F 是细胞中的脂质,则 F 是_____,由_____构成的,除此之外,常见的脂质还包括_____和_____等。

(3) 可选用_____试剂鉴定食物中是否有 G 物质存在。

(4) 据图和所学知识,评价"为了管理健康和身材,限制糖类和脂质的摄入"的饮食模式。

第二节　细胞的结构与功能

自然界的生命形态各异,但除病毒外,生物都是由细胞构成的。细胞虽小,但其结构却精巧复杂,维持生命的各种代谢活动几乎都在细胞内有条不紊地进行,有人说"一切生物学问题的答案最终都要到细胞中去寻找",那么细胞的结构是怎样的? 细胞内各结构之间的关联又如何呢?

一、多样的细胞类型

构成生物体的细胞很微小,肉眼一般看不见,直径大多在 10～100 微米之间,须借助显微镜才能看到。也有少数细胞较大,如番茄、西瓜的果肉细胞直径可达 1 毫米;棉花纤维细胞长约 1～5 厘米;最大的细胞是鸟类的卵(蛋黄部分)(图 4-19),如鸵鸟蛋卵黄细胞直径可达 5 厘米。

构成生物体的细胞分类两大类:原核细胞和真核细胞。

图 4-19　鸡蛋和蛋黄

通过电子显微镜,我们能观察到细胞更细微的结构,即亚显微结构(图4-20)。真核细胞具备由核膜包被的成形的细胞核,细胞质内含有高尔基体、线粒体、内质网等细胞器。绝大多数生物是由真核细胞构成的真核生物,例如原生生物、真菌、植物、动物和人。

原核细胞的主要特征是没有膜包围的细胞核,其遗传物质DNA集中在细胞内的一个区域叫作"核区"。原核细胞除了有核糖体外,没有其他细胞器。支原体、衣原体、立克次氏体、细菌(图4-21)、蓝藻和放线菌等是由原核细胞构成的原核生物,均为单细胞生物。

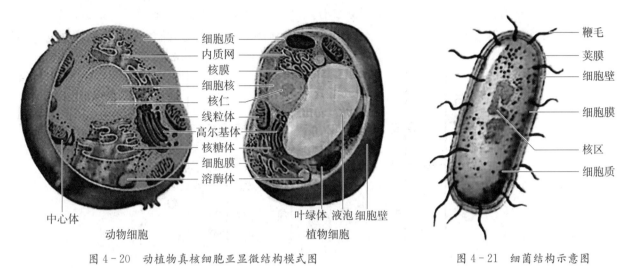

图4-20 动植物真核细胞亚显微结构模式图　　　　图4-21 细菌结构示意图

二、真核细胞的结构与功能

(一) 质膜

细胞的外层都有一层膜结构包围着,它使每个细胞与周围环境隔离开,维持着相对稳定的细胞内部环境,并且具有保护细胞的作用。我们将其称为质膜,也称细胞膜。同时,细胞与周围环境不断地交换物质,活细胞中的各种代谢活动,都与质膜的结构与功能有密切关系。

1. 质膜的分子结构

质膜的基本骨架是磷脂双分子层。磷脂分子亲水性的头部朝向细胞内外两侧,疏水性的尾部在磷脂双分子层内部形成一层疏水的屏障。紧密排列的磷脂分子不允许大分子物质进出,疏水屏障将细胞内外的极性小分子和离子等物质隔开,从而将细胞与生活环境分开,使细胞内部形成相对稳定的环境。

百年来,科学家对质膜的结构和功能进行了持续的探索,先后提出了多种细胞质膜的结构模型。目前最被认可的是20世纪70年代提出的"流动镶嵌模型",见图4-22。

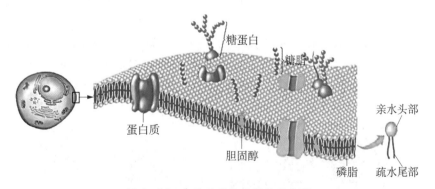

图4-22 细胞质膜结构模型示意图

质膜上的蛋白质称为膜蛋白,有的覆盖在膜表面,有的镶嵌或贯穿在磷脂双分子层中,细胞的功能与膜蛋白种类和含量有关。

质膜中还有少量的糖,与膜蛋白相连,形成糖蛋白;与膜脂相连,组成糖脂。糖脂和糖蛋白上的糖均分布在质膜外侧,具有保护质膜和识别外界信息等功能。

细胞质膜中的各种分子处于不断"流动"的状态。磷脂在不断地流动,膜蛋白也可以在磷脂双分子层中进行横向移动或自身旋转运动。胆固醇分子插在磷脂分子之间,对膜的流动性具有调节作用。细胞质膜的流动性对于细胞完成各种生理功能,尤其是对物质进出细胞,起到非常重要的作用。

2. 质膜的主要功能

细胞质膜是细胞与周围环境和细胞与细胞之间进行物质交换的重要通道(图4-23)。小分子物质通过自由扩散和主动运输等方式进出细胞,大分子和颗粒性物质主要通过胞吞和胞吐作用进出细胞。

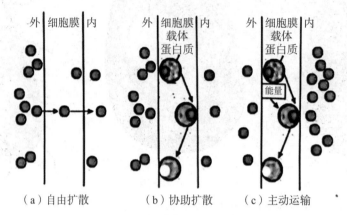

（a）自由扩散　　　（b）协助扩散　　　（c）主动运输

图4-23　物质穿膜运输示意图

小分子物质如水、氧气、二氧化碳、甘油、乙醇、苯等,可以从浓度高的一侧扩散到浓度低的一侧,不需要消耗细胞代谢释放的能量,也不需要载体协助。这种物质出入细胞的方式叫作"自由扩散"。一些小分子物质如葡萄糖进入红细胞时,也是从浓度高的一侧到浓度低的一侧运输,不需要细胞提供能量,但必须有特殊的蛋白质即载体蛋白质来协助完成。这种物质出入细胞的方式叫作"协助扩散"。自由扩散和协助扩散统称"被动运输"。

"主动运输"是被选择吸收的物质从浓度低的一侧运输到浓度高的一侧,必须有载体蛋白质的协助,同时需要消耗细胞内新陈代谢所释放的能量。例如,人的红细胞中 K^+ 的浓度比血浆中 K^+ 的浓度要高出30倍,这种浓度差的维持就是靠红细胞膜的主动运输将细胞外的 K^+ 逆浓度运输到细胞内。主动运输能够保证活细胞按照生命活动的需要,主动地选择吸收所需要的营养物质,排出新陈代谢产生的废物和对细胞有害的物质。可见,主动运输对于活细胞完成各项生命活动有重要作用。

上述物质通过细胞膜出入细胞的方式,说明细胞膜是一种选择透过性膜。它可以让甘油、脂肪酸这类脂溶性小分子物质自由通过,细胞要选择吸收的离子和小分子物质也可以通过,而其他的离子、小分子和大分子则不能通过。

大分子和颗粒性物质主要通过胞吞进入细胞,这些物质附着在质膜上,通过质膜内陷,形成小囊,从质膜上分离进入细胞内部。相反,有些物质在质膜内被一层膜所包围,形成小泡,小泡逐渐移到细胞表面与质膜融合,然后向细胞外张开,使内含物质排出细胞外,这种现象叫作"胞吐"(图4-24)。

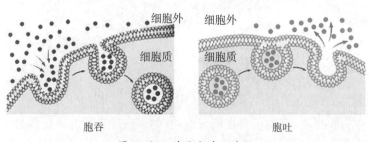

图4-24　胞吞和胞吐过程

植物细胞在细胞膜的外面还有一层"细胞壁",它的化学成分主要是纤维素和果胶。细胞壁对于植物细胞有支持和保护作用。

观察思考

观察白细胞识别并进入感染部位的示意图4-25,并思考回答下列问题:
白细胞是如何杀死入侵人体的细菌和病毒的?

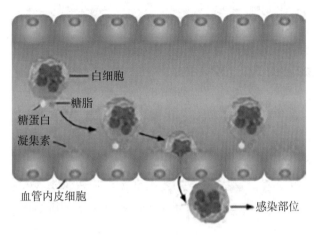

图4-25　白细胞识别并进入感染部位示意图

信息库

细胞质膜具有信息交流的功能

细胞质膜不仅保护细胞内部、控制物质出入,还具有与细胞外界进行信息交流的功能。当我们兴奋或者害怕时,通常会感到心跳加快,这是什么原因呢? 这是因为在神经系统调节下肾上腺分泌的肾上腺素通过血液运送到心脏,使心跳加快、加强,让血液携带更多的氧和糖供给细胞,使细胞在短时间内产生比较多的能量,我们就变得反应机敏,而且有足够的力量对付危险的处境或者能尽快地逃脱。肾上腺素是如何作用于心肌细胞的呢? 其实,肾上腺素是生物体内的一种激素。肾上腺素不能进入心肌细胞,但是它可以与心肌细胞膜上的一种特殊的蛋白质——受体结合,由此引起细胞内的一系列化学反应,使心肌细胞收缩力增强,收缩频率加快。细胞膜上有各种各样的受体,可接受不同的信息。

二、细胞质

细胞质是指在细胞膜以内、细胞核以外的成分。用光学显微镜观察活细胞,可以看到细胞质是均匀透明的胶状物质。活细胞中的细胞质处于不断流动的状态。细胞质主要包括细胞质基质和细胞器。

1. 细胞质基质

在细胞质基质中,含有水、无机盐离子、脂质、糖类、氨基酸和核苷酸等,还有很多种酶。细胞质基质为新陈代谢的进行提供所需要的物质和一定的环境条件,是活细胞进行新陈代谢的主要场所。在细胞质基质中,悬浮着多种细胞器,如线粒体、内质网、核糖体、高尔基体、溶酶体、中心体,植物细胞的细胞质基质中还有叶绿体以及液泡等。

2. 细胞器

每一种细胞器都有特定的形态结构,完成各自专有的功能。

(1) 线粒体。线粒体普遍存在于植物细胞和动物细胞中,它是活细胞进行有氧呼吸的主要场所。细胞生命活动所必需的能量,大约95%来自线粒体,因此,有人把线粒体叫作细胞内供应能量的"动力工厂"。

在光学显微镜下观察,线粒体大多数呈椭球形;在电子显微镜下观察,线粒体是由内外两层膜构成的。外膜使线粒体与周围的细胞质基质分开。内膜的某些部位向线粒体的内腔折叠,形成"嵴"(图4-25)。嵴的周围充满液态的基质。在内膜和基质中,有多种与有氧呼吸有关的酶和少量的DNA。线粒体一般均匀地分布在细胞质基质中,但是它在活细胞中能自由地移动,在细胞内新陈代谢旺盛的部位比较集中。

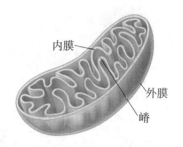

图4-26　线粒体亚显微结构及示意图

观察思考

阅读材料,并思考回答下列问题:

线粒体是真核生物进行氧化反应的部位,是糖类、脂肪和氨基酸最终氧化释放能量的场所。不同生物的不同组织中线粒体数量的差异是巨大的,如肝脏细胞中有1 000～2 000个线粒体,而酵母菌细胞中只有一个大型分支线粒体,大多数哺乳动物的成熟红细胞不具有线粒体。

一般来说,细胞中线粒体数量取决于该细胞的代谢水平,代谢活动越旺盛的细胞线粒体越多。

线粒体在人体的心肌细胞中分布多还是在腹肌细胞中分布得多? 为什么?

信息库

线粒体与疾病

线粒体是细胞的能量工厂,为我们提供了生命活动所需的90%以上的能量。除了产生能量外,线粒体还参与维持细胞内Ca^{2+}浓度的动态平衡、细胞基质代谢、细胞凋亡等多种细胞活动。

据测算,机体95%的氧自由基来自线粒体内的化学反应。正常情况下,线粒体产生的氧自由基可被线粒体中的超氧化物歧化酶清除。在机体衰老等情况下,这种酶的活性下降,会导致氧自由基积累。氧自由基的过度积累会使线粒体DNA损伤或突变。

目前已知与线粒体异常相关的疾病有100多种。例如,线粒体异常引起的氧自由基增加、无氧呼吸增加等可诱发肿瘤;线粒体损伤可致使细胞内游离脂肪酸、脂肪代谢中间产物堆积,降低脂肪细胞对胰岛素的敏感性,还可抑制胰岛素信号转导而降低靶组织对胰岛素的敏感性,最终导致Ⅱ型糖尿病的发生;研究还发现,帕金森综合征等神经退行性疾病患者的神经元的线粒体功能异常。以线粒体为靶标的药物设计及其机制研究已成为热门研究领域之一,在线粒体中找到合适的靶点展开靶向治疗研究,对明确线粒体相关疾病的发病机制并探索其预防、治疗措施具有重要意义。

---

(2) 叶绿体。叶绿体是绿色植物细胞特有的细胞器,是进行光合作用的场所。因此,有人把它比喻为"绿色加工厂"和"能量转换站"。

在光学显微镜下观察高等植物的叶绿体,可以看到它一般呈扁平的椭球形或球形,在电子显微镜下,可以看到叶绿体具有双层膜,内部含有几个到几十个基粒(图4-27)。每一个基粒由多个类囊体堆叠而成,类囊体结构使受光面积大大增加。据计算,1克菠菜叶片中的类囊体总面积可达60平方米左右;在类囊体的薄膜上,分布着与光合作用有关的各种色素,这些色素可吸收、传递和转化光能;基粒与基粒之间充满基质。在叶绿体的基粒上和基质中,含有许多进行光合作用所必需的酶。

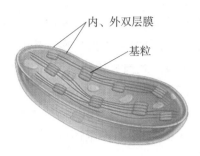

内、外双层膜

基粒

电子显微镜放大9000倍

图4-27 叶绿体亚显微结构及示意图

（3）核糖体。核糖体是一种无膜包被的颗粒状结构，直径为25纳米，主要成分是蛋白质和RNA。有些附着在内质网上，有些游离在细胞基质之中。主要功能是利用氨基酸合成蛋白质，因此有人把它比喻为蛋白质的"装配机器"。

（4）内质网。内质网是由膜结构连接而成的网状结构，广泛存在于细胞质基质中，可增大细胞内的膜面积，便于多种酶的附着，为细胞内的各种化学反应正常进行提供了有利条件（图4-28）。内质网与细胞内蛋白质、脂类、糖类的合成有关，是有机物加工的"车间"，也是蛋白质等的运输通道。

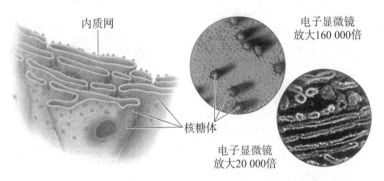

内质网

电子显微镜
放大160 000倍

核糖体

电子显微镜
放大20 000倍

图4-28 内质网和核糖体亚显微结构及示意图

（5）高尔基体。高尔基体由数层扁平囊和泡状结构组成，常与内质网紧密联系，对来自内质网的蛋白质和脂类进行加工和转运，有人把它比喻为蛋白质的"加工厂"（图4-29）。植物细胞分裂时，高尔基体与细胞壁的形成有关。

电子显微镜放大25 000倍

图4-29 高尔基体亚显微结构及示意图

此外，细胞质中还有溶酶体、中心体、液泡等细胞器。

研究表明分泌蛋白从合成到分泌主要就是在核糖体、内质网与高尔基体三者之内进行。内质网上的核糖体以氨基酸为原料，在mRNA指导下合成一段肽链。这段肽链转移到内质网内加工成较为成熟的蛋白质。随后,内质网膜鼓起、出芽形成囊泡,包裹着要运输的蛋白质,离开内质网到达高尔基体。囊泡与高尔基体膜融合后,成为高尔基体的一部分(类似于小泡并入大的囊泡);其中的蛋白质进入高尔基体,在高尔基体中进一步修饰后,进入新的运输囊泡。囊泡沿细胞骨架移动到细胞质膜,与质膜融合,并将蛋白质分泌到细胞外(图4-30)。整个过程中需要的能量主要由线粒体提供。

细胞质中还分布有由蛋白质纤维(微管、微丝等)构成的网络状框架结构,称为细胞骨架(图4-31)。细胞骨架不仅支撑细胞的形态,维持细胞内各部分的空间格局,而且还在细胞内的物质运输中起重要作用,各类细胞器和小囊泡可沿着细胞骨架进行移动。

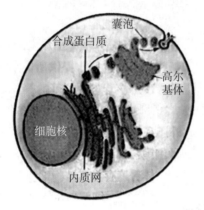

图4-30 蛋白质合成及其分泌示意图

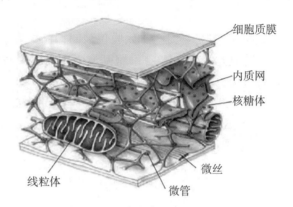

图4-31 细胞骨架结构模式图

三、细胞核

细胞核是真核细胞内最大、最重要的结构。是细胞进行遗传和代谢的控制中心。细胞通常只有一个细胞核,有的细胞有两个以上的细胞核,极少数种类的细胞没有细胞核,如哺乳动物成熟的红细胞。细胞核的形状,最常见的是球形和卵圆形。细胞核的直径一般在5~10微米左右。

细胞核主要由核膜、核仁、核基质和染色质等组成(图4-32)。

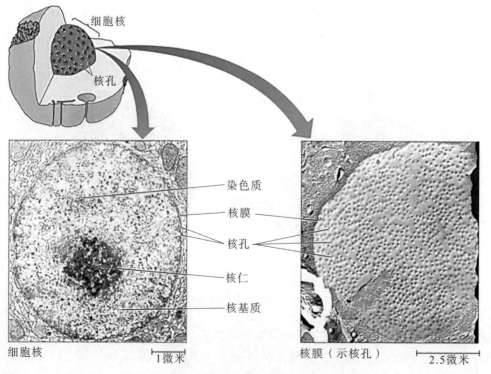

图4-32 细胞核结构示意图

1. 核膜

核膜包围在细胞核的外面,在电子显微镜下,可以看到核膜由两层膜构成。在核膜上有许多小孔,称"核孔"。核孔是细胞核和细胞质之间进行物质交换的孔道,大分子物质可以通过核孔运输,如信使 RNA 通过核孔出细胞核。离子和小分子物质,可以通过核膜进入核内,如氨基酸和葡萄糖。在核膜上有多种的酶,有利于各种化学反应的顺利进行。

2. 核仁

核仁通常是匀质的球形小体,与核糖体形成有关。其在细胞分裂过程中,有周期性的变化。

3. 染色质

染色质是细胞核内容易被碱性染料染成深色的物质。染色质主要由 DNA 和蛋白质组成。染色质呈细长的丝状,并且交织成网状。当细胞进入分裂期时,每条染色质细丝高度螺旋化,缩短变粗,成为一条圆柱状或杆状的染色体。因此,染色质和染色体是同一种物质在不同时期细胞中的两种形态。

细胞核是遗传物质储存和复制的场所,是细胞遗传性和细胞代谢活动的控制中心,因此,它是细胞结构中最重要的部分。

细胞的遗传信息主要储存在细胞核中。从蛋白质合成过程可以知道,mRNA(信使 RNA)携带来自 DNA 的遗传信息从细胞核进入细胞质,在核糖体上指导合成相应的蛋白质(图 4 - 33)。

细胞的各个部分不是彼此孤立的,而是互相紧密联系、协调一致的,细胞只有保持完整性,才能正常地完成各项生命活动。

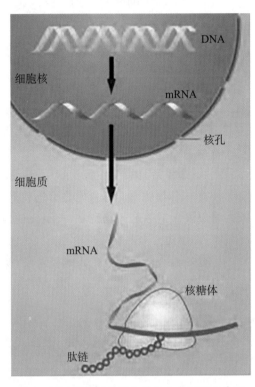

图 4 - 33　核酸指导蛋白质的合成过程示意图

幼儿活动设计建议

观 察 鸡 蛋

鸡蛋由蛋壳、壳膜、蛋白、蛋黄、卵黄系带、胚盘、卵黄膜、气室组成。最里面的部分是蛋黄,含有脂蛋白供给胚胎生长发育所需要的主要能量,有一层膜包裹着蛋黄,叫作蛋黄膜,具有保护功能;蛋白是鸡蛋中所含的半流动的胶状物质,也称为蛋清,主要含蛋白质;壳膜是包裹在蛋白外的膜;蛋壳主要成分为碳酸钙,提供保护作用,蛋壳表面有微小的气孔,让空气流通。气室是蛋壳和壳膜之间的空隙,供未出壳的小鸡呼吸。

活动资料

一枚生鸡蛋和一枚熟鸡蛋

活动过程

1. 观察蛋壳,描述手感,说说它的作用。
2. 打破生鸡蛋,观察蛋黄和蛋白,用镊子触碰并挑破蛋黄外的质膜。说说该膜的作用。
3. 敲开熟鸡蛋,观察气室,说说气室的作用。

探索　实践

制作真核细胞的结构模型。

一、实验目的

1. 依据细胞的形态结构特征、种类等制作真核细胞结构模型。

2. 阐述细胞各部分结构是相互分工并合作的。

二、实验原理

细胞结构微小,需要借助电子显微镜才能看到其结构特征。不同种类的细胞之间,其结构有相似之处,但形态、各部分结构数量却有所不同。模型可以直观地反映客观事物的结构,建模是对知识和概念进行内化和重建的重要过程。

三、实验准备

实物模型:建模材料(橡皮泥、黏土等)、琼脂粉、圆形碗或纸盒等

四、实验过程

1. 选择细胞

每一种细胞都具有特定的功能和形态。选择想要建模的细胞类型,查阅资料掌握相关细胞的形态特征及细胞内的结构特征、大小比例、内含物以及所在区域和功能等信息。

2. 制定方案

以小组合作的方式完成建模活动,明确所需建模的结构,明确模型搭建所用的材料,模型的大小等,确定制作方案。

3. 建构模型

(1) 根据小组选择的细胞类型,选取圆形碗或方形纸盒模拟动物细胞或植物细胞。

(2) 取琼脂粉,加水配制3‰琼脂溶液,加热至沸腾。待冷却至70℃左右,倒入圆形碗或方形纸盒中,冷却至完全凝固,模拟细胞质基质。

(3) 取不同颜色的橡皮泥或黏土,根据制作方案中各结构的大小,捏成各种形态的细胞结构。

(4) 在琼脂凝胶中挖出大小合适的孔,将橡皮泥或黏土捏成的各种细胞器模型嵌入琼脂中,注意各细胞结构的相对空间位置、细胞结构之间的连接方式等,合理布局。

4. 展示交流

分组展示模型,从科学性、创造性等方面介绍模型。小组间相互交流和评价。

五、实验操作要点

1. 体验建构模型的过程。先将微观的结构或过程简化,把握其主要特征,再将这些特征形象化、具体化。

2. 呈现的真核细胞结构准确,能体现相关结构的主要特征以及它们之间的联系,所模拟的过程符合科学事实。

📝 本节评价

电影《流浪地球》中,领航员空间站和地球之间依靠小型宇宙飞船进行人员和物资的运输往来,彼此相互合作,保证航行计划的顺利进行。而在细胞的生命活动中,也需要不断与外界环境进行物质交换和能量转换,以获得生存必需的物质与能量。

请根据对本节内容的学习完成下列问题。

1. 为了完成星际旅行,需要几十代人前后接力,在统一的调度下,各个政府部门相互协调配合。实际上在细胞内部也是如此,各部分细胞结构协调配合,履行自己的功能,才能保障细胞生命活动的正常进行。请判断下列说法是否正确。(对的打√,错的打×)

（1）核糖体只由蛋白质组成，是蛋白质的合成场所。　　　　　　　　　　　　　　　（　　）

（2）内膜系统将细胞质区域化，提高了细胞生理生化反应的效率。　　　　　　　　　（　　）

2. 在地球"流浪"的路上，会经过太阳系的八大行星，行星之间既有相同点，也有不同点。在细胞层面，植物细胞和动物细胞也是如此。如下图是某高等植物细胞的亚显微结构模式图，根据下图回答问题。

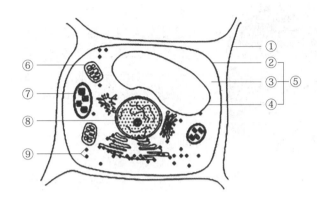

（1）图中系统的边界②的主要组成成分是_____。

（2）图中细胞内含有色素的细胞器有液泡和_____（填图中标号）。

（3）细菌与该细胞比较，其主要区别是_____。

第三节　细胞增殖

多细胞生物由一个受精卵，经过细胞的分裂和分化，最终发育成一个新的多细胞个体。细胞增殖是生物体生长、发育、繁殖和遗传的基础。每个细胞也会经历生长、增殖、分化、衰老和死亡等生命进程。那么从受精卵到个体的过程中，细胞经历了哪些变化？ 细胞的这些变化对生物体而言有何意义？

单细胞生物以细胞分裂的方式产生新的个体；多细胞生物以细胞分裂的方式产生新的细胞，用来补充体内衰老和死亡的细胞。真核细胞的分裂方式有三种：无丝分裂、有丝分裂、减数分裂。

一、无丝分裂

细胞无丝分裂的过程比较简单，一般是细胞核先拉长成哑铃状，中央部分变细，断裂成为两个细胞核。接着，整个细胞从中部缢裂成两部分，形成两个子细胞。因为在分裂过程中没有出现纺锤丝所以叫作"无丝分裂"（图4-34）。

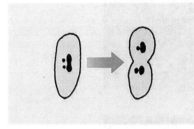 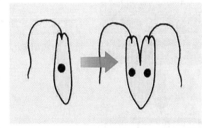 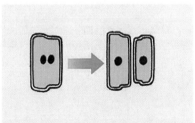

| 草履虫 | 眼虫 | 硅藻 |

图4-34　单细胞生物无丝分裂示意图

无丝分裂在低等植物中普遍存在。某些高等植物的胚乳细胞、根冠细胞，人体内某些高度分化的细胞如部分肝细胞、肾细胞，以及蛙的红细胞也会进行无丝分裂。

二、有丝分裂

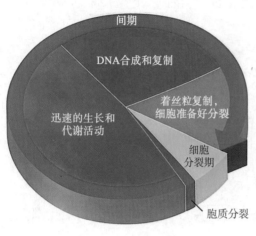

图 4-35 细胞周期

有丝分裂是真核生物进行细胞分裂的主要方式。多细胞生物体以有丝分裂的方式增加体细胞的数量。体细胞进行有丝分裂是有周期性的(图 4-35)。

连续分裂的细胞,从一次分裂结束到下一次分裂结束所经历的全过程,称为一个细胞周期。细胞周期包括两个阶段:分裂间期和细胞分裂期。一个细胞周期内,这两个阶段所占的时间相差较大,分裂间期约占细胞周期的 90%～95%;分裂期大约占细胞周期的 5%～10%。细胞种类不同,细胞周期的时间也不相同。

1. 细胞分裂间期

细胞从一次分裂结束到下一次分裂开始之间的一段时期是分裂间期。间期细胞完成 DNA 分子的复制和有关蛋白质的合成。因此,间期是整个细胞周期中极为关键的准备阶段。

2. 细胞分裂期

在细胞分裂期,细胞核中的染色体有规律地发生连续的变化。为了研究方便,把分裂期分为四个时期:前期、中期、后期和末期。各时期的变化是连续的,并无严格的时期界限。以高等植物体细胞为例,有丝分裂的过程如图 4-36 所示。

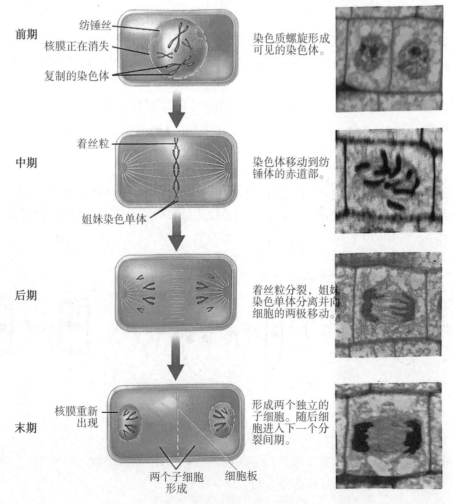

图 4-36 植物细胞有丝分裂过程

（1）前期。细胞核中出现染色体。分裂间期复制的染色体,由于螺旋缠绕在一起,逐渐缩短变粗,形态越来越清楚。在光学显微镜下观察这个时期的细胞,可以看到每一条染色体实际上包括两条并列的姐妹染色单体,这两条并列的姐妹染色单体之间由一个共同的着丝粒连接着(图4-37)。同时,核仁逐渐解体,核膜逐渐消失。细胞的两极发出许多纺锤丝,形成一个梭形的纺锤体,细胞内的染色体散乱地分布在纺锤体的中央。

在前期的最后阶段,核仁核膜完全消失。在动物细胞中,此时两对中心粒开始向细胞两极移动,在染色体分离时需要中心粒的作用。当两对中心粒分别移动到细胞的两极,纺锤体开始组装。见图4-38。

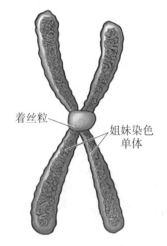

图4-37　染色体和姐妹染色单体

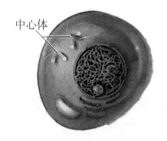

图4-38　中心体和纺锤丝

（2）中期。纺锤体清晰可见。每条染色体的着丝点的两侧,都有纺锤丝附着在上面,纺锤丝牵引着染色体运动,使每条染色体的着丝点排列在细胞中央的赤道板上。分裂中期的细胞,染色体的形态比较固定,数目比较清晰,便于观察。

（3）后期。每个着丝粒分裂成两个,两条姐妹染色单体也随之分离,成为两条子染色体。染色体在纺锤丝的牵引下分别向细胞的两极移动。这时细胞核内的全部染色体平均分配到细胞的两极,使细胞的两极各有一套染色体。这两套染色体的形态和数目完全相同,每一套染色体都与分裂以前的亲代细胞中的染色体的形态和数目相同。

（4）末期。当这两套染色体分别到达细胞的两极以后,每条染色体又逐渐变成细长而盘曲的丝,呈染色质状。同时,纺锤丝逐渐消失,出现新的核膜和核仁。核膜把染色体包围起来,形成了两个新的细胞核。

3. 胞质分裂　末期之后,细胞质开始分配,进入胞质分配期。植物和动物细胞的胞质分配不完全一样。在末期最后阶段,动物细胞的细胞膜沿着赤道板内陷,随着细胞周期进展,两个细胞完全分开来(图4-39)。

植物细胞具有坚硬的细胞壁,因此细胞膜不会内陷,末期在赤道板的位置出现了一个细胞板,细胞板由细胞的中央向四周扩展,逐渐形成了新的细胞,完成细胞质平均分配。最后,一个细胞分裂成为两个子细胞。

细胞有丝分裂的重要意义,就是将亲代细胞的染色体经过复制以后,精确地平均分配到两个子细胞中,保证亲代和子代之间遗传性状的稳定性和连续性。可见,细胞的有丝分裂对于生物的遗传有着重要意义。

图4-39　动物细胞完成胞质分配

观察思考

阅读材料,并思考回答下列问题:

癌症是一种因体内某些细胞分裂失去控制而不断生长和分裂,从而破坏周围正常组织的疾病。表4-1比较了正常细胞与癌细胞的细胞周期时间。

表4-1 正常细胞与癌细胞的细胞周期时间比较

正常细胞	细胞周期(时)	癌细胞	细胞周期(时)
食管上皮细胞	144	食管癌细胞	250.8
胃上皮细胞	60	胃癌细胞	30.8
结肠上皮细胞	24～28	结肠癌细胞	22～125
骨髓上皮细胞	24～40	急性白血病细胞	49～90

1. 癌细胞的细胞周期和正常细胞相比,有何特点?

2. 癌细胞恶性增长为肿瘤的原因是什么?

细胞在分裂后,因细胞种类或分工不同,可能出现三种状态:一种是继续增殖,如植物分生组织细胞、动物骨髓细胞、消化道黏膜上皮细胞等,这类细胞称为增殖细胞;另一种是暂不增殖,但始终保持分裂能力,如肝细胞、肾细胞等。当肝被部分切除后,这类细胞就能进入细胞分裂,而当肝恢复到原来体积时,分裂又停止,这类细胞称为暂不增殖细胞或G0细胞;还有一种是高度分化,细胞完全失去分裂能力,如动物的神经细胞、肌肉细胞、成熟的红细胞和植物的筛管等,这类细胞称为不增殖细胞。

肿瘤组织中也有增殖细胞、暂不增殖细胞和不增殖细胞三种。但癌组织中,暂不增殖和不增殖的细胞很少,大部分是连续进行增殖的细胞,这是直接导致癌组织增大的原因。

此外,正常细胞在分裂时,若与相邻近细胞接触,就会停止分裂,这种现象称为接触抑制现象。癌细胞无接触抑制现象,在适宜的培养条件下,能生长成多层。这可能是癌细胞在体内无休止增殖的原因之一,也是某些肿瘤呈不规则形状的原因之一。

正常细胞受到最高分裂次数的限制,分裂到一定次数就停止分裂,而癌细胞能持续地生长和分裂。例如,正常肝脏因部分切除引起的再生过程,总是在肝脏恢复到原有的重量和大小后就立即停止,但在临床上看到,肝癌细胞无限制地分裂,巨块肝癌会愈长愈大,严重压迫肺、胃等周围脏器。

信息库

海拉细胞

海拉细胞源自一位美国黑人妇女海瑞塔·拉克斯(Henrietta Lacks)的宫颈癌细胞(图4-40)。一位外科医生从她的肿瘤上取下组织样本,并在实验室中进行培养。不同于其他一般的人类细胞,此细胞株不会衰老致死,并可以无限分裂下去。此细胞系跟其他癌细胞系相比,增殖异常迅速。

海拉细胞是来自人体组织培养中最早的分离细胞,在世界各地的研究室继续培养,自诞生以来在医学界被广泛应用于肿瘤研究、生物实验或者细胞培养,已经成为医学研究中非常重要的工具。

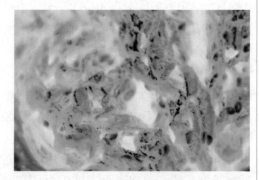

图4-40 海拉宫颈癌细胞

三、减数分裂

1883 年,人们观察到一种线虫的受精卵和体细胞都含有 4 条染色体,而这种线虫的生殖细胞——精子和卵细胞,仅含 2 条染色体。为什么生殖细胞的染色体数目只有体细胞的一半呢? 因为体细胞的染色体都是成对的,而每个生殖细胞都只有每对染色体中的一条染色体,染色体数目是体细胞的一半。当精子和卵细胞结合以后,受精卵及其发育形成的个体中的体细胞又含有了正常的染色体数。因此形成生殖细胞的过程是一种特殊形式的细胞分裂,它使染色体数目被精确地减半,这就是减数分裂。它只存在于进行有性生殖的高等生物生殖细胞的形成过程中。

观察思考

减数分裂结束后,最终形成配子。观察图 4-41,请思考:
减数分裂和有丝分裂有何不同?

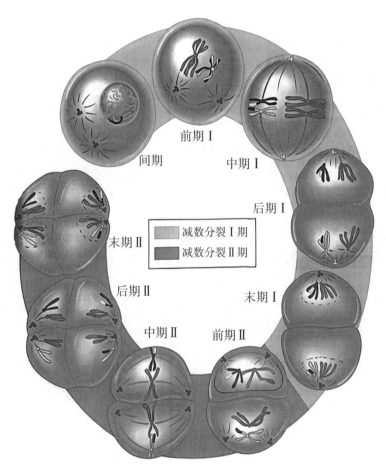

图 4-41　减数分裂的过程

高等生物在原始的生殖细胞(如动物的精原细胞或卵原细胞)发展为成熟生殖细胞(精子或卵细胞)的过程中,都要进行“减数分裂”。其与有丝分裂的最大区别是:在整个减数分裂过程中,染色体只复制一次,而细胞连续分裂两次。减数分裂的结果是,新产生的生殖细胞中的染色体数目,比原始生殖细胞的减少了一半。例如,人的精原细胞和卵原细胞中各有 46 条染色体,而经过减数分裂形成的精子和卵细胞中,只含有 23 条染色体。

1. 精子的形成过程

哺乳动物的精子是在精巢中形成的。精巢中含有大量的原始生殖细胞,叫作"精原细胞"。每个精原细胞中的染色体数目都与体细胞的相同。当雄性动物性成熟以后,精巢里的一部分精原细胞就开始进行减数分裂,经过两次连续的细胞分裂(减数第一次分裂和减数第二次分裂),形成的精细胞经过变形就形成了成熟的生殖细胞——精子(图4-42)。

在减数第一次分裂的分裂间期,精原细胞的体积略微增大,染色体进行复制,成为初级精母细胞。复制后的每条染色体都含有两条姐妹染色单体,这两条姐妹染色单体并列在一起,由同一个着丝点连接着。

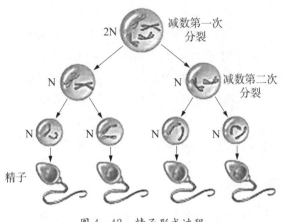

图4-42 精子形成过程

分裂期开始后不久,在初级精母细胞中原来分散存在的染色体进行配对。配对的两条染色体,形状和大小一般都相同,一条来自父方,一条来自母方,叫作"同源染色体"。同源染色体两两配对的现象叫"联会"。这时,由于每一条染色体都含有两条姐妹染色单体,因此,联会后的每对同源染色体就含有四条染色单体,叫作"四分体"。随后,各对同源染色体排列在细胞的赤道板上,每条染色体的着丝点都附着在纺锤丝上。不久,在纺锤丝牵引下,配对的同源染色体彼此分离,分别向细胞的两极移动,成为新的两组染色体。结果,细胞的每一极只得到配对同源染色体中的一条。在两组染色体分别到达细胞两极的同时,细胞分裂为两个子细胞,这时,一个初级精母细胞分裂成了两个次级精母细胞。

在减数第一次分裂过程中,由于同源染色体相互分离,分别进入到不同的子细胞中,使得每个次级精母细胞只得到初级精母细胞中染色体总数的一半。因此,减数分裂过程中染色体数目的减半,发生在减数第一次分裂。

减数第一次分裂结束后,紧接着进入到减数第二次分裂。在次级精母细胞中,每条染色体的着丝点分开,两条姐妹染色单体也随着分开,成为两条染色体。在纺锤丝的牵引下,这两条染色体分别向细胞的两极移动,并且随着细胞的分裂,进入到两个子细胞中。这样,在减数第一次分裂中形成的两个次级精母细胞,经过减数第二次分裂,就形成了4个精细胞。与初级精母细胞相比,每个精细胞都含有数目减半的染色体。最后,精细胞再经过一系列复杂的形态变化,形成精子。

2. 卵细胞的形成过程

哺乳动物的卵细胞是在卵巢中形成的。卵细胞的形成过程与精子的基本相同。卵细胞与精子形成过程的主要区别是:初级卵母细胞经过减数第一次分裂,形成一个大的细胞(次级卵母细胞)和一个小的细胞(极体)。接着,次级卵母细胞进行减数第二次分裂,形成一个卵细胞和一个极体。与此同时,第一次分裂过程中形成的极体也分裂成为两个极体。这样,一个初级卵母细胞经过减数分裂后,就形成一个卵细胞和3个极体(图4-43)。

3. 受精作用

生物体的有性生殖过程中,精子和卵细胞通过结合,形成受精卵,这个过程叫受精作用(图4-44)。

通常,高等动物产生的精子体积小而数目多,产生的卵细胞体积大而数目少。所以,往往是多个精子同时识别一个卵细胞,卵细胞会接受其中的一个精子成为受精卵。受精完成后,卵细胞会阻止其他精子进入。受精卵中的染色体数目又恢复到体细胞中的数目,其中一半的染色体来自父方的精子,另一半来自母方的卵细胞。受精卵经不断增殖、分化形成子代个体。

由此可见,对于进行有性生殖的生物来说,减数分裂和受精作用对于维持每种生物前后代体细胞中染色体数目的恒定,对于生物的遗传和变异,都是十分重要的。

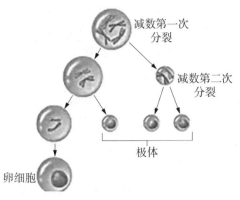

减数第一次分裂

减数第二次分裂

极体

卵细胞

图 4-43　卵细胞形成过程

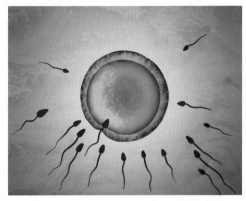

图 4-44　受精过程示意图

信息库

试 管 婴 儿

试管婴儿是体外受精——胚胎移植技术的俗称，是指采用人工方法让卵细胞和精子在体外受精，并进行早期胚胎发育，然后移植到母体子宫内发育而诞生的婴儿（图 4-45）。

1978 年英国专家斯特普托（Steptoe）和爱德华兹（E. dowrds）将精子和卵细胞在体外受精，培养几天后移入子宫，使女性受孕生子，定制了世界上第一个试管婴儿，被称为人类医学史上的奇迹。1992 年由比利时帕勒莫（Palermo）医师及刘家恩博士等首次在人体成功应用卵浆内单精子注射（ICSI），使试管婴儿技术的成功率得到很大的提高。世界各地诞生的试管婴儿迅速增长。

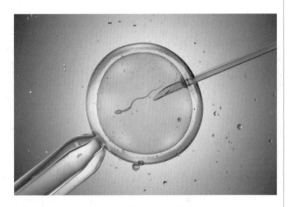

图 4-45　体外受精

随着分子生物学的发展，在人工助孕与显微操作的基础上，胚胎着床前遗传病诊断（PGD）开始发展并用于临床，从生物遗传学的角度，帮助人类选择生育最健康的后代。人类很多遗传性疾病都可以使用这种 PGD 方法避免遗传给后代，譬如地中海贫血、先天愚型等等。2012 年 6 月，中国首例设计试管婴儿诞生。

探索　实践

观察植物细胞的有丝分裂

一、目的要求

1. 观察植物细胞有丝分裂的过程，识别有丝分裂的不同时期。

2. 学会制作洋葱根尖有丝分裂装片。

3. 学会使用高倍显微镜和绘制生物学图的方法。

二、材料用具

显微镜、洋葱、载玻片、盖玻片、玻璃皿、剪刀、镊子、滴管、15％的盐酸、95％的酒精、0.01 克/毫升（g/mL）龙胆紫

三、方法步骤

1. 洋葱根尖的培养。实验课之前 3～4 天，取洋葱一个，放在广口瓶上。瓶内装满清水，让洋葱的

底部接触到瓶内的水面。放在温暖的地方,注意经常换水,使洋葱的底部总是接触到水。待根长5厘米时,可取生长健壮的根尖进行观察。

2. 解离。上午10时至下午2时是洋葱有丝分裂的高峰期,可在此时剪取洋葱的根尖2～3毫米,立即放入盛有15%的盐酸和95%的酒精的混合液(1:1)的玻璃皿中,在室温下解离3～5分钟后取出根尖。

3. 漂洗。待根尖酥软后,用镊子取出,放入盛有清水的玻璃皿中漂洗约10分钟。

4. 染色。把洋葱根尖放入盛有龙胆紫溶液的玻璃皿中,染色3～5分钟。

5. 制片。用镊子将这段洋葱根尖取出,放在载玻片上,加一滴清水,用镊子尖把洋葱根尖弄碎,盖上盖玻片,在盖玻片上再加一片载玻片。然后,用拇指轻轻地压盖玻片,使细胞分散开来,便于观察。

6. 镜检。把制成的洋葱根尖装片先放在低倍镜下观察,找到分生区细胞后,转到高倍镜,注意观察各个时期细胞内染色体的变化。

7. 绘图。在观察清楚有丝分裂各个时期的细胞以后,绘出洋葱根尖细胞有丝分裂的简图。绘图的要求:绘植物细胞有丝分裂前、中、后期图(假设体细胞含4条染色体)。

四、思考与讨论

1. 洋葱根尖细胞有丝分裂过程中各时期的染色体变化有什么特点?

2. 制作好洋葱根尖有丝分裂装片的关键是什么?

本节评价

一般树木是在2～3月份发芽,有些在4～5月份开始发芽。环境的温度、水分、光照条件一旦符合生长需要,植物就会立即生长。植物打破休眠所需的日照和低温条件与自然季节恰好一致,这是植物对相对稳定的季节变化的一种适应。

1. 植物发芽的过程与其细胞的有丝分裂有关。下图是植物细胞有丝分裂示意图,下列说法错误的是_____(单选)。

① ② ③ ④

A. 图①所示时期,染色质逐渐变成染色体   B. 图②所示细胞中含有12条染色单体

C. 图③所示时期,核DNA含量暂时加倍   D. 图④细胞中,细胞板的形成与高尔基体有关

2. 在树木漫长的生命历程中,持续发生细胞分裂、增殖、衰老和死亡等现象。下图甲是细胞周期的一种表示方式(按顺时针方向);图乙表示有丝分裂某时期示意图;图丙中,A、B为普通光学显微镜观察到的某植物根尖细胞有丝分裂过程中的两个视野。请据图分析回答。

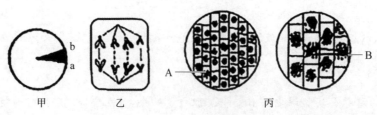

甲   乙   丙

(1) 经过有丝分裂产生的子代细胞与亲代细胞的染色体数目_____（填"相同"或"不同"）。

(2) 图甲中表示一个完整细胞周期的是_____（用图中字母和→表示）。

(3) 图乙中染色单体数目为_____，染色体与核 DNA 之比为_____。

(4) 图丙中，若要由视野 A 变为视野 B 时，有关操作过程的正确顺序是_____。（用下列供选的序号填写：①转动粗准焦螺旋；②转动细准焦螺旋；③调节光圈；④转动转换器；⑤向左下方移动装片；⑥向右上方移动装片）

3. 下列有关高等动植物细胞有丝分裂过程的比较，说法正确的是_____。（单选）

A. 发出纺锤丝的结构相同

B. 细胞质分裂的方式相同

C. 中心体复制的方式相同

D. DNA 复制的时期相同

第四节　细胞衰老与死亡

随着时光的流逝，每一个人都会慢慢地衰老，在容貌、体态和生理机能上都会发生很大的变化。人体衰老和细胞衰老有何关系？细胞为什么会衰老？衰老的细胞具有哪些特征？

一、细胞衰老

1. 细胞的衰老是细胞生命进程的自然规律

细胞衰老是细胞内部结构的衰变（图 4 - 46）。随细胞年龄的增长，细胞维持自身稳定的能力和适应的能力均降低，机能和结构发生退行性变化，趋向死亡的不可逆的现象。对单细胞生物来说，细胞衰老即个体衰老；而多细胞生物的细胞衰老与机体衰老不是同一个概念，但是紧密相关。

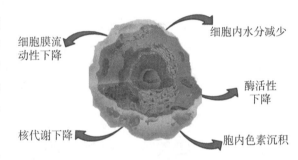

图 4 - 46　衰老细胞模型

无论哪一类细胞，都处于不同程度的衰老过程中，如小肠绒毛上皮细胞的寿命仅为几天，红细胞的寿命为上百天，神经元的寿命则达数十年。细胞衰老是普遍存在的、不可逆转的自然现象。植物也存在细胞衰老的现象，整株植物的衰老和死亡是植物细胞衰老累积的结果。引起细胞衰老的原因错综复杂。通常认为，外界因素（如营养物质缺失、温度变化、辐射和化学物质刺激等）和内部因素（如 DNA 损伤、蛋白质合成错误、细胞器功能下降等）都会引起或加速细胞的衰老。在细胞衰老过程中，细胞内生理活动、物质代谢、基因活动等都发生了变化。

2. 细胞衰老与人类健康密切相关

细胞衰老是人体内发生的自然生理过程，细胞的正常衰老有利于机体的自我更新。例如，红细胞的快速更新，使血液中始终有足量的新生红细胞来运输氧气。但是，细胞的异常衰老却会给人类健康带来威胁。儿童早衰症就是细胞过早衰老导致的一种疾病，患者的寿命一般不超过 20 岁（图 4 - 47）。

细胞衰老与机体衰老有密切关系。机体内大多数细胞的衰老会导致个体的衰老，如体内水分减少，皮肤干燥、皱缩；胸腺细胞的衰老会引起胸腺萎缩并造成淋巴细胞的生成能力下降，所以衰老的个体免疫力下降等；神经细胞、肌肉细胞的衰老会导致老年人记忆衰退

图 4 - 47　早衰儿童（左）与正常儿童（右）

和行动迟缓。这些重要器官的组成细胞发生衰老是多细胞生物体衰老的直接原因。在我们漫长的生命历程中,身体内不断会有一些细胞衰老并死亡,这是机体自我保护并维持生命的自然现象。

研究细胞衰老的机理对提高人类的生存质量具有积极意义。衰老不仅与细胞内部的代谢和生理状态有关,同时也与细胞的外部环境有着密切的联系。对人类来说,合理的饮食结构、良好的生活习惯、适当的体育运动和乐观的人生态度等都有助于延缓衰老。目前针对社会老龄化开展的老年学研究内容之一,就是如何通过外因的作用延缓内在的细胞衰老,从而达到健康长寿的目的。

观察思考

阅读材料,并思考回答下列问题:
有人说老年人体内没有年轻的细胞,年轻人体内没有衰老的细胞。
你认为正确吗? 请举例说明。

信息库

细胞衰老的机理

自由基学说　细胞代谢会不断产生大量的自由基,空气污染、辐射、某些化学物质等也可加快自由基的产生。自由基会攻击和破坏细胞内的各种生物大分子,同时产生更多的自由基,这种攻击和破坏会影响蛋白质合成、造成溶酶体损伤、改变膜的透性等,从而导致细胞衰老。

端粒学说　每条染色体两端都有一段特殊的DNA序列,称作端粒,对染色体有保护作用。在体细胞染色体复制过程中端粒不能完整复制,因此DNA每复制一次,端粒就缩短一段,最终正常基因的DNA序列受到损伤,从而影响细胞的生理活动,引起细胞衰老甚至死亡(图4-48)。

图 4-48　细胞衰老机理

遗传程序学说　衰老是遗传上的程序化过程,是受特定基因调控的。细胞衰老的程序已经编制在基因组中,特定的遗传信息按时激活,最终导致衰老和死亡。

幼儿活动设计建议

衰老是不可抗拒的自然规律

随着日月流逝,一个人的年龄随之增长,衰老也随之而来。衰老的特征很多,如皮肤会变得比较干燥,容易长皱纹。皮肤下面的脂肪组织也会流失,皮肤变薄松弛,还会长出老年斑等。在梳头或者洗头的时候,会发现头发掉得比较厉害,出现发际线后移,头发慢慢减少等现象,其实这些都是衰老引起的。

活动资源

三代家人的照片,如让幼儿带家人照片

活动过程

1. 观察三代人照片(如幼儿的爷爷奶奶、爸爸妈妈和自己的照片)。

2. 对比照片中的人像,分辨年轻和衰老,并说出1～2个衰老的表现。

二、细胞死亡

细胞的死亡是细胞客观存在的生理活动,是生物体清除衰老、损伤或病变细胞的一种自然生理过程。细胞的死亡方式是机体自主性和生理性的,受遗传信息控制,具有程序性。

1. 细胞的程序性死亡——细胞凋亡

细胞凋亡是指为维持内环境稳定,由基因控制的细胞自主的有序性死亡。在细胞凋亡过程中,质膜始终未破裂,细胞内含物不泄漏到细胞外,因此不引发机体的炎症反应。凋亡的细胞会被及时清除,不会对周围健康的细胞造成不良的后果。

在个体发育过程中,细胞凋亡对组织形态结构的形成具有重要的作用。例如,蝌蚪发育为成体蛙时,尾部的细胞凋亡直至完全消失;小鼠胚胎发育中,趾间细胞的凋亡形成分开的五趾(图4-49)。

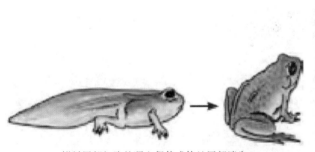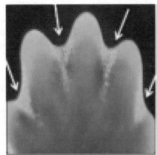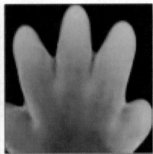

蝌蚪尾部细胞的凋亡促使成体蛙尾部消失　　　　　小鼠胚胎发育中,五趾间的细胞凋亡(箭头所示)形成分开的趾

图4-49　细胞凋亡示意图

细胞凋亡现象也广泛存在于植物正常的发育进程中,如导管的形成、叶片形态塑造和季节性脱落等,另外,被病原体感染的植物细胞也通过程序性死亡被清除,保证健康植物细胞的正常生理活动。细胞凋亡可以保证人体的正常发育和各个器官功能的正常发挥。

研究发现,细胞凋亡不足或凋亡过度都会导致相关疾病。例如,肿瘤的发生与细胞凋亡不足有关,阿尔茨海默病、再生障碍性贫血等与细胞凋亡过度有关。针对细胞凋亡与疾病的不同关系,可以采取抑制或增强细胞凋亡的措施治疗有关疾病。例如,通过放射疗法或化学疗法可以激活肿瘤细胞自杀程序,促使肿瘤细胞凋亡;运用神经生长因子延缓神经元凋亡,可以治疗阿尔茨海默病等神经系统退行性疾病。细胞凋亡与某些基因的调控作用密切相关,从分子机制上研究细胞凋亡,可以更加有效地治疗与细胞凋亡异常相关的疾病。

2. 细胞的病理性死亡——细胞坏死

细胞受到机械损伤、辐射、有毒物质、微生物等强烈理化或生物因素作用时,会发生无序变化,表现为细胞胀大,质膜破裂,细胞内容物外溢,核膜破裂,染色质松解呈网状,DNA降解不充分,引起局部严重的炎症反应,这就是细胞坏死。

细胞遭受极端的外界因素刺激(如物理或化学损害因子、致病物质等)而导致的损伤后死亡,称为细胞坏死(图 4-50)。细胞坏死通常是细胞被动的死亡现象。例如,伤口和缺血的组织部位的细胞容易产生坏死。糖尿病患者由于血糖高,容易引发血管损伤、局部供血障碍,从而导致腿部细胞坏死,严重的甚至需要截肢处理。坏死的细胞被严重破坏,内容物释放到细胞外,通常会对周围健康的细胞造成影响。因此,在生活中应尽量避免大面积细胞坏死情况的发生,以免危及生命安全。

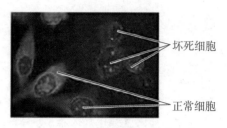

坏死细胞

正常细胞

图 4-50 坏死细胞与正常细胞

观察思考

观察图 4-51,并归纳概括细胞坏死和细胞凋亡的异同点。

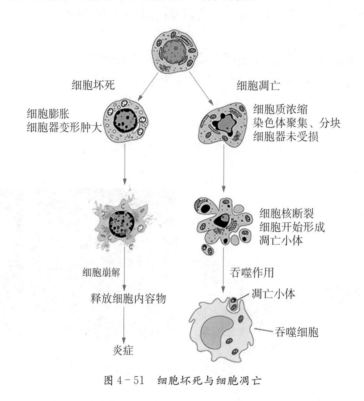

细胞坏死

细胞凋亡

细胞膨胀
细胞器变形肿大

细胞质浓缩
染色体聚集、分块
细胞器未受损

细胞核断裂
细胞开始形成
凋亡小体

细胞崩解

吞噬作用

释放细胞内容物

凋亡小体

吞噬细胞

炎症

图 4-51 细胞坏死与细胞凋亡

信息库

细胞的自噬

细胞自噬是指溶酶体吞噬并降解细胞内受损或衰老的细胞器的再循环过程。细胞自噬是细胞加速新陈代谢的重要手段,在真核细胞中普遍存在。生物体面对饥饿或感染时,部分细胞会以细胞自噬的方式死亡,以应对恶劣环境(图 4-52)。细胞自噬是细胞程序性死亡的另一种表现形式。细胞自噬与细胞凋亡之间也存在着复杂的交互调控。日本生物学家大隅良典由于在细胞自噬机制方面的发现而荣获 2016 年"诺贝尔生理学或医学奖"。

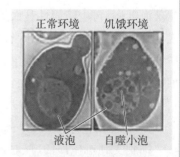

正常环境　饥饿环境

液泡　自噬小泡

图 4-52 酵母细胞的自噬

幼儿活动设计建议

观察蛙的变态发育

青蛙是由蝌蚪发育来的。蝌蚪无论是外部形态还是内部结构都像鱼,有尾,用鳃呼吸,像鱼一样在水里生活。蝌蚪发育成青蛙时,尾部的细胞凋亡直至完全消失,生出四肢和肺,可以在陆地上生活。

活动资源

《小蝌蚪找妈妈》的视频

活动过程

1. 收看《小蝌蚪找妈妈》的视频(或饲养并观察蛙的变态发育)。

2. 仔细观察并说说蝌蚪的尾哪里去了?

安全提示

如果自行饲养小蝌蚪并观察蛙的变态发育,需注意玻璃水缸的放置安全,不要让幼儿嬉水。

本节评价

细胞衰老与凋亡是生物体生命活动的普遍现象。一部分发生衰老的细胞会被机体自身清除,但另一些衰老的细胞会随着时间的推移在体内积累,并分泌一些免疫刺激因子,导致低水平炎症发生,引起周围组织衰老或癌变。研究表明,清除衰老细胞可延缓小鼠的衰老进程,该成果有望开辟出一条对抗衰老的新途径。请根据本节知识回答下列问题。

1. 衰老细胞的特征主要有_____减少,细胞萎缩;_____的活性降低,代谢速率减慢;膜结构流动性_____,使物质运输功能降低等。在成熟的生物体内,衰老细胞以及被病原体感染细胞的清除,都是通过_____完成的。

2. 结合下图和所学知识分析,下列叙述不正确的是(　　)。

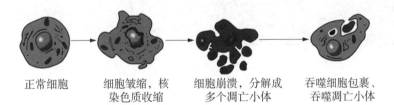

| 正常细胞 | 细胞皱缩,核染色质收缩 | 细胞崩溃,分解成多个凋亡小体 | 吞噬细胞包裹、吞噬凋亡小体 |

A. 此过程是由遗传物质控制的

B. 此过程只发生在胚胎发育过程中

C. 细胞皱缩、核染色质收缩说明该细胞处在衰老状态

D. 凋亡小体被免疫细胞及时吞噬清除,不会对周围健康细胞造成不良后果

3. 对人类来说,良好的外部环境和行为习惯也可以延缓细胞的衰老,试举例说明。

第五章 生物的代谢

地球上各类生物都需要从外界环境中摄取物质或物质中的能量，如一头饥饿的棕熊在水中捕获了鱼，食用鱼时获取了其中的营养物质，同时也有力气继续奔跑、捕食以维持生存……生物的代谢是将从外界摄取的营养物质转变为自身的物质，并储存能量，同时也不断地将自身的物质分解以释放能量的过程，其本质是一系列的化学反应。这些化学反应在生物体内能顺利进行的条件是什么？有哪些重要的物质变化和能量转换？

第一节 酶和 ATP

活细胞就像是一个微型的化学工厂，在一个微小的空间里发生成千上万的反应。如糖可以转化为氨基酸，以氨基酸为基本单位可以形成蛋白质；反过来，当食物被消化时，蛋白质被分解成氨基酸，氨基酸又可以转化为糖。这些发生在生物体内的化学反应几乎都需要酶的参与，而 ATP 是细胞中普遍存在的能量载体。那么酶和 ATP 究竟是什么物质，在代谢活动中有何作用？

一、酶

自发的化学反应不需要外界的能量就能发生，但它可能发生得很慢，以至于难以察觉，如过氧化氢的分解（$2H_2O_2 \longrightarrow 2H_2O + O_2 \uparrow$）。人体自身可产生过氧化氢，过氧化氢积累会对细胞造成损害。研究发现，过氧化氢在肝脏中分解速度比在脑或心脏等器官快，这是为什么呢，肝脏中是否富含能加速过氧化氢分解的物质呢？

观察思考

　　取3支试管,分别标记为1、2、3。按照表5-1中图示加入试剂和材料,观察气泡产生情况。然后,用带火星的线香插入各试管内测试火光亮度变化,并将实验结果记录在表中。

表5-1　实验记录表

	1号试管	2号试管	3号试管
加入材料及结果观察	点燃的线香 2 mLH$_2$O$_2$+2滴蒸馏水	点燃的线香 2 mLH$_2$O$_2$+2滴FeCl$_3$水溶液	点燃的线香 2 mLH$_2$O$_2$+2滴肝脏研磨液
气泡产生量			
火光亮度			

注:FeCl$_3$是一种常用的无机催化剂。

 思考

　　对比2号和3号试管的实验现象,说明肝脏研磨液中的物质所起的作用。

　　从上述实验现象中,我们可以看到,肝脏研磨液比FeCl$_3$的催化效率更高。这是因为动物肝脏细胞中有丰富的过氧化氢酶,可催化过氧化氢的分解,放出O$_2$。酶是由活细胞产生的具有催化能力的生物大分子,绝大多数是蛋白质,少数是RNA,因此也称为生物催化剂。酶分子上有与其所催化的物质(底物)结合并起催化作用的空间区域,称为活性中心。以过氧化氢酶为例,其化学本质是蛋白质,具有特定的空间结构,其上具有能与过氧化氢分子契合的活性中心;过氧化氢酶催化反应,将底物转变为产物,产物释放后,酶又会接受下一个底物分子进行新一轮反应,如图5-1所示。

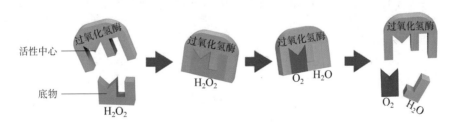

图5-1　过氧化氢酶作用示意图

　　不同种类酶的活性中心结构不同,每一种酶通常只催化一种或一类化学反应,酶的这种催化特性称为专一性。细胞中已知的酶有数千种,习惯上是根据各种酶的来源以及它们所催化的底物来命名的。例如,唾液淀粉酶是唾液腺产生的催化淀粉水解的酶,胰蛋白酶是胰腺产生的催化蛋白质水解的酶。

　　我们将酶催化特定化学反应的能力称为酶活性。酶具有非常高的催化效率(高效性),如单个过氧化氢酶分子在1秒内可以催化4千万个过氧化氢分子的分解。任何影响底物与酶结合的环境因素都会影响酶活性。

图5-2显示了温度对唾液淀粉酶活性的影响;图5-3显示了各种消化酶在不同pH环境中的催化反应速度。

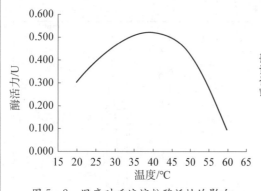

图5-2 温度对唾液淀粉酶活性的影响

图5-3 三种消化酶的活性与pH关系示意图

1. 分析图5-2,说明温度对唾液淀粉酶活性的影响。

2. 据图5-3指出各种酶的最适pH,并讨论胃蛋白酶随食糜进入小肠后的变化。

人体内酶的最适温度范围是35~40℃。高温会破坏酶的空间结构,使酶活性丧失;而低温会降低分子的运动速度,降低底物与酶活性中心的接触概率,表现为酶的活性被抑制。环境酸碱度对酶活性影响也很大。每种酶需要在合适的条件下才起作用。有些可在细胞内起催化作用,有些则分泌到细胞外才能起催化作用。例如,胃蛋白酶和胰蛋白酶只有被分泌进入消化道后才有活性,而消化道不同的区段的pH有差异,两种蛋白酶的最适的pH范围与其发挥作用的环境pH一致。

如把细胞的代谢描绘成一幅精细的路线图,其中包含了细胞中发生的数千种化学反应,这些化学反应被排列成相互交叉的代谢途径。代谢途径从一个特定的分子开始,然后在一系列确定的步骤中改变,产生某种产品,而途径的每一步都由一种特定的酶催化(图5-4)。所以,酶确保了细胞内反应的高效有序进行。

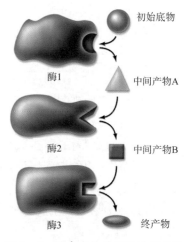

图5-4 酶参与细胞代谢过程示意

信息库

无处不在的酶

人类对酶的使用已经有了数千年的悠久历史,酶对生活的改善,随处可见。

医药卫生行业:酶可应用于生物药品的制备,例如:多酶片,可以帮助胃肠不好的患者消化食物。

饮食行业:酶饮食行业中的应用非常广泛。例如,嫩肉粉里面主要成分是木瓜蛋白酶,可以分解肉中的大分子蛋白质,达到软化组织的作用;酿酒技术中,淀粉酶,蛋白酶等可将原料淀粉和一些蛋白质降解从而提高乙醇的含量。

制造行业:造纸行业使用纤维素酶降解木质纤维,加速纸浆的生产;皮革行业使用脂肪酶,降解去除动物皮革表面的油脂;在洗衣液(粉)中添加酶之后可以迅速分解残留在衣物上的污渍、血渍等。

随着分子生物学和生物化学等技术的发展,酶的应用范围和应用条件已经越来越宽广。酶制剂改变了以前化学合成法的生产过程,降低了生产成本,也大大提高了生产率和产品质量,更加节约原料和能源,在保护环境等方面也发挥着重要作用。

👥 幼儿活动设计建议

肝脏中的酶

肝脏中有一种酶,能将体内有害的过氧化氢拆解成水和氧气。这个化学反应在体外发生,会出现氧气的气泡,并且有泡沫产生;肝脏中的酶只在与人体环境相似的条件下起作用。

活动材料

动物肝脏、白醋、小苏打、双氧水、盘子3个、勺子

活动过程

1. 事先将切好的肝脏放进搅拌器,加上相同体积的水制备成肝脏匀浆放进冰箱保存。

2. 舀一勺肝脏匀浆放在盘子中央,然后往里滴一滴过氧化氢溶液,观察气泡的产生。

3. 再取一个盘子,舀一勺肝脏匀浆置于中央,并滴加一点白醋混匀后,往里滴一滴过氧化氢溶液,观察气泡的产生与第一个盘子有何不同。

4. 取一个盘子,舀一勺肝脏匀浆置于中央,并撒入一点小苏打后混匀,往里滴一滴过氧化氢溶液,观察气泡的产生与第一个盘子有何不同。

5. 讨论实验现象:从气泡产生的多少来看,哪种状态下的肝脏匀浆在遇到过氧化氢时表现最好?

安全提示

完成实验后,及时处理猪肝,并清洗容器和手。

二、ATP

生物发光是一种在生物体内由酶催化将化学能转化为光能的现象,如我们所熟知的萤火虫的发光。生物发光以及细胞进行的其他代谢活动都需要消耗能量,那么,能量从哪里来,这些能量又是以哪种物质为载体?

观察思考

科学家发现产生萤火虫的发光反应涉及了两类化学物质,一类被称作荧光素,另一类则是为这一反应供能的物质。这两种物质发生化学反应后的产物在遇到氧气后就会发光。为探究能为萤火虫发光的供能物质,开展了如表5-2所示的实验。

表5-2 探究可为萤火虫发光直接提供能量的物质

试管编号		1号	2号	3号	4号
实验步骤	一	向4支试管中,各加入1克荧光素和荧光素酶的提取物			
	二	2 mL 蒸馏水	2 mL 葡萄糖溶液	2 mL 淀粉溶液	2 mL ATP溶液
实验现象		不发荧光	不发荧光	不发荧光	发出荧光
结论					

思考

补全实验结论,并推测,食物中的能源物质与能为细胞代谢直接供能的物质之间有何关联?

我们日常摄入的糖类、脂质、蛋白质等物质在有氧条件下分解会产生水和二氧化碳,并释放能量,这些能量一部分以热能的形式散失(维持体温),另一部分则通常由一些特定的分子(如 ATP)携带,并在细胞内传递,直接为生命活动(如肌肉细胞的收缩、物质的跨膜运输等)提供能量,因此,ATP 这样的化合物也被形象称为"能量货币"。

ATP 的全称是腺苷三磷酸,由一个腺苷分子连接三个磷酸基团组成(图 5-5)。ATP 的三个磷酸基团都带负电荷,这些电荷挤在一起相互排斥,导致了这一区域不稳定,相当于一个压缩的弹簧。在酶的作用下,ATP 可水解失去末端一个磷酸基团成为ADP(腺苷二磷酸),当这一过程在细胞环境中发生时,将释放约为 13 千卡/摩尔的能量(图 5-5)。

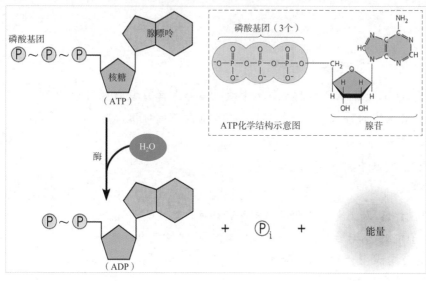

图 5-5　ATP 分子结构以及水解过程示意图

📖 信息库

ATP 是如何供能的?

细胞内的运输和机械运动几乎都是由 ATP 水解提供动力的。ATP 水解可导致蛋白质形态的改变,并且通常会改变其与另一个分子结合的能力,如 ATP 使质膜上的转运蛋白磷酸化,导致其形态改变允许物质通过(图 5-6a);再如,细胞内的转运囊泡或是其他细胞器沿细胞骨架的移动,是由ATP 结合到马达蛋白上并释放能量,改变马达蛋白构象来驱动其位移(图 5-6b)。

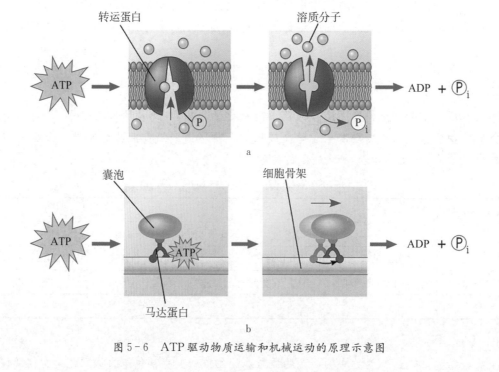

图 5-6　ATP 驱动物质运输和机械运动的原理示意图

ATP在细胞的生命活动中不断被消耗,但细胞内ATP分子的总量是有限的,ATP是否会被消耗殆尽? ATP是一种可再生资源。ADP和Pi形成ATP的过程需要消耗能量,这些能量可来自有机物的氧化分解,如细胞呼吸;植物也利用光能产生ATP。ATP水解和ATP合成的循环以惊人的速度进行(图5-7)。例如,一个正在工作的肌肉细胞每秒消耗和再生1000万个ATP分子;如果ATP不能通过ADP与Pi合成再生,那么人类每天消耗的ATP将接近自身的体重。

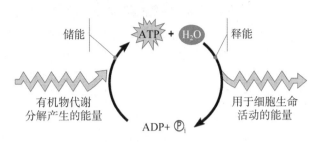

图5-7 ATP与ADP的相互转换示意图

幼儿活动设计建议

能量的运载和转移

活动准备

发电厂工作的相关视频、手机、充电宝、手机充电器

活动过程

1. 播放发电厂工作的相关视频。

2. 思考:电是哪里来的? 化石燃料燃烧(或其他风能、太阳能等)是否能让手机充电,维持正常工作?

3. 讨论:平日居家以及外出,如何保证手机持续工作?

探索 实践

探究酶的专一性

消化酶是一组广泛的酶,可将脂肪、蛋白质和碳水化合物等大分子营养物质分解成更容易被身体吸收的小分子营养物质。如唾液中含有淀粉酶、胃液中含有的蛋白酶等;蔗糖酶是一种水解酶,它能使蔗糖水解为果糖和葡萄糖。

一、实验目的

比较唾液淀粉酶和蔗糖酶对淀粉和蔗糖的作用。

二、实验原理

1. 淀粉和蔗糖都是非还原糖,葡萄糖、果糖、麦芽糖都是还原糖。淀粉在酶的作用下可水解为麦芽糖,蔗糖在酶的作用下可水解为葡萄糖和果糖。

2. 班氏试剂也称本尼迪特试剂,是一种浅蓝色化学试剂,它与还原性糖反应可生成红黄色沉淀。

三、仪器和试剂

稀释200倍的新鲜唾液、质量分数为2%的蔗糖溶液、溶于质量分数为0.3%氯化钠溶液中的淀粉溶液(其中淀粉含量为1%)、班氏试剂、蔗糖酶溶液、试管、试管架

四、实验步骤

1. 取两个试管,分别编为1号、2号。

2. 向1号试管中加入班氏试剂2毫升,再加入1%的淀粉溶液3毫升;2号试管中加入班氏试剂2毫升,再加入2%蔗糖溶液3毫升。

3. 将两个试管内的溶液充分混匀后,放在沸水浴中煮23分钟。观察并记录实验结果(淀粉、蔗糖不产生红黄色沉淀)。

4. 再取4个试管,分别编为3号、4号、5号、6号。

5. 在3号、4号试管中各加入稀释了200倍的新鲜唾液1毫升;然后在3号试管中加入质量分数为1%淀粉溶液3毫升,在4号试管中加入质量分数为2%蔗糖溶液3毫升。充分混匀后,放在37℃恒温水浴中保温,15分钟后取出。两管各加班氏试剂2毫升,摇匀,放在沸水浴中煮2～3分钟。观察并记录实验结果。

6. 5号、6号试管中各加入蔗糖酶溶液1毫升,然后在5号试管中加入质量分数为1%淀粉溶液3毫升,在6号试管中加入质量分数为2%的蔗糖溶液3毫升。充分混匀后,放在37℃恒温水浴中保温,15分钟后取出。两管各加班氏试剂2毫升,摇匀,放在沸水浴中煮2～3分钟。

观察并记录实验结果。

表5-3 实验记录表

试管	1	2	3	4	5	6
班氏试剂	2 mL	2 mL	2 mL	2 mL	2 mL	2 mL
1%淀粉溶液	3 mL	—	3 mL	—	3 mL	—
新鲜唾液	—	—	1 mL	1 mL	—	—
蔗糖酶溶液	—	—	—	—	1 mL	1 mL
实验结果						

五、实验结果分析

1. 为什么在37℃恒温水浴中保温?

2. 根据实验结果,你如何理解酶的专一性?

3. 如果5号试管内呈现轻度阳性反应,你认为该怎样解释?请设计一个实验来检验自己的假设。

📝 **本节评价**

1. 细胞中各项生命活动都需要消耗能量。请列举一项生命活动,说明该活动的维持与"ATP和ADP的相互转换"的关系。

2. 多酶片是一种缓解消化不良的药物。图5-8为某多酶片药品说明书部分内容以及结构模式图。已知人体内部分液体的pH:唾液约为6.7～7.1,胃液为0.9～1.5,胰液为7.8～8.4。结合多酶片的结构模式说明"切勿嚼碎服用"的原因。

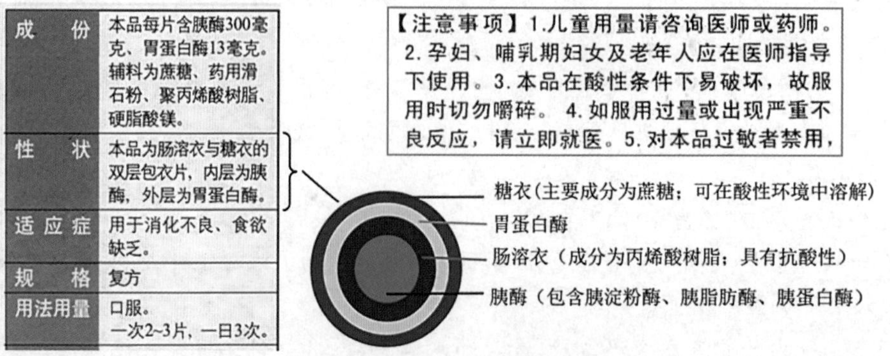

图5-8 某多酶片药品说明书

第二节 光合作用和细胞呼吸

对于大多数绿色植物而言,只要浇水并给予适宜光照就能生长。地球上的生命是由太阳能驱动的。能量以光能的形式流入生态系统,最终以热量的形式散失,而生命所必需的化学元素则被循环利用。二氧化碳和水在光能的作用下,在植物体内合成了养分供植物生长。光合作用和细胞呼吸是其中两个重要的代谢过程,光合作用的产物是细胞呼吸所需的燃料,而细胞呼吸的废物又成为了光合作用的原料。那么,光合作用以及细胞呼吸中,发生了怎样的物质变化和能量转换?

一、光合作用

1. 光合作用的场所

叶是大多数植物进行光合作用的主要部位,在一片面积为 1 平方毫米的叶中,大约有 50 万个叶绿体;而叶绿体主要存在于叶肉细胞中,一个叶肉细胞大约含有 30~40 个叶绿体(图5-9)。叶绿体中的特殊分子复合物捕获太阳的光能,并将其转化为储存在糖和其他有机分子中的化学能。这种转化过程被称为光合作用。

叶绿体利用光能驱动有机化合物合成的非凡能力来自于其内部的结构:光合作用相关的酶和其他分子聚集在生物膜中,使一系列化学反应能够有效地进行。每个叶绿体的尺寸约为 2~4 微米×4~7 微米,有两层膜包裹着称为叶绿体基质的致密液体;许多单层膜构成的扁平囊状的类囊体悬浮在基质内,类囊体堆积进而形成基粒。类囊体膜上分布着丰富的与光合作用有关的色素和蛋白质,是光能吸收和转换的场所。叶片、叶绿体、类囊体、基粒等结构,使光吸收面积最大化,有利于捕获更多的光能。据计算,1 克菠菜叶片中叶绿体的类囊体总面积可达约 60 平方米。

研究表明,高等植物叶绿体中的色素可分为两大类:一类是叶绿素,包括叶绿素 a(呈蓝绿色)和叶绿素 b(呈黄绿色);另一类是类胡萝卜素,包括胡萝卜素(呈橙黄色)和叶黄素(呈黄色)。那么,大多数的叶为何会呈现绿色?

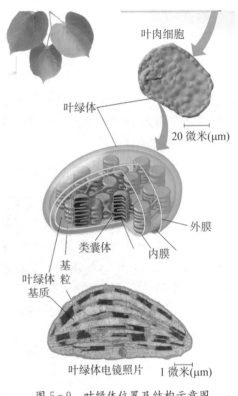

叶肉细胞

叶绿体

20 微米(μm)

外膜

类囊体

内膜

基粒

叶绿体基质

叶绿体电镜照片 1 微米(μm)

图 5-9 叶绿体位置及结构示意图

观察思考

图 5-10 所示为三种叶绿体色素最能吸收的光的波长。哪种波长的光在推动光合作用的过程中最有效?1883 年,恩格尔曼(Theodor W. Engelmann)通过棱镜将可见光束分成不同颜色的光,照射到一种丝状藻类——水绵上,水绵的不同区段暴露在不同波长的光下。他通过观察聚集在氧气源附近的需氧细菌的数量来确定水绵的哪些区段释放的氧气多;恩格尔曼发现,在蓝紫色或红色光照射下,该区段水绵周围的细菌聚集最多,如图 5-11。

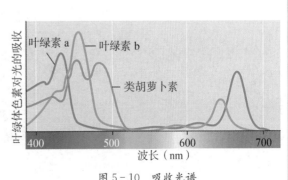

叶绿素 a   叶绿素 b

类胡萝卜素

叶绿体色素对光的吸收

400   500   600   700
波长(nm)

图 5-10 吸收光谱

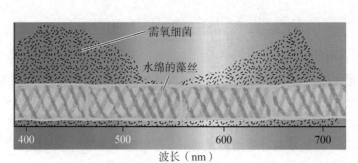

图 5-11　恩格曼实验结果示意图

1. 为何大多数叶片呈现绿色?

2. 恩格尔曼的实验结果说明,哪种波长的光更有利于光合作用的进行?

不同的色素吸收不同波长的光。我们看到的树叶呈现绿色,因为叶绿素在吸收蓝紫色和红色光的同时反射绿光。在自然界中,晴天的直射光中红橙光的比例高,阴天的散射光中蓝紫光比例高。所以不论在晴天还是阴天,绿色植物都能充分吸收光能。

2. 光合作用的过程

光合作用的过程可以概括为: $CO_2 + H_2O \xrightarrow[\text{叶绿体}]{\text{光能}} (CH_2O) + O_2$

光合作用过程大致可分为两个阶段(图 5-12),第一阶段是类囊体膜上的色素吸收光能,光解水,释放出 O_2 并形成高能量的 ATP 和 NADPH,即将光能转化为活跃的化学能。此过程在类囊体上进行,同时需要光,因此称为光反应;其中,当叶绿素 a 被光活化时,会释放高能电子在类囊体膜上传递,最终与基质中的氧化型辅酶Ⅱ($NADP^+$)以及水光解产生的 H^+ 结合形成高能的还原型辅酶Ⅱ(NADPH)。第二阶段是利用第一阶段产生的 ATP 和 NADPH,固定 CO_2、合成糖类,同时将能量以稳定化学能的形式储存在糖中,称为碳反应(暗反应)。植物中的淀粉、纤维素、氨基酸、脂质等都是利用光合作用产生的糖转变的。

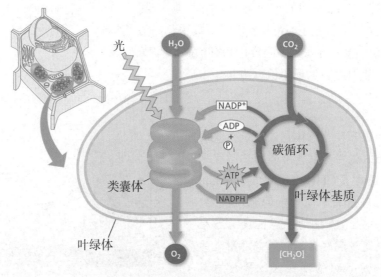

图 5-12　光合作用过程示意

光合作用的两个阶段之间不仅会相互促进,也会相互制约。光反应减慢,提供的 ATP 和 NADPH 减少,碳反应中固定 CO_2 的速率也会随之降低。如果 CO_2 供应量减少,ATP 和 NADPH 消耗降低,可提供给光反应的 ADP 和 $NADP^+$ 不足,同样制约光反应进行的速率。所以,中午阳光直射条件下,一些陆生植物关闭气孔以减少蒸腾作用,CO_2 吸收下降,光反应速率也会降低。

📚 信息库

影响光合作用的因素

光合作用的强度,又称为光合速率,可以用单位面积叶片在单位时间内进行光合作用释放的 O_2 量或消耗的 CO_2 量来表示。植物的光合速率不仅受内在因素的控制,还受多种环境因素的影响。如,光是光合作用的能量来源,弱光下光合速率会随光照强度增大而提高,但是当光合作用达到最大速率后,再提高光照强度,光合速率不再提高;在实际的农业的生产中,可以通过调节光强或改变光质来改善植物的光合作用强度。再如 CO_2 是光合作用的原料,在人工温室栽培时补充室内 CO_2 的浓度,可使一些作物生长加快,增产效果明显。此外,温度、水和无机离子(如氮、磷、钾和镁等)也是对光合作用强度的影响因素,是农作物种植过程中需要考虑或可以控制的条件。

👥 幼儿活动设计建议

比比谁的叶圆片上浮快

利用真空渗水法排除叶肉细胞间隙中的空气,充以水分,使叶片沉于水中。在光合作用过程中,植物吸收 CO_2 放出 O_2,由于 O_2 在水中的溶解度很小,主要积累在细胞间隙,结果可使原来下沉的叶片上浮。

活动准备

菠菜、钻孔器、玻璃杯烧杯、5 mL 玻璃注射器、台灯(白炽灯)

活动过程

1. 避开主叶脉,用钻孔器在菠菜叶片上打下小圆片若干,每次 5 片放于已吸入水的注射器中。先排除空气,用手指堵住注射器前端管口,把活塞用力向后拉 3~4 次(图 5-13)。

2. 每组一个烧杯、处理过的 10 片叶圆片、台灯。

3. 在烧杯中倒入约三分之一的温水,将所有的叶圆片放入水中,将台灯放置在烧杯旁,打开开关。不同组放置的距离可以有较大差异(选择一种幼儿容易比较远近的度量单位)。

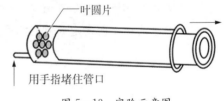
图 5-13 实验示意图

4. 观察叶圆片的周围是否有气泡产生,同时当发现第一片上浮的叶圆片时报告老师,老师记录每组的时间。同时,在实验开始后的 15 分钟,数一数烧杯中已经上浮的叶圆片的数量。

5. 讨论:为什么某组的叶片上浮快且多?

探索 📖 实践

探究环境因素对光合作用的影响

光合作用受到诸多环境因素的影响。那么,影响光合作用的环境因素有哪些? 这些因素又是如何影响光合作用的呢?

一、实验目的

设计实验,探究环境因素对光合作用的影响。

二、实验原理

光照强度、温度、二氧化碳浓度等环境因素会影响光合作用的强度。光合作用的强度常用单位叶面积、单位时间内二氧化碳的吸收量或是氧气的释放量来衡量。

三、仪器和试剂

黑藻或金鱼藻、水、冰块、碳酸氢钠、精密 pH 试纸、100 W 聚光灯、温度计、大烧杯、不同颜色的玻璃纸等

四、实验步骤

1. 提出假设

根据已有的生物学知识和人们的生产、生活经验,以小组为单位,列举出影响光合作用的环境因素,并选择其中的一种因素,分析这种因素是如何影响光合作用的,提出本组的假设。

2. 设计实验

根据本组的假设,设计单因子对照实验方案。需要考虑如下方面:

(1) 实验时可选用的材料用具。

(2) 本组的实验中,可变因素是什么?

(3) 实验中,可变因素是如何变化的?

(4) 实验中,通过什么方法控制可变因素的变化?

(5) 实验中,通过什么方法测量光合作用速率?

3. 根据本组设计的实验方案,设计实验数据记录表。

4. 根据本组的实验设计方案进行实验。

5. 根据本组的实验结果进行分析与讨论,得出实验结论。

五、结果分析

1. 实验结果支持本组的假设吗? 请在全班作具体说明。

2. 汇总全班各实验组的实验结果,归纳出下列问题的答案。

(1) 哪些环境因素会影响光合作用?

(2) 这些环境因素是如何影响光合作用的?

二、细胞呼吸

细胞通过氧化分解有机物,将有机物中的能量转换成可供生命活动直接使用的 ATP,这个过程称为细胞呼吸。

大多数真核生物细胞呼吸过程有 O_2 的参与,最常用的反应物是葡萄糖,总反应式如下:

$$C_6H_{12}O_6 + 6O_2 \xrightarrow{酶} 6CO_2 + 6H_2O + 能量$$

在生物体细胞内,一个葡萄糖分子的氧化分解需要在酶的催化下经历 22 个反应,能量缓慢释放,一部分形成 ATP 用于生命活动,一部分则以热的形式散失,用于维持体温。

葡萄糖氧化分解可分为两个阶段(图 5 - 14):第一阶段称为糖酵解,在细胞质基质中进行,1 分子葡萄糖在酶的催化下分解成 2 分子丙酮酸(三碳化合物),同时形成少量 ATP,脱下的 H 由还原型辅酶Ⅰ(NADH)携带进入线粒体。第二阶段在线粒体中进行,在 O_2 充足的条件下,丙酮酸进入线粒体,在线粒体基质中先氧化脱去 1 个 CO_2,生成乙酰辅酶 A(二碳化合物)参与到被称为"三羧酸循环"的反应中,彻

底氧化分解为 CO_2，并形成一定的 ATP 以及 NADH。CO_2 从细胞中排出，NADH 携带的电子经线粒体内膜上的电子传递链，逐渐释放能量。释放的能量部分转化生成 ATP，部分以热能的形式释放。电子最终传递给 O_2，生成 H_2O。

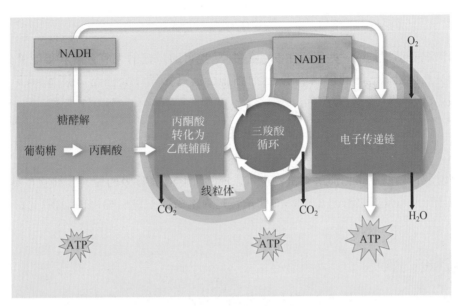

图 5-14　有氧呼吸过程示意图

观察思考

　　酵母菌是一种单细胞真菌，在有氧和缺氧条件下都能可分解葡萄糖获能量。利用图 5-15 所示的 A、B 两套装置可比较有氧和无氧条件下葡萄糖的分解程度。其中，酵母菌培养液中加有葡萄糖，B 组装有酵母菌的锥形瓶放置一段时间后再与另一个锥形瓶相连。图中每组最右侧的锥形瓶内液体状态为反应后的结果。

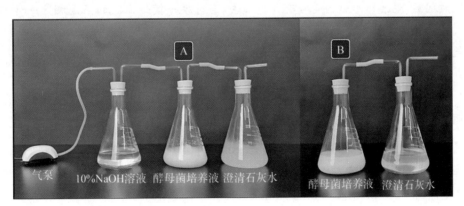

图 5-15　探究酵母菌呼吸方式的实验装置示意及实验结果

 思考

　　1. A 组 NaOH 溶液的作用是什么？

　　2. 两组实验结果的差异说明什么？

　　3. 将 B 组反应后的酵母菌培养液锥形瓶打开后，能闻到淡淡的酒香，但 A 组的酵母菌培养液却无此味道，说明什么？

从探究不同供氧环境下酵母菌呼吸方式的实验结果中可以看到,酵母菌在有氧和无氧条件下都能进行细胞呼吸。在有氧条件下,氧化分解糖产生大量的 CO_2 和 H_2O(有氧呼吸);在无氧条件下,氧化分解糖产生乙醇和少量的 CO_2(无氧呼吸),相对有氧呼吸释放的能量也较少,反应过程可表示为:

$$C_6H_{12}O_6 \xrightarrow{\text{酶}} 2C_2H_5OH + 2CO_2 + \text{能量}$$
$$（葡萄糖） \qquad （乙醇）$$

除微生物外,高等动植物的一些组织在缺氧条件下,也可通过糖的无氧分解获得能量。例如,人体在剧烈运动时,部分肌肉组织短时间内供氧不足,肌细胞会通过无氧呼吸补充 ATP 以满足肌肉收缩的需要,并产生乳酸,反应过程可表示为:

$$C_6H_{12}O_6 \xrightarrow{\text{酶}} 2C_3H_6O_3 + \text{能量}$$
$$（乳酸）$$

除了糖类物质外,脂肪和蛋白质等有机物也可以成为细胞有氧呼吸的原料。细胞在不同的生活环境中,都能通过细胞呼吸将储存在有机分子中的能量转化为生命活动可以利用的能量,这体现了生命的适应性。

👫 幼儿活动设计建议

酵母菌喜欢吃糖吗?

在和面时,加一点酵母后揉成面团,在相对温暖的地方放置一会,面团就会变大,掰开后还能看到很多小空洞,这是由于酵母在利用面粉中糖类物质的过程中,释放了二氧化碳。

活动材料

锥形瓶、干酵母粉、葡萄糖、气球

活动过程

1. 用常温水溶解少量的干酵母粉,加入葡萄糖溶液,混匀。

2. 一段时间后,观察锥形瓶内是否有气泡产生,同时摸一摸锥形瓶的温度相比一开始是否发生了变化。

3. 将气球套在锥形瓶口,观察气球的变化。

📝 本节评价

1. 松土是许多农作物栽培中经常采取的措施。试分析松土对农作物生长的影响。

2. 下图表示水稻叶肉细胞内发生的部分代谢简图。图中①～⑤表示反应过程,A～L 表示细胞代谢过程中的相关物质,a、b、c 表示细胞的相应结构。

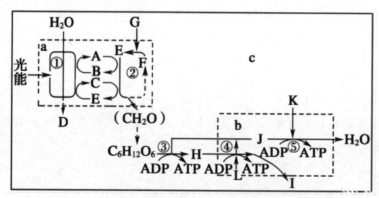

（1）上图中，反应过程①的场所是_____，反应过程④的场所是_____。

（2）结构 a 中发生的能量转换过程是_____。在其他环境条件适宜且光合作用速率等于呼吸作用速率时，单位时间内 A～L 各物质中产生量与消耗量相等的有_____。

（3）叶肉细胞在③④⑤过程中，产生能量最多的过程是_____（填序号）。

（4）干旱初期，水稻光合作用速率明显下降，其主要原因是反应过程_____（填图中①～⑤）受阻。小麦灌浆期若遇阴雨天则会减产，其原因是反应过程_____（填图中①～⑤）受阻。

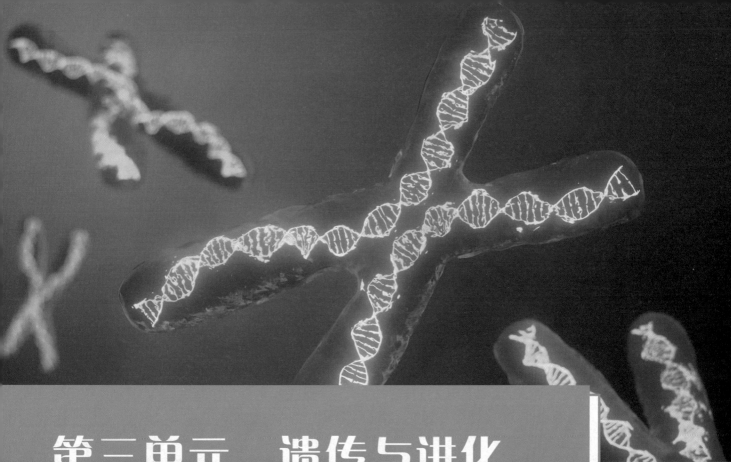

第三单元　遗传与进化

"种瓜得瓜、种豆得豆""一母生九子,九子各不同",这些俗语描述了生物界普遍存在的遗传和变异现象。遗传使得生物界的物种保持稳定,而个体间的差异,使得生物的进化成为可能。那么,遗传和变异有无规律可循,生物又是如何进化的呢?

第六章 遗传与变异

俗话说"龙生龙，凤生凤，老鼠的孩子会打洞"，说的是生物亲代与子代之间的相似性，讲的是生物具有遗传现象。遗传与变异是生命最基本的特征之一。遗传保证了物种的相对稳定性，变异则使生物获得多样化的性状，是生物进化的基础。遗传与变异是有规律的，人们掌握了这些规律，可以培育优良品种，预防遗传疾病，造福于人类。生物体内控制遗传的物质是什么？遗传物质是如何控制生物性状的？亲代将遗传物质传递给子代的过程中遵循着怎样的规律？为何子代与亲代既保持了相似性，又存在着差异性？

第一节 遗传的物质基础

遗传物质即亲代与子代之间传递遗传信息的物质，这些遗传信息决定了我们与父母的相像之处，如微卷的头发、较深的肤色……在20世纪40年代，大多数生物学家猜测蛋白质最有可能是遗传物质，因为蛋白质是生物体所有化合物中最复杂的，由22种不同的氨基酸组成，但作为生物的遗传物质，不仅要储存数量巨大的遗传信息，更重要的是能够精确地自我复制并遗传给后代。那么，遗传物质的化学本质是什么？人们是如何发现这种遗传物质的？遗传物质又是如何传递给下一代并指导和控制着生物体的形态、生理和行为的？

一、DNA 是主要的遗传物质

蛋白质是生命活动的主要承担者,但合成所有生物蛋白质的指令——恰恰贮存在 DNA 的结构中。1944 年美国科学家埃弗里(O. Avery)在前人研究的基础上用肺炎双球菌转化实验证明 DNA 是遗传物质;之后,1952 年赫尔希(A. Hershey)和蔡斯(M. Chase)用放射性标记的病毒感染细菌,进一步证明了 DNA 是遗传物质。

观察思考

噬菌体只含有蛋白质和 DNA(图 6-1)。赫尔希和蔡斯用放射性同位素^{35}S 和^{32}P 分别标记噬菌体的蛋白质和 DNA 后,分别侵染不含放射性同位素的细菌(图 6-2)。其中,搅拌的目的是使吸附在细菌上的噬菌体与细菌分离,离心的目的是让上清液中析出质量较轻的噬菌体颗粒,而离心管的沉淀物中留下被侵染的细菌。

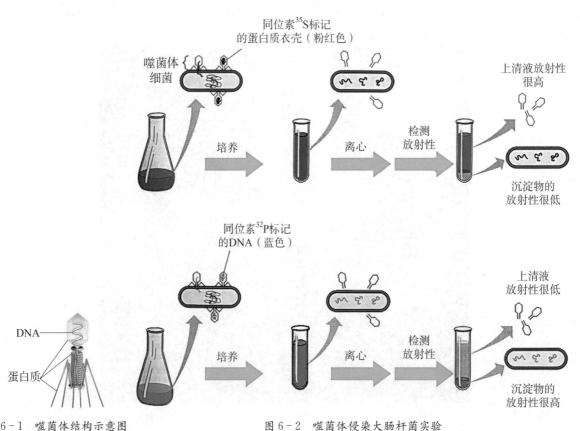

图 6-1　噬菌体结构示意图　　　　图 6-2　噬菌体侵染大肠杆菌实验

1. 用^{35}S 标记的一组侵染实验,放射性同位素主要分布在上清液中;用^{32}P 标记的一组实验,放射性同位素主要分布在离心管的沉淀物中。这一结果说明了什么?

2. 进一步观察发现,在细菌裂解释放出的噬菌体中,可以检测到^{32}P 标记的 DNA,但不能检测到^{35}S 标记的蛋白质,这一结果又说明了什么?

经过科学家们的研究证明,绝大多数生物的遗传物质是 DNA,但在不含 DNA 的某些病毒中,遗传物质是 RNA。

DNA 是一种由脱氧核糖核苷酸(简称脱氧核苷酸)聚合而成的大分子化合物。每个脱氧核苷酸由一个磷酸、一个脱氧核糖和一个含氮碱基组成。DNA 分子中的碱基有腺嘌呤(A)、鸟嘌呤(G)、胞嘧啶(C)和胸腺嘧啶(T)四种,所以组成 DNA 的脱氧核苷酸也有四种。核苷酸逐个相连,形成长长的分子链(脱氧核苷酸链),其中每个核苷酸的磷酸基团与相邻核苷酸的脱氧核糖相结合。磷酸基团和脱氧核糖分子形成分子链的骨架,碱基伸向外侧,就像拉链的链齿(图 6-3)。

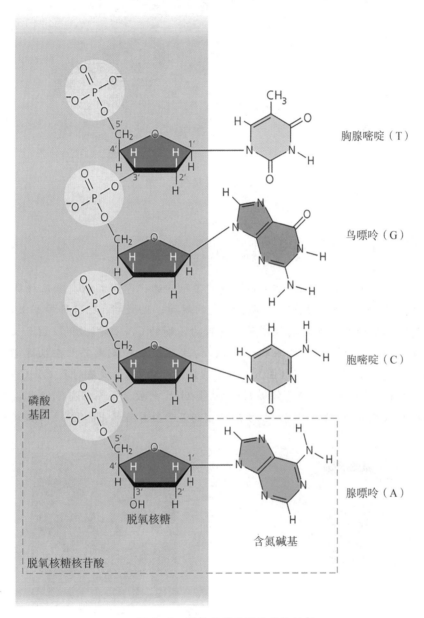

图 6-3 脱氧核苷酸链的结构组成

DNA 含有两条脱氧核苷酸链,核苷酸的碱基通过微弱的氢键作用力把 DNA 的两条链连接起来。氢键只在特定的碱基对之间形成,一条链上的腺嘌呤只与另一条链上的胸腺嘧啶配对,鸟嘌呤只与胞嘧啶配对,称为碱基互补配对。所以,DNA 中腺嘌呤和胸腺嘧啶的量总是相等,鸟嘌呤和胞嘧啶的量也总是相等。DNA 分子中的两条单链反向平行并盘绕形成双螺旋结构,这也使 DNA 分子的结构愈加稳定(图 6-4)。

虽然组成 DNA 的脱氧核苷酸只有四种,但由于组成 DNA 分子的脱氧核苷酸数目极多,它们在一条多核苷酸链上的排列方式又不受限制,这就构成了 DNA 分子的多样性。人类体细胞核中的 DNA 约含有60 亿个碱基对(bp)。其中,最长的一条 DNA 分子上有多达 2.5 亿个碱基对,这些碱基的不同排列方式会产生惊人的信息量。

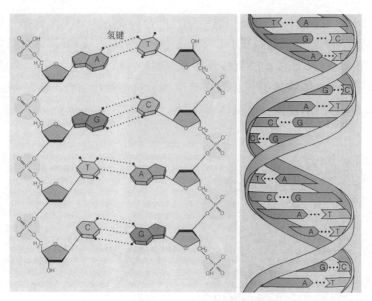

图6-4　DNA分子结构示意图

信息库

DNA分子双螺旋结构的发现

　　20世纪初,德国科学家科塞尔(A. Kossel)等测定了核酸的化学组成以及碱基种类。1950年,美国科学家夏格夫(E. Chargaff)发现DNA中碱基组成的规律。1952年,英国科学家威尔金斯和他的同事富兰克林(R. E. Franklin)用改进的技术获得了较为清晰的DNA衍射图像(图6-5)。美国学者沃森和英国学者克里克以该照片的有关数据为基础,构建了一个将碱基安排在双链螺旋内部,脱氧核糖—磷酸骨架安排在螺旋外部的模型(图6-6)。结果发现:A-T碱基对与G-C碱基对具有相同的形状和直径,这样组成的DNA分子能够解释A、T、G、C的数量关系。当他们把这个用金属材料制作的模型与拍摄的X射线衍射照片比较时,发现模型与基于照片推算出的DNA双螺旋结构相符。

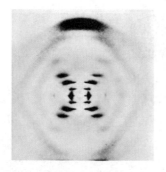

图6-5　DNA的X射线衍射照片　　　　图6-6　沃森和克里克以及DNA模型

　　1953年4月25日,沃森和克里克在英国《自然》杂志上发表了DNA分子双螺旋结构模型。这一发现标志着分子生物学的诞生。他们和威尔金斯于1962年共同荣获"诺贝尔生理学或医学奖"。遗憾的是,在这项发现中做出杰出贡献的富兰克林在这一奖项产生的前几年因癌症去世。

二、DNA 的复制

　　一个受精卵可通过有丝分裂发育成含有上百万个细胞的个体,其中每个细胞都有一套与受精卵完全相同的DNA,这是因为在进行有丝分裂之前,首先要进行DNA复制。

观察思考

1958 年,梅塞尔森(M. S. Meselson)和斯塔尔(F. Stahl)设计了 DNA 复制的同位素标记实验。他们先将大肠杆菌放入以 $^{15}NH_4Cl$ 为唯一氮源的培养液中生长若干代,使大肠杆菌的 DNA 都被 ^{15}N 所标记。然后将被 ^{15}N 标记的大肠杆菌转入以 $^{14}NH4Cl$ 为唯一氮源的培养液中生长,待第一代和第二代细胞分裂完成后,分别将大肠杆菌中的 DNA 分离出来进行离心。含 ^{15}N 的 DNA 比含 ^{14}N 的 DNA 密度大,因此,利用离心技术可以在离心管中区分含有不同 N 元素的 DNA。实验过程以及结果如图 6-7 所示。

思考

早期对于 DNA 复制方式的假设有两种:全保留复制和半保留复制,如图 6-8 所示。上述实验结果支持哪一种假设?

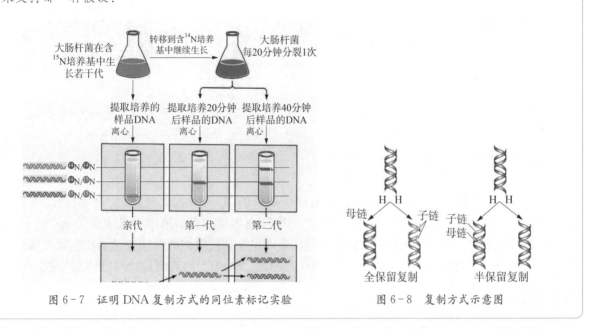

图 6-7 证明 DNA 复制方式的同位素标记实验　　　图 6-8 复制方式示意图

DNA 复制是一个边解旋边复制的过程(图 6-9)。组成 DNA 分子的两条多核苷酸链在 DNA 解旋酶的作用下打开氢键,部分双链解开作为模板,称为母链。在 DNA 聚合酶等的作用下,每条母链上的碱基分别与四种脱氧核苷三磷酸(相比脱氧核苷酸多了两个磷酸基团)的碱基互补配对,配对原则仍然是 A 与 T 配对,G 与 C 配对。两条子链向相反的方向延伸,新合成的子链与对应的母链结合,最终形成了两个完全相同的 DNA 分子。由于新的 DNA 分子中都保留有一条原来分子中的母链,所以这种复制方式称为半保留复制。

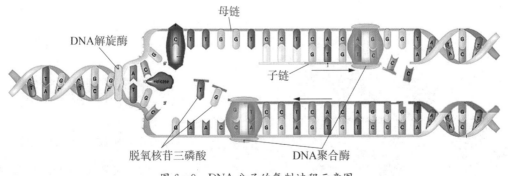

图 6-9 DNA 分子的复制过程示意图

DNA 独特的双螺旋结构,为复制提供了精确的模板,通过碱基互补配对,保证了复制能够准确地进行,将遗传信息从亲代细胞传递给子代细胞,从而保持了遗传信息的连续性。

DNA复制的原料

构成DNA的单体是脱氧核糖核苷酸,但DNA复制的原料却是脱氧核苷三磷酸(dATP、dTTP、dGTP、dCTP),两者在结构上的差异主要在于磷酸基团的数量,如图6-10所示。和ATP一样,用于DNA合成的核苷酸的三磷酸末端可水解并释放能量。当DNA聚合酶催化每个单体加入时,每个单体的两个磷酸基团作为焦磷酸分子(P-pi)丢失,随后焦磷酸盐水解为两分子磷酸(Pi),这一过程释放出的能量可用于驱动子链的合成。

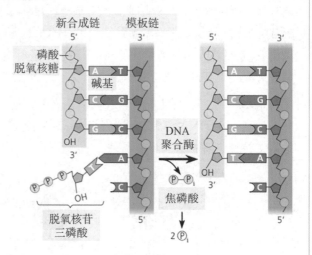

图6-10　DNA子链的延伸过程示意

三、遗传信息的表达

DNA上分布着许多个基因,基因通常是有遗传效应的DNA片段。基因具有控制蛋白质合成的功能,而生物体的性状主要是通过蛋白质来体现的。因此,基因所蕴含的遗传信息从亲代传递给子代,并以一定方式反映到蛋白质分子的结构上,就能使子代表现出与亲代相似的性状。对真核生物而言,DNA主要存在于细胞核中,而蛋白质是在细胞质中合成的。那么,DNA上的基因是如何指导蛋白质的合成的?

观察思考

基因提供合成特定蛋白质的指令,但并不直接产生蛋白质。科学家推测,DNA和蛋白质合成之间的桥梁是核酸RNA。RNA在化学上与DNA相似,但RNA分子通常由单链组成(图6-11)。就像特定的字母序列在英语等语言中传递信息一样,核酸和蛋白质都是具有特定单体序列的聚合物,可以传递信息。在DNA或RNA中,单体是四种类型的核苷酸,每个基因都有一个特定的核苷酸序列。蛋白质的每个多肽也有特定的氨基酸序列。因此,核酸和蛋白质包含着用两种不同的化学语言书写的信息,如图6-12所示。

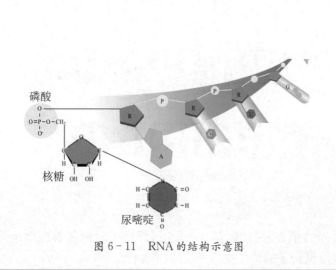

图6-11　RNA的结构示意图

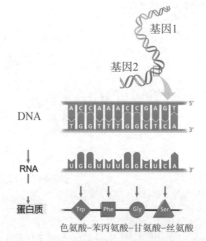

图6-12　DNA、RNA与蛋白质之间的信息传递

思考

　　1. 构成 DNA 和 RNA 的单体在结构上有何异同?

　　2. 联想 DNA 的复制过程,DNA 上的信息是如何传递给 RNA 的?

　　3. 据图 6-12 推测,RNA 上的信息如何"编码"转化为多肽上的信息?

　　基因控制蛋白质的合成过程,也称为基因的表达,包括转录和翻译两个步骤。以真核生物为例,科学家通过研究发现,RNA 是在细胞核中,通过 RNA 聚合酶以 DNA 上特定片段的一条链为模板合成的,这一过程叫作转录(图 6-13)。转录时,RNA 聚合酶与 DNA 片段的起始位点结合,使双链局部解旋;RNA 聚合酶沿着 DNA 的其中一条链(模板链)移动,招募核糖核苷三磷酸与模板上的脱氧核苷酸互补配对,形成 RNA 链。当 RNA 聚合酶移动至终止位点时,RNA 聚合酶和 RNA 链从 DNA 模板链上脱离。由于 RNA 分子中没有碱基 T(胸腺嘧啶),而有碱基 U(尿嘧啶),因此在合成 RNA 时,就以 U 代替 T 与 A 配对,碱基 G 则仍与 C 配对。

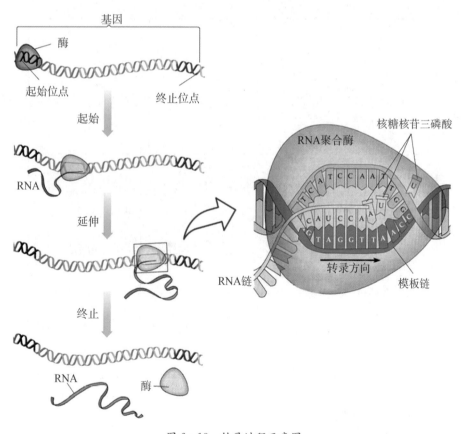

图 6-13　转录过程示意图

　　转录形成的 RNA 有三种:mRNA(信使 RNA)、tRNA(转移 RNA)和 rRNA(核糖体 RNA),均与蛋白质的合成有关。RNA 合成以后,通过核孔进入细胞质中。游离在细胞质中的各种氨基酸,就以 mRNA 为模板合成具有一定氨基酸顺序的蛋白质,这一过程叫作翻译。在这一过程中,tRNA 负责转运合成蛋白质所需的原料——氨基酸,而 rRNA 与多种蛋白质结合形成核糖体,为翻译过程提供场所。

　　翻译的实质是将 mRNA 的碱基序列翻译为蛋白质的氨基酸序列。DNA 和 RNA 都只含有四种碱基,它们是怎么决定构成生物体蛋白质的 22 种氨基酸的呢? 科学家通过推测与实验得知,mRNA 中对应于一个氨基酸(或翻译过程的终止信息)的每三个相邻的核苷酸,称为密码子。科学家将 64 个密码子编制成了密码子表(表 6-1)。其中,UAA、UAG、UGA 在大多数生物体内不决定任何氨基酸,当 mRNA 上出现这三个密码子中的任何一个时,多肽链的合成便到此结束,因此称为终止密码子。在 mRNA 上还有肽链合成的起始信号 AUG、GUG,它们被称为起始密码子。

表 6-1　通用遗传密码表

第二位核苷酸

第一位核苷酸	U	C	A	G	第三位核苷酸
U	UUU UUC 苯丙氨酸 UUA UUG 亮氨酸	UCU UCC UCA UCG 丝氨酸	UAU UAC 酪氨酸 UAA UAG 终止密码子	UGU UGC 半胱氨酸 UGA 终止密码子 UGG 色氨酸	U C A G
C	CUU CUC CUA CUG 亮氨酸	CCU CCC CCA CCG 脯氨酸	CAU CAC 组氨酸 CAA CAG 谷氨酰胺	CGU CGC CGA CGG 精氨酸	U C A G
A	AUU AUC 异亮氨酸 AUA AUG 起始密码子 或甲硫氨酸	ACU ACC ACA ACG 苏氨酸	AAU AAC 天冬酰胺 AAA AAG 赖氨酸	AGU AGC 丝氨酸 AGA AGG 精氨酸	U C A G
G	GUU GUC 缬氨酸 GUA GUG 起始密码子 或缬氨酸	GCU GCC GCA GCG 丙氨酸	GAU GAC 天冬氨酸 GAA GAG 谷氨酸	GGU GGC GGA GGG 甘氨酸	U C A G

注:在某些生物体内,硒半胱氨酸由 UGA 编码,吡咯赖氨酸由 UAG 编码。

　　构成生物体蛋白质的氨基酸由不同的 tRNA 运送,每种 tRNA 只能识别并转运一种氨基酸。tRNA 分子的单链经过折叠形成三叶草般的空间结构(图 6-14),其一端是携带氨基酸的部位,另一端有三个相邻的碱基可以与 mRNA 上的密码子互补配对,叫作反密码子。

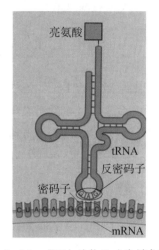

图 6-14　tRNA 结构及功能模式图

合成蛋白质时，按照 mRNA 上的碱基序列，各个 tRNA 依次带着特定的氨基酸进入核糖体，按照碱基互补配对原则，tRNA 中的反密码子识别 mRNA 上的密码子。随着核糖体在 mRNA 上的移动，一个 tRNA 刚离开核糖体，另一个 tRNA 携带氨基酸进入，如此重复，不断将新的氨基酸加入到肽链中（图 6-15）。当"读码"到 mRNA 上的终止密码子时，肽链延伸终止，多肽链合成结束。

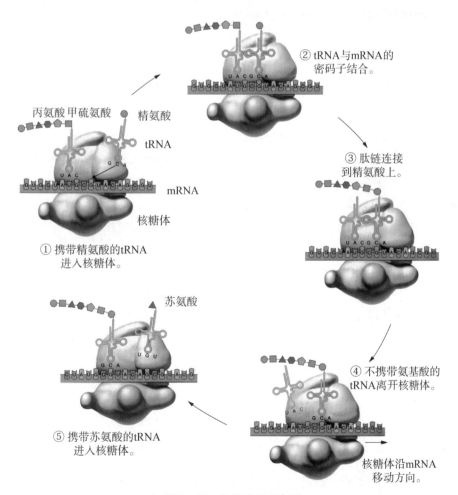

图 6-15　翻译过程示意图

总之，在遗传信息的流动过程中，DNA、RNA 是信息的载体，蛋白质是信息的表达产物。此外，真核细胞细胞核内转录出的 RNA 需要穿过核孔进入细胞质，才能指导翻译过程，即真核细胞的转录和翻译过程存在时空差异；而原核细胞没有核膜的隔断，转录和翻译在空间以及时间上同步进行。

信息库

中 心 法 则

科学家把遗传信息从 DNA 传递给 RNA,再由 RNA 决定蛋白质合成,以及遗传信息由 DNA 复制传递给 DNA 的规律称为"中心法则"。后来的科学研究发现,有很多 RNA 病毒,如流感病毒、脊髓灰质炎病毒等,能在宿主细胞内进行 RNA 的自我复制;还有的 RNA 病毒含有逆转录酶,能在宿主细胞内以 RNA 为模板合成 DNA。这些发现都是对中心法则的重要补充,因此可把中心法则及其发展表达如下:

幼儿活动设计建议

提取草莓的 DNA

洗涤剂可以破坏细胞的磷脂双分子层结构,把 DNA 从细胞核内释放出来;适当的盐浓度能使 DNA 充分溶解;DNA 在预冷酒精中溶解度低,易于析出,便于观察。

活动材料

草莓、洗洁精、盐、冰水、酒精、封口袋、玻璃杯、勺子、纱布、量杯、牙签

活动过程

1. 5 毫升洗洁精加入 50 毫升清水,轻轻搅拌均匀,再加入 5 克盐。

2. 3～4 个草莓去蒂放入有封口的保鲜袋中,把混合洗洁精倒入塑料袋挤掉空气后封口,草莓捏碎。

3. 纱布罩在玻璃杯口,把草莓汁用纱布滤除果肉,在杯内倒入等量的冰镇过的酒精。

4. 大约 2～3 分钟后液体上层就会析出"絮状物",用牙签挑起,即获得了草莓的 DNA。

本节评价

1. T2 噬菌体侵染大肠杆菌时,只有噬菌体的 DNA 进入细菌的细胞中,噬菌体的蛋白质外壳留在细胞外。大肠杆菌裂解后,释放出的大量噬菌体却同原来的噬菌体一样具有蛋白质外壳。请分析子代噬菌体的蛋白质外壳的来源。

2. 科学家分析了多种生物 DNA 的碱基组成,一部分实验数据如表 6-2、表 6-3 所示。据表回答下面的问题。

表 6-2　实验数据

来源	A/G	T/C	A/T	G/C	嘌呤/嘧啶
人	1.56	1.43	1.00	1.00	1.00
鲱鱼	1.43	1.43	1.02	1.02	1.02
小麦	1.22	1.18	1.00	0.97	0.99
结核分枝杆菌	0.40	0.40	1.09	1.08	1.10

表 6-3　实验数据

生物	猪			牛		
器官	肝	脾	胰	肺	肾	胃
(A＋T)/(G＋C)	1.43	1.43	1.42	1.29	1.29	1.30

(1) 不同生物的 DNA 中 4 种脱氧核苷酸的比例相同吗？这说明 DNA 具有什么特点？

(2) 同种生物不同器官细胞的 DNA 中脱氧核苷酸的比例基本相同，这说明 DNA 具有什么特点？为什么？

(3) 不同生物的 A、T 之和与 G、C 之和的比值不一致，这说明了什么？为什么？

第二节　遗传的基本规律

如果用褐色种皮蚕豆的花粉对白色种皮蚕豆的雌蕊进行授粉，那么子代蚕豆的种皮颜色是褐色？还是白色？抑或是介于两者之间？19 世纪下半叶，人们普遍认为子代的遗传物质来源于双亲遗传物质的融合，就像牛奶与咖啡混合成为奶咖，但事实并非如此。现代遗传学起源于一个修道院花园，一位名叫孟德尔(G. J. Mendel)的修道士基于他的植物杂交实验提出，亲代将独立的可遗传"颗粒"——基因传递给子代，这些基因在子代身上保留各自的特性。生物的遗传遵循什么基本规律？它能解释哪些遗传现象？

一、分离定律

大约在 1857 年，孟德尔开始在修道院的花园里研究遗传。孟德尔做过许多植物杂交实验，但其中最为成功的是豌豆杂交实验。

豌豆是一种严格的自花传粉植物，而且是闭花授粉，所以授粉时没有外来花粉的干扰，能确保杂交实验结果的可靠性，而且其花冠的形状又非常便于利用去掉雄蕊的方法进行人工去雄以及人工授粉等操作。再次，豌豆具有多个稳定、可区分的性状。性状是指生物的形态、结构和生理生化等特征，例如豌豆的花色、种子的形状等都是性状，我们将性状的表现称为表型；每种性状具有不同的表型，即相对性状，如豌豆的花色有紫色和白色这一对相对性状。

观察思考

在植物杂交实验中，花粉(含精子)和卵细胞来源于不同的亲本植株，如图 6-16 所示。如将紫花豌豆和白花豌豆杂交时，在紫花豌豆上选取一朵或几朵花，在花粉尚未成熟时将花瓣瓣开，用剪刀除去全部雄蕊(即人工去雄)，然后从白色的花朵上取下成熟的花粉，放到母本的柱头上进行人工授粉，授粉完毕后套上纸袋并挂上标签，等待受精完毕并产生果实，也就是豆荚。

思考

1. 在杂交过程中，为什么要防止其他花粉的干扰？实验中是如何做到的？

2. 用紫花豌豆与白花豌豆杂交，子代豌豆全都开紫花。如果子代间相互杂交，得到的豌豆花是什么颜色？

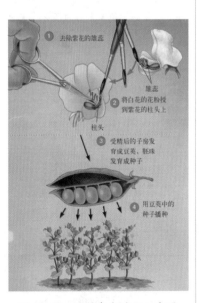

图 6-16　豌豆杂交过程示意图

如图6-17所示,孟德尔选用纯种紫花豌豆和纯种白花豌豆分别作为杂交(用"×"表示)的母本(♀)和父本(♂),母本和父本统称为亲本(P)。实验植株的豆荚长大后所结的种子是子一代(F₁)。孟德尔发现,无论用紫花豌豆作母本还是用白花豌豆作母本,F₁种子长成的植株F₁全部开紫花。孟德尔将F₁表现出来的亲本性状称为显性性状,没有表现出来的亲本性状称为隐性性状。

孟德尔又让F₁植株进行自交(用"⊗"表示),结果在子二代(F₂)植株中既有紫花,又有白花。后来,人们将这种在杂交后代中显性性状和隐性性状同时出现的现象称为性状分离。孟德尔并没有停留在对实验现象的简单观察和描述上,他统计了F₂中紫花和白花植株的数量,发现紫花植株约占3/4,白花植株约占1/4。孟德尔对豌豆的7对相对性状进行了统计分析,结果表明,F₂中都出现了接近3:1的性状分离比(表6-4)。

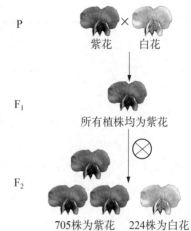

图6-17 豌豆的花色杂交试验

表6-4 豌豆7对相对性状的杂交实验结果

组别	性状	杂交组合	F₁	F₂		分离比
1	种子形状	圆粒×皱粒	全部圆粒	5 474 圆粒	1 850 皱粒	2.96:1
2	子叶颜色	黄子叶×绿子叶	全部黄色	6 022 黄色	2 001 绿色	3.01:1
3	花的颜色	紫花×白花	全部紫花	705 紫花	224 白花	3.15:1
4	豆荚形状	饱满×皱缩	全部饱满	882 饱满	299 皱缩	2.95:1
5	豆荚颜色	绿豆荚×黄豆荚	全部绿色	428 绿色	152 黄色	2.82:1
6	花的位置	腋生×顶生	全部腋生	651 腋生	207 顶生	3.14:1
7	茎的高度	高茎×矮茎	全部高茎	787 高茎	277 矮茎	2.84:1

对此,孟德尔提出了以下假设:

(1) 生物的性状是由遗传因子(后来被科学家称为"基因")决定的,这些基因是独立的,既不会相互融合,也不会在传递中消失。

（2）每一对相对性状受一对基因控制，这对基因属于等位基因，其中一个为显性，一个为隐性。当显性基因与隐性基因共存于一个植株时，表现出显性性状。

（3）体细胞中的一对等位基因，一个来自父方，一个来自母方；在形成配子（即生殖细胞，如精子和卵细胞）的过程中，彼此分开，每个配子只能得到其中的一个。

根据上述假说，我们可以对豌豆的花色杂交试验作出如下解释（图 6-18）。

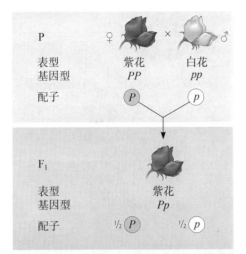

- 豌豆的花色是由一对基因控制的，大写字母 P 代表控制显性性状紫花的显性基因，小写字母 p 代表控制隐性性状白花的隐性基因。控制性状的基因组合类型称为基因型，紫花亲本的基因型是 PP，白花亲本的基因型是 pp。
- 紫花亲本产生的配子只含有一个显性基因 P，白花亲本的配子只含有一个隐性基因 p。

- 受精时，雌、雄配子结合后产生的 F_1 基因型为 Pp，P 相对 p 是显性的，所以 F_1 表现为紫花。
- F_1 产生配子时，等位基因 P 与 p 分离，形成两种不同类型的配子，分别含有基因 P 和 p，各占 1/2。

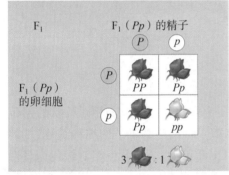

- 图中所示的"棋盘"为庞尼特方，可以显示了 F_1 自交产生后代中所有可能的基因组合，如左下角的格子代表的就是卵细胞（p）与精子（P）受精后的基因组合。
- 受精时，F_1 的雌、雄配子随机结合，F_2 出现三种 PP、Pp、pp 基因型，比例为 1:2:1。由于 PP、Pp 均表现为紫花，而 pp 表现为白花，所以紫花与白花的比例接近 3:1。

图 6-18 对豌豆花色性状分离现象的解释

孟德尔虽然给出了一对相对性状杂交实验结果的解释，但由于无法直接观察配子所含的基因类型，所以没有直接证据证实其解释是否科学。为了验证自己的推断，孟德尔又设计了另一个试验——测交试验，即将 F_1（Pp）与隐性白花亲本（pp）杂交。如果假设成立，可预测子代中紫花与白花的比例应为 1:1。孟德尔通过测交实验，一共获得 166 株测交后代，其中 85 株开紫花，81 株开白花，两者接近 1:1 的预期比例。孟德尔对 7 对相对性状分别做了 7 个测交实验，结果无一例外地得到接近 1:1 的分离比，这一结果有力地验证了孟德尔的假说。

之后，孟德尔豌豆杂交实验的解释又得到了其他更多方法的验证，上升为遗传规律之分离定律：在生物体细胞中，控制同一性状的等位基因成对存在，不相融合；在减数分裂产生配子时，等位基因发生分离，随配子独立地遗传给子代。分离定律在生物的遗传中具有普遍性。例如，小麦的高秆和矮秆的遗传均遵循分离定律；两只白色绵羊生出黑色的小羊，也是控制相关性状的基因遵循分离定律遗传的结果。

📚 信息库

等位基因和表型

同源染色体是体细胞中形态大小相同，且分别来自父方和母方的染色体。等位基因是位于同源染色体上同一位置、控制同一性状的基因，然而，同源染色体上该位点基因的核苷酸序列上可能略有差异,进而影响编码蛋白质的功能,表现出生物体的遗传特征。紫花基因(P)和白花基因(p)是豌豆一对同源染色体上同一位点存在的两种DNA序列,紫花基因的表达有利于紫色色素的合成,而白花基因却无此功能,如图6-19所示。

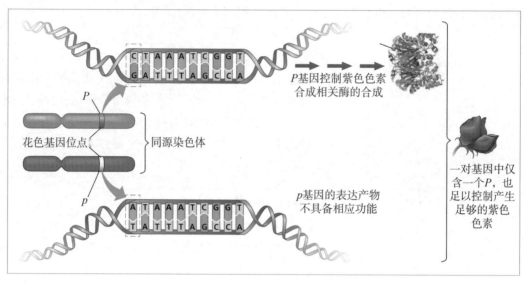

图6-19　豌豆紫色花色与基因的关系

二、自由组合定律

明确了控制一对相对性状的基因的分离定律后,孟德尔就着手研究两对和两对以上相对性状的遗传试验。他选择了黄色子叶、圆形种子的纯种豌豆(基因型 $YYRR$)和绿色子叶、皱缩种子的纯种豌豆(基因型 $yyrr$)作亲本进行杂交,F_1 全表现为子叶黄色、种子圆形的性状。由此可见,子叶黄色相对绿色为显性性状,种子圆形相对皱缩也为显性性状。根据基因的分离定律,可推测 F_1 的基因型为 $YyRr$。F_1 自交后,得到 F_2 中有黄色圆形种子 315 粒,绿色皱缩种子 32 粒,黄色皱缩 101 粒,绿色圆形 108 粒。其中又有何规律可循?

观察思考

基因的行为很难直接观察到,但可以利用实物模拟基因,探究两对相对性状的杂交实验中蕴含的遗传规律。在两个大信封上分别写好"雄1""雌1",每个信封内装入"黄Y"和"绿y"的卡片各10张,表示 F_1 雌、雄个体决定子叶颜色的基因型都为 Yy;在另外两个大信封上分别写好"雄2""雌2",每个信封内装入"圆R"和"皱r"卡片各10张,表示 F_1 雌、雄个体决定种子形状的基因型都为 Rr。"雄1""雄2"共同表示 F_1 雄性个体的基因型为 $YyRr$,同样"雌1""雌2"共同表示 F_1 雌性个体的基因型也为 $YyRr$。

从"雄1""雄2"信封内各随机取出1张卡片,这2张卡片的组合表示 F_1 雄性个体产生的配子基因型,同时从"雌1""雌2"信封内各随机取出1张卡片,表示 F_1 雌性个体产生的配子基因型,将这4张卡片组合在一起,就得到了 F_2 的基因型,并记录下来。记录后将卡片放回原信封内,并混合均匀。重复上述步骤约20次。

 思考

F_1 产生的配子的基因型有几种?F_2 中为什么会出现多种基因型和表型?

当 F_1 自交形成配子时,根据分离定律,等位基因 Y 和 y 分离,等位基因 R 和 r 也分离,分别进入不同的配子;同时,Y 以同等的机会与非等位基因 R 或 r 结合,产生基因型为 YR 或 Yr 配子,y 也以同等的机会与 R 或 r 结合,产生基因型为 yR 或 yr 配子,4 种配子的比例几乎相等。受精时,雌、雄配子随机结合,有 16 种组合方式,组合的结果使得 F_2 出现 9 种基因型和 4 种表型,分别是黄色圆形、黄色皱缩、绿色圆形和绿色皱缩,它们之间的比例约为 9:3:3:1,如图 6-20 所示。理论计算的结果与孟德尔杂交实验的结果完全相符。孟德尔仍然使用了测交的方法对自己的假说进行验证,即用 F_1 与隐性亲本绿色皱缩进行测交,得到 4 种表型的测交后代,比例为 1:1:1:1,与预期的结果相符。

孟德尔发现在所研究的多对相对性状中,任选两对性状都是自由组合的。后人将这一规律称为自由组合定律:位于不同对染色体上的两对或两对以上非等位基因,在配子形成过程中,同一对基因彼此分离,分别进入不同的配子;不同对的基因可随不同染色体的自由组合而自由组合。

分离定律和自由组合定律在生物的遗传中具有普遍性。掌握这些定律不仅有助于人们正确地解释生物界普遍存在的遗传现象,还能够预测杂交后代的类型和它们出现的概率,这在动植物育种和医学实践等方面都具有重要意义。

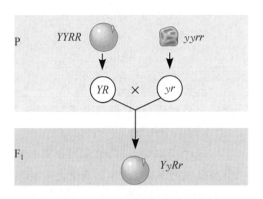

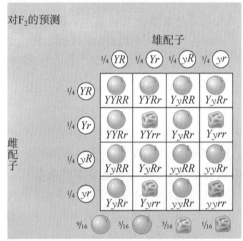

图 6-20 黄色圆形和绿色皱缩豌豆杂交试验图解

信息库

遗传规律与农业育种

分离定律和自由组合定律被广泛地运用于育种工作。许多优良的动、植物品种就是通过这种方法选育成功的。例如,有一个小麦的品种能抵抗霜冻,但很容易感染锈病。另一个小麦品种能抵抗锈病,但不能经受霜冻。让这两个小麦品种杂交,就可能在子二代中找到既能抵抗霜冻又能抵抗锈病的新类型。当然,在子二代中也会出现既容易感染锈病又不耐受霜冻的类型和其他类型。育种工作者可以通过人工选择的方法,选留所需要的类型,淘汰不符合要求的类型。

幼儿活动设计建议

调查家庭眼皮的遗传

观察周围的人,可能会发现这样的一些现象,例如,有的人具有双眼皮、有的人具有单眼皮。那么,在同一家庭里,眼皮的遗传规律是怎样的?

活动材料

纸、画笔

活动过程

1. 提前几天在家里观察自己的眼皮和父母的眼皮。

2. 课堂上,在纸上画出一家三口的眼皮特征,着重描绘双眼皮或是单眼皮。

3. 相互分享画作,并找一找眼皮是否与父母相像的规律。

探索 实践

性状分离比的模拟实验

孟德尔的植物杂交试验长达8年之久,我们难以在短时间内重复并验证孟德尔的假说,但可以借助一些材料模拟"性状分离"的过程。

一、实验目的

通过模拟实验,认识基因分离和配子随机结合的特点;通过统计各种基因组合的数量及其表现出的性状的数量,总结出两者之间的数量关系。

二、实验原理

进行有性生殖的亲本,在形成配子时,成对的遗传因子会发生分离,杂合子将会产生两种配子,比例为1∶1。受精时,雌雄配子随机结合成合子。

三、仪器和试剂

小桶、小碗、小罐或小纸盒均可,各2个;两种不同颜色的小球(或黑、白围棋子)各20个;记录用的笔和纸

四、实验步骤

1. 在两个容器上分别标记甲和乙以代表雌、雄生殖器官;彩色小球表示雌、雄配子,在一种颜色的彩球上标记为A(表示显性基因),另一种颜色的彩球上标记为a(表示隐性基因),然后在每个容器内放入两种不同颜色的小球各10个。

2. 摇动容器,使容器内的彩色小球充分混合。

3. 分别从两个容器内各随机抓取一个小球,表示让雌、雄配子随机结合成合子。

4. 将2个彩球上的字母组合记录在表6-5中。

5. 将小球分别放回原来的容器内,摇匀。

6. 按3~5步骤重复50次,记录每次组合结果

7. 小组统计结果:计算各小组记录的彩球组合有多少种,每种组合的合计数以及在总数中的百分率,每种组合所表现出的性状及其在总数中的百分率。

8. 统计全班的实验结果。

表6-5 性状分离比模拟实验记录表

抓取次数	基因组合一( )	基因组合二( )	基因组合三( )
1			
2			
3			
4			
5			
…			
50			
每种基因组合的合计数占总数的百分率(%)			
各种基因组合所表现出的性状占总数的百分率(%)			

注:在表中的每一种基因组合后写出具体的字母组合。

五、结果分析

1. 你的实验结果是否符合预期值? 如不符合,试说明原因。

2. 如果孟德尔当时做杂交实验时只统计几株豌豆杂交的结果,他还能正确地解释性状分离的现象吗? 归纳孟德尔成功的要素。

本节评价

1. 孟德尔采用测交法对其解释进行了验证。请以一对相对性状的杂交实验为例,说明孟德尔验证实验需要验证的关键点是什么。

2. 一种植物高茎对矮茎是显性性状,如果一株高茎植物与一株纯合体高茎植物进行杂交,后代得到矮茎植株的概率为多少? 绘制遗传图解说明。

3. 豌豆豆荚的饱满(F)对不饱满(f)为显性,其花的腋生(H)对顶生(h)为显性,这两对相对性状的遗传遵循基因的自由组合定律。两株豌豆豆荚杂交,子代出现了四种表型,那么亲本的基因型可能是什么? 绘制遗传图解说明。

第三节 性别决定和伴性遗传

红绿色盲是一种常见的遗传病,患者不能分辨红色与绿色。据统计,人群中男性与女性的比例接近 1∶1,但红绿色盲的男性患者人数远远高于女性患者,这是为什么呢? 性别的决定与遗传物质有何关联? 某些性状在两性个体中的表现存在差异的原因是什么?

一、性别决定

细胞中的染色体可以分为两类:一类是雌雄个体的细胞中都具有的相同的染色体,称为常染色体;另一类在雌雄个体的细胞中是不同的,称为性染色体。以人为例,人的体细胞中有 23 对染色体,其中 22 对在男女体细胞中相同,称为常染色体;另一对是性染色体,大的为 X 染色体,小的是 Y 染色体(图 6 - 21),女性体内有两条 X 染色体,男性体内有一条 X、一条 Y 染色体。其中 X 染色体包含大约 1 100 个基因,而 Y 染色体只包含大约 25 个编码蛋白质的基因(其中大部分影响睾丸的生长发育)。

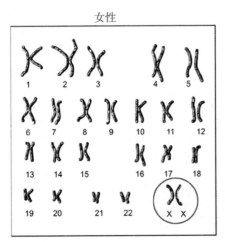 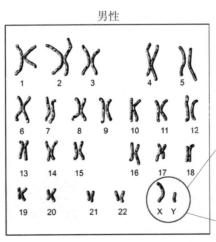 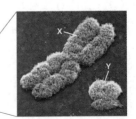

图 6 - 21 男性和女性的染色体组成

如图6-22所示，在形成配子时，男性将产生两种精子，一种含有X染色体，另一种含有Y染色体，而女性只产生一种含X染色体的卵细胞。受精时，如果卵细胞与X型精子结合，则产生性染色体组成为XX的受精卵，以后发育成女孩；如果卵细胞与Y型精子结合，则产生性染色体组成为XY的受精卵，将来发育成男孩。

观察思考

女性单个体细胞中含有两条X染色体，体细胞的染色体组成可表示为44＋XX；而男性单个体细胞中含有一条X染色体和一条Y染色体，体细胞内的染色体组成可表示为44＋XY。图6-22所示为子代性别决定过程示意图。

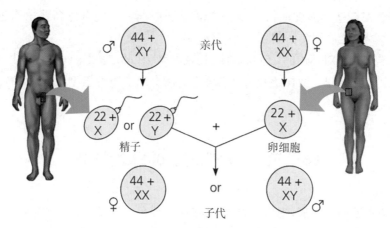

图6-22 人类性别决定过程示意图

思考

为何人群中男女比例接近1：1？

自然界中，由性染色体决定生物性别的类型主要有XY型和ZW型。人类、全部哺乳动物及很多雌雄异株的植物的性别决定都属于XY型。鸟类、某些两栖类和爬行类的性别决定属于ZW类型，与XY型相反，这类生物的雌性体细胞中所含的性染色体是不同的为ZW，而雄性体细胞中的一对性染色体是相同的为ZZ。

信息库

染色体与性别决定

在有些生物体内，性别取决于X染色体数量与常染色体数量的比例，而不仅仅取决于Y染色体的存在。如，在蚱蜢、蟑螂和其它一些昆虫中，只有一种性染色体，即X，雄性只有一条性染色体（XO），后代的性别是由精子是否含有X染色体决定的。再如，大多数种类的蜜蜂和蚂蚁没有性染色体，雌性由受精卵发育而成，因此是二倍体，雄性由未受精卵发育而来，是单倍体（图6-23）。

图6-23 部分生物的染色体与性别决定

二、伴性遗传

细胞中的 X、Y 染色体上除了有决定性别的基因外,还有其他一些基因,如控制红绿色觉的基因。那么由这些基因所控制的性状,在遗传上必然与性别相联系。这种由性染色体上的基因所控制的性状表现出与性别相联系的遗传现象,称为伴性遗传。

以红绿色盲的遗传为例,控制红绿色觉的基因位于 X 染色体上。导致红绿色盲的是隐性基因,用 X^b 表示,色觉正常的显性基因用 X^B 表示。基因型为 $X^B X^B$、$X^B X^b$ 的女性和 $X^B Y$ 的男性红绿色觉正常;基因型为 $X^b Y$ 的男性和 $X^b X^b$ 的女性表现为红绿色盲;基因型为 $X^B X^b$ 的女性表型正常,但其携带隐性致病基因,属于携带者。

观察思考

图 6-24 所示为红绿色盲的遗传图解。

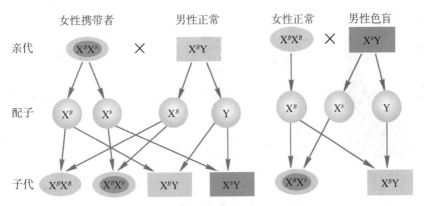

图 6-24 红绿色盲伴性遗传的图解

 思考

1. 说明子代中各基因型以及表型的比例。
2. 据图说明红绿色盲男患者多于女患者的原因。

红绿色盲具备这样的遗传特点:父亲的致病基因只能随 X 染色体传递给女儿,不能传递给儿子,而母亲的致病基因既可传递给女儿,也能传递给儿子;由于女性有两条 X 染色体,当女性是携带者时,不表现出色盲症状,而男性只要得到一条带有致病基因的 X 染色体,就会表现出症状来,因此人群中红绿色盲男患者多于女患者。

伴性遗传的另一种方式是限雄遗传,即控制性状的基因位于 Y 染色体上,如外耳道多毛、蹼状趾等,这种性状只能由父亲传给儿子。

信息库

伴性遗传的发现

果蝇是一种 XY 型性别决定的昆虫,野生型果蝇的眼色是红色的。遗传学家摩尔根在研究中偶然发现了一只白眼雄果蝇,在做果蝇的杂交实验中意外地发现,纯种红眼雌果蝇和白眼雄果蝇交配与白眼雌果蝇和纯种红眼雄果蝇交配相比较,两者产生的后代眼色比例完全不同。经过反复研究,确定果蝇的眼色遗传总是与性别有关,即眼色基因位于 X 染色体上(图 6-25)。这一研究成果为遗传的染色体学说提供了第一个实验证据。

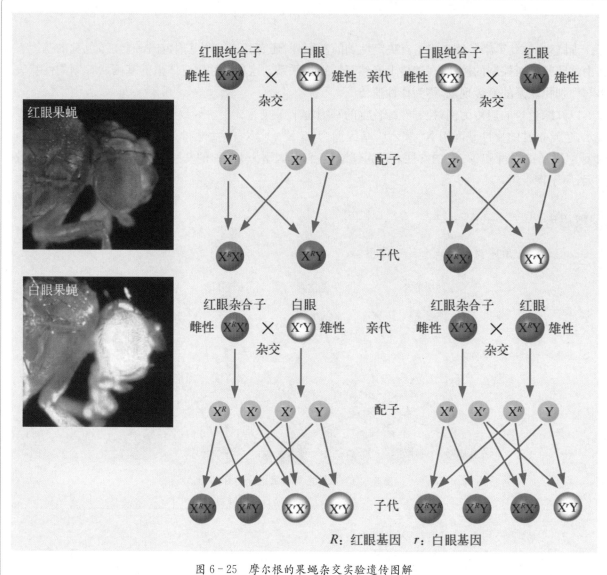

图 6-25 摩尔根的果蝇杂交实验遗传图解

幼儿活动设计建议

我为什么是男孩/女孩

人群中男女两性的比例基本处于平衡状态,接近于 1∶1。

活动准备

写有 X 和 Y 的卡片,画有爸爸、妈妈、男孩以及女孩形象的卡片

活动过程

1. 介绍游戏:卡片组合 XX 代表女,卡片组合 XY 代表男。

2. 介绍游戏规则:小朋友三人一组,一人扮演妈妈,领取 2 张 X 卡片。一人扮演爸爸,领取一张 X 卡片和一张 Y 卡片。一人扮演孩子,从"妈妈"和"爸爸"那里分别盲抽一张卡片组合在一起,说出"孩子"的性别。重复多次。

3. 数一数,最终的结果是男孩子还是女孩子多一些?

本节评价

1. XY 型性别决定的生物,群体中的性别比例接近于 1∶1。为什么?

2. 芦花鸡是我国常见家鸡品种,其羽毛有黑白相间的横斑条纹,这是由位于 Z 染色体上的显性基因 B 控制的,而隐性基因 b 控制非芦花的表型。用芦花母鸡($Z^B W$)和非芦花公鸡($Z^b Z^b$)杂交,其子代在雏鸡阶段即表现出雌、雄羽毛花色不同。如果用芦花公鸡和非芦花母鸡杂交,能否通过观察羽毛花色辨认雏鸡的雌雄? 请绘制遗传图解说明。

第四节　生 物 的 变 异

狗的品种多样、毛色各异,人也有高矮胖瘦,即便是外形极其相似的同卵双胞胎其指纹也存在差异。自然界中,很难找到两个完全相同的生物体。同种生物之间,亲代与子代之间,既有相似的一面,又存在一定的差异。同一物种不同个体间性状存在差异的根本原因是什么? 变异导致的生物多样性有何意义?

一、基因突变和基因重组

遗传信息在传递的过程中,DNA 的核苷酸序列会偶然发生改变,这种变化称为突变。突变是生物体中发现的巨大基因多样性的原因,是新基因的根本来源。如豌豆的花色有紫花和白花两种表型,分别由显性基因和隐性基因控制两者核苷酸序列中某些位点的碱基不同。

> **观察思考**
>
> DNA 分子中储存的遗传信息控制着生物体的生命活动,并决定生物体的遗传特征。如果某一DNA 分子中的一个碱基发生改变,或插入或缺失一个碱基,它编码形成的蛋白质会发生怎样的变化呢? 假设 DNA 双链中一条单链(模板链)的脱氧核苷酸序列是:
>
> T A C G G T C T C C T C T A A T T G G T C T C C
> 　　　3　　　6　　　9　　　12　　　15　　　　18　　　21　　　24
>
> 任务一:写出以这条链为模板转录形成的 mRNA 的序列,对照通用遗传密码表写出这段 DNA分子所对应的氨基酸序列。
>
> 任务二:将第 20 位的"T"改变成"G",写出其对应的氨基酸序列。
>
> 任务三:将第 21 位的"C"改变成"T",写出其对应的氨基酸序列。
>
> 任务四:将第 19 位的"G"改变成"A",写出其对应的氨基酸序列。
>
> 任务五:在第 11 与第 12 位之间加入一个碱基"C",写出其对应的氨基酸序列。
>
> 任务六:将第 9 位碱基去除,写出其对应的氨基酸序列。
>
> **思考**
>
> 1. DNA 序列中发生一个碱基的变化,就一定会引起它所表达的蛋白质中氨基酸序列的变化吗? 为什么?
>
> 2. DNA 序列中发生一个碱基的变化,与插入或缺失一个碱基相比,何者对蛋白质序列的影响可能更大些?

基因碱基序列中一个碱基发生替换后,会使对应的密码子发生变化,可能改变所编码氨基酸序列,造成蛋白质结构和功能改变,从而表现出性状变异。如果 DNA 序列中发生了碱基的插入或缺失,就会造成变化位点之后所有密码子出现错位,从而可能合成氨基酸序列截然不同的肽链。相对于碱基的替换,通常插入或缺失对蛋白质结构和功能的影响更大,造成的变异往往更加显著。

信息库

镰状细胞贫血

镰状细胞贫血是一种DNA碱基序列改变导致的**遗传性疾病**(图6-26)。患者的红细胞中的血红蛋白分子形状是异常的。由于蛋白质形状的改变,镰状红细胞会阻塞毛细血管,使人体组织得不到正常的血供,并引起严重的疼痛。

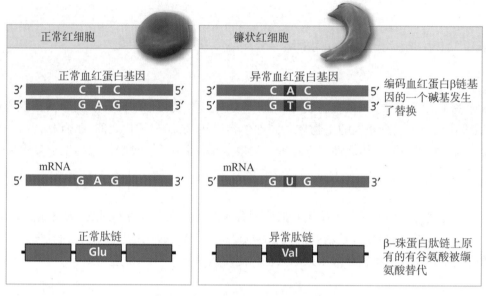

图6-26　镰状细胞贫血的分子基础

一般来说,基因突变所引发的性状变化不会马上表现出对生物有利还是有害。对于某一个基因而言,可能发生突变的碱基位点有多个,突变的形式也有多种,即使是同一位点的碱基改变也有多种可能,例如,A基因可突变成a等位基因,也可由a基因突变成A基因或者突变成$a1$、$a2$、$a3$……基因,所以基因突变具有可逆性和多方向性的特点;再有,基因突变自然发生的频率很低,可通过人工诱变增加突变的频率。

在基因突变产生新的等位基因的基础上,不同对的等位基因重新组合,也可增加后代表型的种类,如黄色圆粒和绿色皱粒的亲本产生的子二代中,出现了不同于亲本的黄色皱粒和绿色圆粒两种表型,是由于控制黄色和绿色的等位基因Y和y以及控制圆粒和皱粒的等位基因R和r在形成配子的过程中发生了自由组合。**基因重组**是指生物体在有性生殖过程中,控制不同性状的基因之间的重新组合,结果使后代中出现不同于亲本的类型。基因重组为生物的变异、生物的多样性提供了极其丰富的来源,为动植物育种和生物进化提供了丰富的物质基础。基因组合多样化的后代比基因组合单一的后代更能适应环境的变化。

二、染色体变异

同一种生物的细胞中,染色体数目和结构通常都是稳定的。但在某些因素(如射线、化学物质等)作用下,生物的染色体数目和结构会发生改变,称为**染色体变异**。

以人为例,正常人的受精卵以及由受精卵发育而来的细胞中都含有46条染色体,即23对同源染色体。如果从每一对同源染色体中各取1条染色体组成一组,我们将这样的一套完整的非同源染色体称为该物种的**染色体组**,用n表示。人的染色体组成可以表示为$2n=46$,我们将像这样体细胞中含有2个染色体组的细胞或个体称为**二倍体**。有些生物的体细胞中含有多个染色体组,这种体细胞中含有三个或三个以上染色体组的个体叫**多倍体**。表6-6所示为一些常见生物的染色体组成。

表6-6 常见生物染色体数目

生物	体细胞(2n)	生物	体细胞(3n)	生物	体细胞(6n)
果蝇	8	牡蛎	30	普通小麦	42
大麦	14	香蕉	33		
狗	78				
鸡	78				

 观察思考

普通小麦是小麦属的一粒小麦、斯氏麦草和滔氏麦草这3个二倍体祖先种经过杂交和染色体加倍形成的,如图6-27所示。

思考

1. 图中的杂种一和杂种二都是由亲本产生的配子经受精作用形成的受精卵发育而来的。杂种一和杂种二的染色体数目分别是多少? 是几倍体?

2. 杂种一到拟二粒小麦的过程中,染色体数目发生了怎样的改变? 这一改变可能与细胞分裂过程中哪一行为有关?

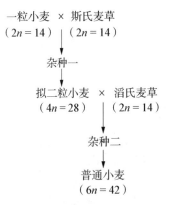

一粒小麦 × 斯氏麦草
$(2n = 14)$ $(2n = 14)$
↓
杂种一
↓
拟二粒小麦 × 滔氏麦草
$(4n = 28)$ $(2n = 14)$
↓
杂种二
↓
普通小麦
$(6n = 42)$

图6-27 普通小麦起源示意图

在体细胞有丝分裂过程中或形成配子的过程中,因外界环境条件(如温度骤变)或生物内部因素的干扰,使得染色体不能均等分成两组分配到子细胞中,结果产生了染色体数目加倍的体细胞或配子。如果这样的体细胞继续进行正常的有丝分裂,就会发育成多倍体的组织或个体。多倍体在植物中较为常见,植株大多茎粗叶茂、果实壮大,糖类和蛋白质等营养物质的含量高,抗病能力也较强。

染色体数目变异包括整倍化变异和非整倍化变异。细胞中的染色体数目以染色体组(n)为基数的整倍增加或减少,称为整倍体变异,如六倍体小麦;如果细胞中染色体数目不是以染色体组(n)的倍数变化,而是增减一条或几条,统称为非整倍体变异,如唐氏综合征(图6-28),是由多了一条21号染色体而导致的疾病,60%的患儿在胚胎发育早期即流产,存活者有明显的智力落后、特殊面容、生长发育障碍和多发畸形等症状。

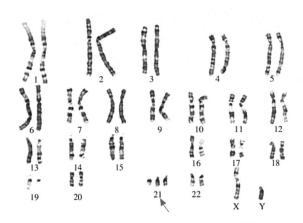

图6-28 唐氏综合征患者体细胞中的染色体

在射线等因素的作用下,染色体会发生断裂,造成结构变异(图6-29),如染色体中某一段缺失;染色体中增加了某一段(重复);染色体某一片段的位置颠倒了180°(倒位);染色体的某一片段移接到非同源染色体上(易位)……这类变异可能导致位于该染色体上的基因数目或顺序发生改变。通常情况下,染色体结构变异对生物体是不利的,甚至会导致个体死亡。如人类的猫叫综合征就是由于第5号染色体部分缺失造成的;再如,许多重症甲型血友病是因为染色体发生倒位从而不能正常表达凝血因子Ⅷ所致。

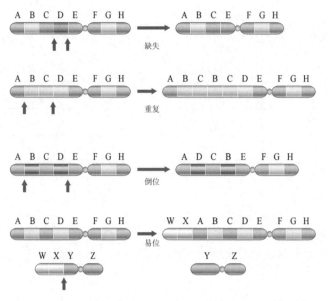

图6-29 染色体结构变异示意图

信息库

白血病与染色体结构变异

人的酪氨酸激酶基因 ABL 位于9号染色体长臂上,与黑色素合成等正常代谢有关。当9号染色体与22号染色体的长臂发生易位后,ABL 基因与22号染色体上的 BCR 基因相连(图6-30箭头指示易位发生位置),使 ABL 基因的表达增强,导致细胞内酪氨酸激酶活性异常升高,造成白细胞异常增殖,从而引发慢性粒细胞白血病。

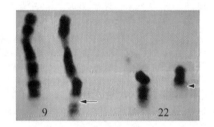

图6-30 慢性粒细胞白血病患者的染色体易位

生物的变异非常普遍,也易受到外界环境因素的影响。了解这些影响机制有利于人类的生产生活:一方面可以运用常规育种、人工诱变等措施获得人类所需要的变异品种,造福于人类;另一方面,对那些易引起人类基因突变的不利因素(物理、化学、生物等因素)要加以严格控制,尽可能避免因诱发变异而带来的疾病。

幼儿活动设计建议

帮他/她找到爸爸妈妈

孩子和父母相像或是集合了父母双方的特质,但也与父母有差异。

活动材料

5个家庭的亲子头像照片

活动过程

1. 每个小组拿到老师事先打乱的5个家庭的孩子及其父母的照片。
2. 各组比一比赛一赛,哪一组能在最短时间内找到照片中5个小朋友的父母。
3. 各组分享"配对"的结果,并说一说判断的理由。

✎ **本节评价**

1. 一对夫妇生了 3 个孩子，这 3 个孩子之间的表型迥异。这些变异产生的主要原因是什么？

2. DNA 平均每复制 10^9 个碱基对，就会产生 1 个错误。请根据这一数据计算，约有 31.6 亿个碱基对的人类基因组复制时可能产生多少个错误？这些错误可能产生什么影响？

3. 人们平常食用的西瓜是二倍体。在二倍体西瓜的幼苗期，用秋水仙素处理，可以得到四倍体植株。然后，用四倍体植株作母本，用二倍体植株作父本，进行杂交，得到的种子细胞中含有三个染色体组。把这些种子种下去，就会长出三倍体植株。

图 6-31 是三倍体无籽西瓜的培育过程图解。据图回答下列问题。

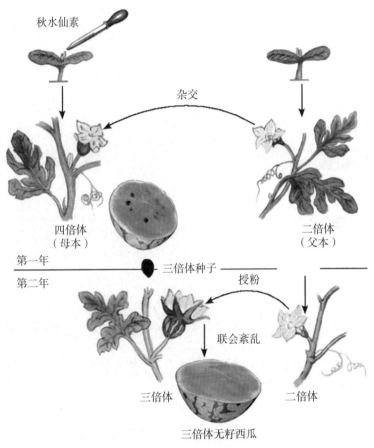

图 6-31　三倍体无籽西瓜培育过程

（1）秋水仙素可以抑制纺锤体的形成。二倍体西瓜幼苗的芽尖上滴上秋水仙素后，为何能得到四倍体的植物？

（2）为何四倍体西瓜与二倍体杂交可以获得三倍体的子代？

（3）联系第（1）题，你能说出多倍体培育的基本途径吗？

第五节　人类遗传病及其预防

根据临床统计，大约 1/4 的生理缺陷和 3/5 的成人疾病都是遗传病，3/10 的儿童死亡是由遗传病造成的，如白化病、红绿色盲、血友病等。它们的遗传具有什么规律？结合其规律，我们应如何检测和预防遗传病呢？

一、遗传病的常见类型

由于生殖细胞或受精卵中的遗传物质发生改变,而使发育成的个体患病,这类疾病都称为遗传性疾病(简称遗传病),分为单基因遗传病、多基因遗传病和染色体病三大类。

单基因遗传病是由染色体上单个基因的异常所引起的疾病,每一种病的发病率都很低,多属罕见病。由于基因位于染色体上,而染色体有常染色体和性染色体之分,基因也有显性与隐性之别,因此,位于不同染色体上致病基因的遗传方式是不同的。为了更好地确定某种单基因遗传病的遗传方式,常采用系谱法,即进行遗传调查,收集所研究的家族中有关性状的信息,然后将这些信息整理成遗传系谱图。

观察思考

家系图是用来反映家族中上下几代人之间关系的分支结构图,该图可以清晰地反映出性状是如何一代一代地向下传递的。绘制系谱时用符号表示,常用的符号如图6-32所示。图6-32所示的系谱图示例来自某白化病家族。白化病的致病基因为隐性基因,位于常染色体上。

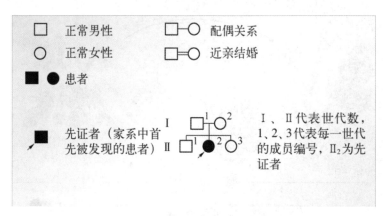

图6-32　系谱图常用符号及示例

思考

1. 若用字母 A/a 表示白化病的相关基因。根据上图中所示的系谱图,推断各家庭成员的基因型。
2. II₃ 将来婚配,其子女一定不会患白化病吗?

目前已明确的人类单基因遗传病多达5 000种以上。依照致病基因所在染色体以及显隐性关系,单基因遗传病主要包括常染色体显/隐性遗传和伴X染色体显/隐性遗传。一些常见的单基因遗传病及其遗传家系图如表6-7所示。

表6-7　单基因遗传病主要类型

遗传病类型及举例	典型系谱图示例
常染色体显性遗传 患者:AA、Aa 正常:aa 举例:软骨发育不全、短肢症	

续表

遗传病类型及举例	典型系谱图示例
常染色体隐性遗传 患者:aa 正常:AA 携带者:Aa 举例:白化病、黑蒙性痴呆	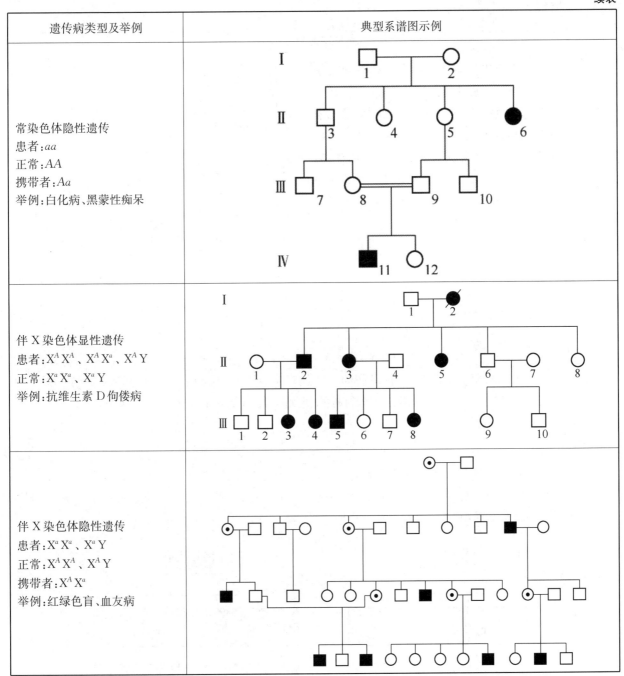
伴 X 染色体显性遗传 患者:X^AX^A、X^AX^a、X^AY 正常:X^aX^a、X^aY 举例:抗维生素 D 佝偻病	
伴 X 染色体隐性遗传 患者:X^aX^a、X^aY 正常:X^AX^A、X^AY 携带者:X^AX^a 举例:红绿色盲、血友病	

　　常染色体上的隐性致病基因引起的遗传病与常染色体显性遗传病的遗传规律有所不同:当致病基因是显性基因时,亲代患者只要将一个致病基因遗传给后代,后代便可能出现病症,因此往往在系谱图中出现"代代相传"的特点;当致病基因是隐性基因时,往往在系谱图中出现亲代父母双方都不患病,而子代出现患病者的特点。伴 X 显性遗传病的特点是:后代只要得到一个带有致病基因的 X 染色体,不论男女都患病;伴 X 隐性遗传病则常常表现为人群中患病男性多于女性。

　　多基因遗传病与多对基因有关,导致这类疾病的每一对基因的作用都是微效、可累积的。多基因遗传病易受环境因素影响,往往有家族倾向性。常见的多基因遗传病有唇裂、腭裂、先天性心脏病、精神分裂症、青少年型糖尿病、高血压和冠心病等。

　　染色体病是由于染色体的数目、形态或结构异常引起的疾病。人体细胞染色体异常可能会造成严重后果,胎儿容易发生流产,即使出生,也可能会表现出先天性器官畸形、智力和生长发育迟缓(如唐氏综合征)等。

遗传病发病风险

图6-33显示了各类遗传病在人体不同发育阶段的发病风险。一般来说，染色体异常的胎儿50%以上会因自发流产而不出生；新出生婴儿和儿童容易表现单基因病和多基因病；各种遗传病在青春期的发病率很低；成人很少新发染色体病，但成人的单基因病比青春期发病率高，多基因遗传病的发病率在中老年群体中随着年龄增加而快速上升。

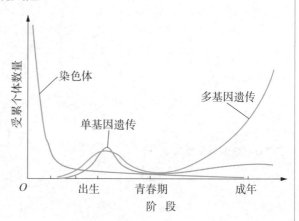

图6-33 各类遗传病在人体不同发育阶段的发病风险

二、遗传病的预防

尽管多数遗传病的发病率较低，一旦患病却将伴随终生，往往会给患者及其家庭造成沉重负担。遗传病虽然是先天性的，但可以积极采取措施进行检测和预防，尽可能降低遗传病的发病率。

观察思考

直系血亲是指与自己有直接血缘关系的亲属，就是指生育自己或自己所生育的上下各代亲属，包括祖父母、外祖父母、父母、子女、孙子女、外孙子女等；旁系血亲是指具有间接血缘关系的亲属，即和自己同出一源的亲属(图6-34)。

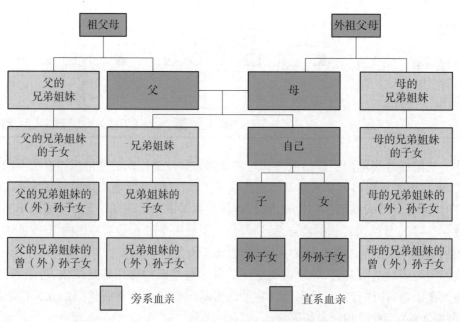

图6-34 血亲关系示意图

思考

　　白化病在人群中的发病率约为 1：15 000。某家系有白化病史,若该家系一个表型正常的个体,选择与表型正常的近亲(如表兄妹)婚配生子,和选择非该家系的人婚配相比,子代患白化病的概率有何差异？原因是什么？

　　由于绝大多数遗传病是隐性遗传病,隐性基因在人群中概率较低。但近亲来自同一祖先,近亲结婚会使得双方从共同的祖先那里继承同一种致病基因的机会大大增加,因此近亲结婚所生的子女患隐性遗传病的概率会比非近亲结婚的高出数倍、数十倍乃至上百倍。我国法律规定:直系血亲和三代以内的旁系血亲禁止结婚。此外,通过婚前体检,可以了解双方的健康状况和既往病史,以便发现一些医学上认为不适宜生育的严重遗传病等疾病,也是保障婚后健康幸福的重要措施。

　　对于遗传病患者以及高风险人群,可以选择在备孕前做遗传咨询,即针对遗传病患者或遗传性异常性状表现者及其家属做出诊断,估计疾病或异常性状再度发生的可能性,进而解答有关病因、遗传方式、表现程度、诊治方法、预后情况及再发风险等问题。遗传咨询的基本程序如图 6 - 35 所示。

图 6 - 35　遗传咨询基本程序

　　如果要通过遗传咨询得知婴儿是否具有患病风险,羊膜腔穿刺和绒毛细胞检查是两种比较常用的产前诊断方法,如图 6 - 36 所示。穿刺时用穿刺针穿过孕妇的腹壁刺入宫腔吸出少许羊水,进行羊水细胞和生物化学方面的检查。其中,生化测试可以检测到与特定疾病相关的物质,基因测试可以检测到许多基因异常,染色体组则显示胎儿的染色体数目和形态是否正常。绒毛细胞检查主要用一根细细的塑料管或金属管,通过孕妇的子宫口吸取少量绒毛支,经培养进行细胞学检查。近些年来,随着科学的发展和进步,新的产前诊断技术不断涌现,如通过检测母体外周血胎儿游离 DNA,来预测胎儿常见染色体异常病。

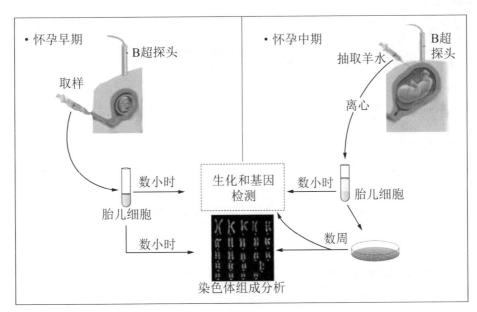

图 6 - 36　羊膜腔穿刺和绒毛细胞检查

　　此外,对于一些发病机理非常明确的遗传病,可以通过改变环境减少发病的可能性。例如,射线、烟草、酒精等环境因素会提高基因突变频率,因此在备孕和孕期要避免接触这些因素,以降低突变风险。总之,通过遗传咨询、早期筛查以及环境控制等措施,可预防或降低遗传病的发生,甚至治疗某些遗传病。

📖 信息库

唐 氏 筛 查

　　3月21日是世界唐氏综合征日。唐氏综合征目前尚无有效的治疗方法,唯一有效的措施是育龄母亲通过产前筛查和诊断来避免"唐宝宝"的出生。一项统计指出,40岁以上妇女生育唐氏综合征患儿的概率比25～34岁妇女大约高10倍,所以适龄生育对于预防唐氏综合征具有重要意义。血清学产前筛查可以检测出70%～80%唐氏综合征患儿,无创DNA检测对唐氏综合征的检出率高达99%以上,所以通过产前筛查出高危人群后进一步产前诊断,可以最大限度地防止唐氏综合征患儿的出生。

👥 幼儿活动设计建议

特别的红绿灯

活动准备

　　画笔、纸

活动过程

　　1. 故事背景介绍:小朋友小A因为家族遗传的缘故,无法分辨红色和绿色,每次过红绿灯的时候都会非常困扰,大家一起来帮帮他/她。

　　2. 提出任务:红绿灯的颜色是国际通用。请在不改变颜色的前提下,设计一款红绿灯,让小A同学顺利通过马路。

　　3. 幼儿分享交流:面对身边以及社会上的患有遗传病的个体,应表现出关爱,并在自己的能力范围内主动帮助他们。

探索 实践

调查人群中的遗传病

一、实验目的

初步学会用调查和统计法调查人群中的遗传病,了解较常见的遗传病的发病情况,并通过科普宣讲,提高公众对遗传病的认知和关注程度、自身的社会交流能力以及社会责任感。

二、实验原理

人类遗传病是由遗传物质改变而引起的疾病,可以通过社会调查和家系调查的方式了解其发病情况。

三、仪器与试剂

调查问卷或访谈提纲、宣传展板

四、实验过程

1. 全班分成若干小组进行调查活动,每个小组调查8个家庭(家族)中的遗传病情况。

2. 选定发病率较高的单基因遗传病进行调查,如红绿色盲、白化病等。

3. 将每组调查情况汇总,然后进行数据分析。

4. 汇总调查资料,制作展板或宣传册,在校园或社区进行人类遗传病检测和预防的宣讲。

五、实验分析

1. 根据调查,判断被调查的几种遗传病是显性还是隐性遗传? 若不能有效判断,找出原因。

2. 以某一种调查和分析较完善的遗传病为例,试写出一个家族的遗传图谱。

3. 在进行家系调查时,应以何种方式告知被调查者并取得其同意? 如何对待被调查者和调查结果来避免侵犯个人隐私?

本节评价

1. 预防和减少出生缺陷,是提高出生人口素质、推进健康中国建设的重要举措。请举例说明,国家在预防遗传病方面的政策以及背后的遗传学原理。

2. 腓骨肌萎缩症是一类高发病率的周围神经系统遗传病,发病率为 1/2 500。遗传方式主要为常染色体显性遗传,也可见常染色体隐性遗传及伴 X 显性或隐性遗传。下图为某腓骨肌萎缩症的家系,初步判断,该家系腓骨肌萎缩症为显性遗传,对全家族成员进行 GJB1 基因突变分析检测,发现患者体内该基因均突变,正常人无此突变基因。

(1) 上图及题干可知,该家系腓骨肌萎缩症的遗传方式是_____,判断的理由是:_____。

(2) 用 G/g 表示 GJB1 基因。图中 3 号的基因型是_____。1 号和 2 号若生女儿,女儿患病的概率是_____。

(3) 目前,该家族 3 号和 4 号均进入婚育年龄,且配偶家族无该疾病遗传史。对于该状况,最合理的预防措施是( )。

A. 家系调查　　　　B. 适龄生育　　　　C. 性别确定　　　　D. 基因检测

第七章 生物的进化

　　地球诞生46亿年来,生物从无到有,从简单到复杂,从低等到高等,经历了漫长的演化历程。无论是在浩瀚的海洋,还是在辽阔的平原,甚至在炎热的赤道和冰封的极地,都有不同的生物生存和繁衍;同时,也有物种在灭绝。那么,地球上如此丰富多样的物种是怎样形成的? 生物是如何适应不同环境的? 又是什么因素导致了某些物种的灭绝? 这些与基因的变化有关系吗?

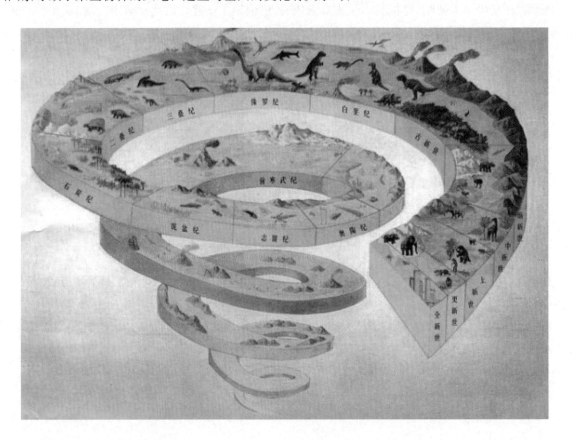

第一节　生命的起源及生物进化历程

　　46亿年前的地球(图7-1),火山频繁爆发,岩浆四溢,地壳不断运动,天空电闪雷鸣……原始的空气中充满着二氧化碳、甲烷、氮、氨、氢和水蒸气等。早期地球环境条件下,生命是怎样产生的? 生物又是如何进化的呢?

一、生命的起源

　　原始大气和现在的大气成分有何不同? 在这种环境下,会不会有生命存在? 地球上如此多姿多彩的生命究竟从哪里来? 这是令人着迷且极富挑战的问题。

图 7-1 地质学家描绘的原始地球表面状态

📚 **信息库**

米 勒 实 验

1953 年,美国学者米勒和尤里模拟原始地球的条件和大气成分,进行了科学实验。他们设计了一个实验装置,先将整个装置抽成真空,经高温消毒后导入甲烷、氨、氢、水蒸气等气体(图 7-2)。混合气体依靠连续不断地沸腾而后又冷凝的水在装置中实现持续循环。当混合气体流经装有两个电极的玻璃球时,进行连续火花放电(模拟闪电)。实验连续进行一星期后,发现装置内合成了多种氨基酸等有机物分子。后来,各国学者进行了类似的模拟实验,获得了构成生物体的各种氨基酸、嘌呤、嘧啶、核糖、脱氧核糖等有机物。

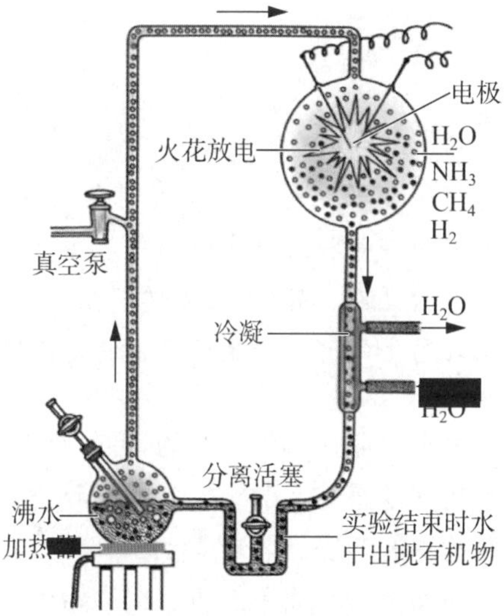

一系列的实验说明,原始地球上的原始大气中的各种成分,在一定条件下可转化为有机小分子物质。科学家们据此推测,原始大气在高温、紫外线及雷电等自然条件的长期作用下,形成了许多简单的有机小分子物质。后来,地球的温度逐渐降低,原始大气中的水蒸气凝结成雨降落到地面上,这些有机物又随雨水进入湖泊和河流,最终汇集到原始海洋。经过极其漫长的岁月,在原始海洋中逐渐形成了原始的生命。

图 7-2 米勒和尤里设计的实验装置图

(实验装置图标注:电极、火花放电、H_2O、NH_3、CH_4、H_2、真空泵、冷凝、H_2O、H_2O、分离活塞、沸水加热、实验结束时水中出现有机物)

尽管地球上生命最初产生的过程已无法再现,但人类从未停止对生命起源的探索和讨论。根据一系列著名的科学实验验证的结果,科学家推断原始生命的形成是一个曲折、缓慢的化学演化过程,大致经历了以下三个阶段。

第一阶段,由无机小分子生成有机小分子。原始大气中的甲烷、氨、二氧化碳、水蒸气等气体,在闪电、紫外线和宇宙射线等作用下,就可能合成氨基酸、脂肪酸、碱基和核糖等有机小分子。

第二阶段,由有机小分子生成生物大分子。氨基酸、核苷酸等有机小分子在原始地球上形成后,随着雨水进入原始海洋中,日积月累,原始海洋就成了含有各种有机小分子的有机溶液,这些有机小分子便逐渐脱水缩合成生物大分子——蛋白质和核酸等。

第三阶段,多分子体系的形成和原始生命的诞生。科学家推测,蛋白质和核酸等生物大分子,在原始海洋里越积越多,并且互相作用,凝聚成有明显轮廓的"小滴"。这些"小滴"以明显的界膜与周围的原始海洋环境分隔开,形成相对独立的多分子体系。这些多分子体系能够与外界环境进行一些简单的物质交换。有些多分子体系经过长期不断地演变而渐臻完善。一旦它们在最原始的意义上能实现新陈代谢和能够生长、繁衍,这便意味着原始生命的诞生。地球从此开始生生不息,生物不断进化发展。

幼儿活动设计建议

了解生命起源的有关学说和实验

地球上最初的生命是如何产生的？因为不可能穿越时空回到过去,所以这个问题可能永远也无法得到解答。但是科学家依然努力尝试通过相关实验寻找答案,也提出了一些关于生命起源的学说。

活动资源

通过各种途径(如网络、图书馆等)查找关于生命起源的视频、绘本等,如央视网《科技之光2009年第249期》、纪录片《生命的起源》、绘本《我的第一套人类简史》《人类故事开始了》

活动过程

1. 观看、倾听关于生命起源的视频、绘本等。
2. 就视频、绘本中的内容提出自己的问题。
3. 说一说对地球上生命起源的认识。

信息库

对地外生命存在的探索

科学研究表明,原始地球经常受到陨石等撞击。1969年,人们发现坠落在澳大利亚启逊镇的陨石中含有并非来自地球的氨基酸。1996年有科学家报告,从来自火星的陨石中发现保存着有可能是细胞的化石。另外,天文学家在星际空间发现了数十种有机物。人们开始考虑原始生命物质,甚至原始的生命形态产生于宇宙的其他环境,即地球生命的地外来源可能性。

关于生命是如何起源的,目前有不少假设,也有一些学者根据对宇宙中物质的研究,提出原始生命可能来自其他星球。对于生命的起源,科学家们仍在不断地探索,并通过建立科学模型来寻求有关地球上生命起源的谜底。

原始生命是简单的。那么原始生命又是怎样发展为复杂而丰富多彩的生物界的呢？

二、生物进化的历程

与原始生命起源一样,现在地球上的丰富多彩的生物界也是经过漫长的历程逐渐进化形成的。那么,生物的进化经历了怎样的过程？又呈现出怎样的规律呢？

观察思考

科学家们通过对一系列沉积岩、化石和火成岩、变质岩进行年代测定和排序,逐渐排出了地球的历史年表,又称为地质年代表。地质年代表依次划分为四大阶段——前寒武纪、古生代、中生代和新生代,每一个地质年代内又可进一步划分为不同的纪。表7-1是地质年代表中的部分事件和对应的估测发生时间,阅读表格并思考回答下列问题。

表7-1 地质年代表

地质年代表	
事 件	估测的发生时间
最早的生命出现	34 亿年前
古生代开始	5.43 亿年前

续表

事 件	估测的发生时间
最早的陆生植物出现	4.43 亿年前
中生代开始	2.48 亿年前
三叠纪开始	
恐龙出现	2.25 亿年前
侏罗纪开始	2.06 亿年前
鸟类出现	1.5 亿年前
白垩纪开始	1.44 亿年前
恐龙灭绝	6500 万年前
新生代开始	
灵长类出现	
人类出现	20 万年前

1. 恐龙和鸟类分别在哪个纪开始出现？
2. 在恐龙灭绝的同时哪类生物开始出现？
3. 灭绝是指该物种的全部个体在地球上不复存在，谈谈恐龙灭绝的可能原因及启示。

原始生命诞生以后，又经过了很长时间的演化，地球上出现了单细胞原核生物，其中有一些绿色有鞭毛的生物，据推测很可能就是动植物的共同祖先。随着时间的推移，这些生物的营养方式发生了变化：有的失去了鞭毛，发展了叶绿体等结构，并且营固着生活，它们就逐渐演变成了植物；有的失去了叶绿体，发展了运动器官，并且营异养生活逐渐演变成了动物。

（一）植物进化的历程

原始的单细胞生物逐渐进化成原始的藻类植物，如原始的绿藻，这些植物的生活离不开水。大约在 5 亿年前，地球上出现了陆生植物——裸蕨类。裸蕨类植物由原始的藻类植物进化而来，它们没有叶，也没有真正的根，只能靠假根着生在地面上，用茎来进行光合作用。裸蕨类登陆成功以后，逐渐分化出各种古代蕨类植物，这些蕨类植物不仅有高大的茎干，还具有真正的根和叶，但是，它们的生殖依然离不开水。在 2 亿多年前，由于剧烈的地壳运动和气候变化等原因，蕨类植物大量消亡，而某些蕨类植物则逐渐演变成裸子植物。后来某些古代的裸子植物逐渐演变成被子植物。裸子植物和被子植物的生殖过程则完全摆脱了水的限制，在形态结构上更加适应陆地生活，最终成为地球上最占优势的植物类群（图 7-3）。

图 7-3 植物进化树

（二）动物的进化历程

原始的单细胞生物，经过极其漫长的年代，逐渐进化成为种类繁多的无脊椎动物，如：腔肠动物、扁形动物、环节动物、软体动物和节肢动物。其中节肢动物更加适应陆地生活。在寒武纪地层里（距今 5.44 亿年前），发现了大量无脊椎动物化石，其中，以三叶虫为代表的节肢动物最繁盛，成为"三叶虫时代"（图 7-4）。

图7-4 无脊椎动物与"三叶虫时代"

后来随着动物的不断进化,海洋中出现了原始鱼类。又经历了若干万年,由于海平面缩小和陆地上的水域分隔,某些古代鱼类演变成了古代两栖类。随后,某些古代两栖类又逐渐变成古代爬行类。两亿多年前,地球上爬行动物最繁盛,称为"恐龙时代"。一亿多年前,由于某种原因,恐龙遭到了灭顶之灾,被鸟类和哺乳类所取代。由于这些鸟类和哺乳类更适应陆地生活,逐渐成为地球上最占优势的动物类群(图7-5)。

图7-5 动物进化树图

生物占领陆地经历了一个漫长而又艰巨的过程,通过不断地演化,形成了我们今天这个丰富多彩的生物界。自然界的每一种生物都是长期进化的产物,一旦灭绝,便不可能再生。

古生物学家根据各类生物化石在地层里出现的顺序,发现生物进化是有规律的:细胞数量上由单细胞到多细胞,器官结构和生理活动由简单向复杂发展,生活环境则由水生到陆生,生物界向着多样化和复杂化方向发展。

幼儿活动设计建议

贴一贴脊椎动物进化树,了解生物进化的历程

在漫长的38亿年中,生命从诞生,到单细胞生物、多细胞生物的出现,进化到今天的人类,呈现了地球上生命生生不息、不断繁衍的演化史。

活动材料

鱼类如鲫鱼、两栖类如青蛙、爬行类如鳄鱼、鸟类如鹦鹉、哺乳类如小熊猫的标本或模型;上述脊椎动物的贴纸、固体胶、绘制简单的脊椎动物进化树的主干部分

活动过程

1. 分别观察鱼类、两栖类、爬行类、鸟类、哺乳类的标本或模型。

2. 摸一摸、看一看、说一说每类生物的主要特点是什么,举例说明每一类别内还知道哪些生物。

3. 将鱼类、两栖类、爬行类、鸟类、哺乳类的动物贴纸,有序地贴在脊椎动物进化树上。

4. 说一说脊椎动物进化的规律(如生物从水生到陆生、形态结构从比较简单到比较复杂等)。

安全提示

注意贴纸不能太硬,边缘保持光滑,以免划伤手指。

信息库

适 应 辐 射

所有生物种群具有从一个地方向其他地方扩散的倾向,随着一些个体离开原栖息地进入新的地区而形成一个新的种群,它们将分别在不同的环境中往不同的方向进化。以哺乳动物为例,在进化的早期种群内数量增长很快,以至于原来的生活空间很快不能满足生存需求,其中的部分个体便向四周扩散并栖息于不同的生活环境中。久而久之,来自共同祖先的后裔适应了不同生活环境和生活方式,并且在形态上也发生了适应性的改变,分化成不同的物种,我们把这种现象称为适应辐射。图7-6呈现了适应不同生活方式的现代哺乳动物的形态特点,你能总结出其附肢的形态变化与功能之间的关系吗?

达尔文在环球航行时,曾经被加拉帕戈斯群岛上的一些特有生物如地雀所吸引。加拉帕戈斯地雀也显示了典型的适应辐射现象。达尔文从岛上采集到的地雀标本,经专家研究确定为13个物种,它们的区别主要在喙的大小上。达尔文推测这些地雀最初来自南美大陆。那么,来自南美大陆的地雀是怎样逐渐演变成群岛上的13个物种的呢?加拉帕戈斯群岛的各个岛屿之间通常间隔宽阔,使得地雀这样的小鸟往往不能穿梭于各岛屿之间。当某些地雀因海岛上的大风从一个岛屿迁徙到另一个岛屿时,可能会遇到和原先岛屿上不同的食物资源。经过反复的迁徙和多次的物种形成过程,形成了13种适应不同食物的地雀(图7-7)。

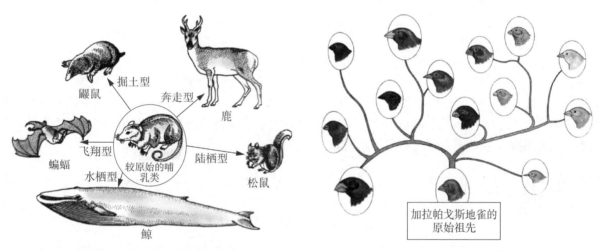

图7-6 哺乳动物的适应辐射 图7-7 加拉帕戈斯地雀的适应辐射

植物也有适应辐射,如同一种作物会有不同品种,每个品种有各自适应环境的特点。适应辐射引起生物多样性明显增加,是生物进化的形式之一。

作为哺乳动物中的一员,人类具有与哺乳动物相类似的一些基本特点。但是,劳动、思维和创造使人类严格地区别于其他动物。那么,人类的进化与其他生物会有怎样的不同?

(三) 人类的起源与进化

人和类人猿都起源于森林古猿。最初的森林古猿栖息在树上生活。一些地区由于气候变化,森林减少,在树上生活的森林古猿被迫到地面上生活。经过漫长的年代,森林古猿逐渐进化为现代的人类。人类在与环境斗争的过程中双手变得越来越灵巧,大脑越来越发达,逐渐产生了意识和语言,制造和使用工具,并形成了原始社会。

根据化石和分子生物学研究的结果推断,人类的进化最早发生在非洲。图7-8表示人类进化的时间进度。阿法南猿是在非洲发现的人科化石,已经可以直立行走,但脑容量较小,仅是现代人的三分之一。

能人化石是最早的人属化石,能够制造和使用简单的石器,平均脑容量已达到700毫升。能人之后出现了直立人,广泛分布于非洲、亚洲和欧洲,如中国的北京直立人、陕西蓝田直立人等。直立人不仅能制造工具,使用火,而且有了原始的社会组织,创造了原始文化——旧石器文化。然后,早期智人(又称古人)出现了,如中国辽宁金牛山人等。4万年前进化出晚期智人(又称新人),如北京山顶洞人等。晚期智人已经掌握了原始的绘画和雕刻技术,他的形态与现代人已经几乎完全相同。

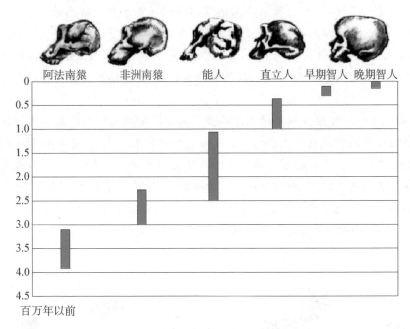

图7-8　人类进化的时间进度

从古猿到人是生物进化史上最大的一次飞跃。从亲缘关系上讲,人是古猿的后代。但是,由于人有灵巧的双手和发达的大脑,能够制造和使用工具,能够进行有意识的劳动和改造世界,这些都加快了人类智能的发展,因而人类也已经远远超出了动物界。

👥 幼儿活动设计建议

人类大拇指的作用

　　包括人类在内的灵长类区别于其他哺乳动物的一个关键是具有对握拇指,也就是拇指能横过手掌与其他手指指尖接触。对握拇指使灵长类动物能够抓握物体,还能使用工具。

活动材料

　　准备一条手帕或丝带、油画棒、纸、乒乓球、塑料小桶

活动过程

　　1. 轻轻地用手帕或丝带绑住常用的那只手,使拇指与其他手指方向相同。

　　2. 试着用绑住的手做如下动作:拿起油画棒画一朵花;将纸张递给另一位同学;将乒乓球投入1米远的小桶内。

　　3. 松开手帕或丝带,重复上述步骤2。

　　4. 分别说一说使用和不用拇指完成上述动作的情况。

安全提示

　　手帕不宜过大、丝带不宜过长,以刚好绑住小手为宜。

信息库

关于生命起源的几种假说

1. 创世说(神创论)和新创世说

创世说是把生命起源这一科学命题划入神学领域,认为地球上的一切生命都是上帝设计创造的,或者是由于某种超自然的东西干预而产生的。19世纪以前西方流行创世说这一学说。近年来,在科学高速发展的情况下,创世说的支持者不得不做出新的努力,将圣经与科学调和,用科学知识来证明圣经的故事,如将生物学和古生物学的一些"证据"来证明上帝造物和物种不变的观点,这就是现代的新创世说。

2. 自然发生说(自生论)

认为生命可以随时从非生命物质直接迅速产生出来,如腐草生萤、腐肉生蛆、白石化羊等。这一学说在17世纪曾流行于欧洲。随着意大利的医生雷地和法国微生物学家巴斯德等人的实验的成功,这一学说失去了他的生命力。

3. 生物发生说(生源论)

认为生命只能来自生命,但这种学说并不能解释地球上最初的生命的来源。

4. 宇宙发生说(宇生论)

认为地球上的生命来自宇宙间的其他星球,某些微生物的孢子可以附着在星际尘埃颗粒上而到达地球,从而使地球具有了初始生命。这个学说仍然不能解释宇宙间最初的生命是怎样产生的。此外,宇宙空间的物理因素,如紫外线、温度等对生命是致死的,生命又是怎样穿过宇宙空间而不会死亡呢?

5. 化学进化说(新自生论)

认为地球上的生命是在地球历史的早期,在特殊的环境条件下,由非生命物质经历长期化学进化过程而产生的。这一过程是伴随着宇宙进化过程进行的。生命起源是一个自然历史时间,是整个宇宙演化的一部分。因为有比较充分的根据和实验证明,这一学说为多数科学家接受,但仍需要深入进行探索研究。

本节评价

1. 生物的起源大致经历了哪些阶段?

2. 纵观生物的进化历程,呈现了怎样的进化规律?

3. 有人说,爬行动物是鸟类和哺乳类的祖先,这说法正确吗?

4. 现在普遍认为火星上曾有生命活动的痕迹,收集火星地质资料及地球大气圈、水圈、生物圈和岩石圈之间协同进化的资料。

第二节 生物进化证据

达尔文进化论发表以前,人们相信生物是由"神"按照一定的目的创造的,一旦形成就再也不变。达尔文在《物种起源》一书中明确提出的"地球上的当今生物都是由共同祖先进化而来""人和猿有共同的祖先",大大地冲击了当时占统治地位的"神创论"。随着人们对生命的起源及生物进化的深入研究,特别是现代科技的发展,为生物的进化提供了越来越多的证据。那么,有哪些证据可以说明生物是不断进化的?如何对这些证据进行分析和解释?

一、古生物化石证据

化石是在特殊条件下保存于地层中的古生物遗体、遗物和它们的生活遗迹。早在18世纪，人们就在寻找矿石的生产活动中发现了各种化石，它们有规律地出现在不同地质年代的地层中。不同地质年代的地层里的生物化石，真实地记录了生物进化的历程。化石为生物进化研究提供了直接证据。

你见过哪些生物化石？你知道化石是怎样形成的吗？化石为什么能证明生物是进化的呢？

📚 信息库

不同的化石类型

科学家们常通过研究化石来了解古代生物。化石是古生物存在的证据。由于形成方式不同，化石可以分为许多类型（表7-2）。

表7-2　化石的类型和形成方式

化石类型	形成方式	实例
遗迹化石	遗迹化石是指古生物活动遗留下来的痕迹和遗物，包括足迹、爬痕或生活的洞穴。	
阳模化石	生物体腐化后留下的空间由岩石中的矿物质填充，形成了生物的复制品，或称阳模。	
阴模化石	掩埋在沉积物中生物分解后，形成的中空部分就是阴模。	
石化/矿化化石	石化——矿物质有时会渗入并替代生物体的坚硬部分。 矿化——生物体的内部空间被矿物质所填充。	
实体化石	有时候，整个古生物迅速被冰层掩埋或被树脂包裹形成琥珀而保存下来。	

在一般情况下，生物体的遗体会被微生物分解。但是，有时遗体会被迅速包埋起来，与外界环境隔绝，这样就不会被分解，经过长期的矿物质填充和交换作用，就形成了化石。例如，剑齿象化石（图7-9）、蕨类植物的叶子化石（图7-10）。

图7-9 剑齿象化石

图7-10 蕨类植物的叶子化石

古生物学家根据化石提供的信息来推测发生在远古的事,并利用化石来确定各种古生物种类及其行为特征。通过古生物学的研究,发现各类生物的化石在地层中的出现是有一定规律的。通常,在深层、古老的地层里出现的化石所代表的生物简单、低等,而浅层、新近的地层里出现的化石所代表的生物复杂、高等。美国科罗拉多大峡谷的两侧暴露出的沉积岩层,每一个地层中埋藏的化石代表着存在地球上特定时期的生物。从大峡谷底部到顶部逐一地探察,就像是在重温这几亿年的生物演化史(图7-11)。

图7-11 科罗拉多大峡谷的沉积岩化石层

幼儿活动设计建议

了解化石并制作印迹化石模型

科学家们常通过研究化石了解古代生物,化石是古生物存在的证据。通过制作印迹化石模型,从一个侧面了解化石是什么以及形成的过程。

活动材料

多种恐龙(蛋)化石图片、树叶化石图片、鱼类化石图片、羽毛化石图片、三叶虫化石图片、贝壳化石等,轻黏土或橡皮泥、树叶或贝壳、圆木棍等

活动过程

1. 观察多种多样的化石图片,辨一辨其中的生物、说一说这些生物的特点。

2. 制作印迹化石模型:用圆木棍将轻黏土(橡皮泥)擀平;把树叶或贝壳等放在轻黏土(橡皮泥)上,用手把树叶或贝壳等压进去,留下印迹后取出树叶或贝壳等;把留有印迹的轻黏土(橡皮泥)模型晾干即完成。

安全提示

拿树叶或贝壳时注意安全,勿戳到自己或他人。

通过对不同化石证据的比较和分析,我们就能够推断生物的进化历程。下面以马为例加以说明(图7-12)。现代马的祖先是出现在约5800万年前的始祖马。根据相关化石证据,始祖马的身高仅约0.3米,背部弯曲,前肢有四趾,臼齿小而齿冠低,由此分析推测它很可能生活在温暖潮湿的矮灌木丛中,取食多汁的嫩叶为生。随着它所生存的自然环境发生变化,一部分灌木丛林被辽阔的草原替代,马也发生相应的演化,其体型逐渐变得高大,四肢逐渐发达,四趾也逐渐变为三趾直至单趾,且趾端形成硬蹄,更有利于在草原奔跑和攻击;臼齿由低冠演变成高冠,并有复杂的褶皱,更有利于食用干草。

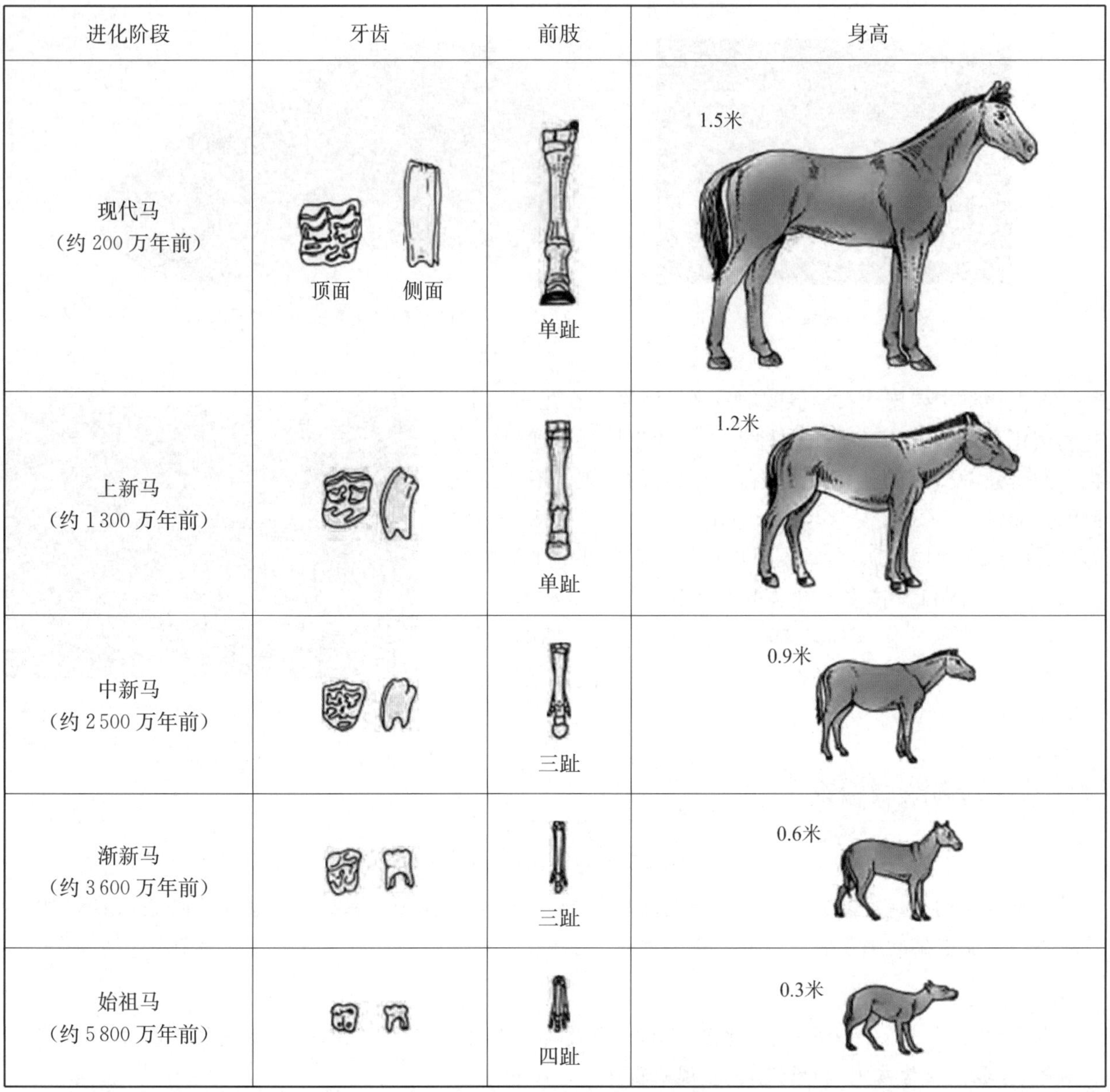

进化阶段	牙齿	前肢	身高
现代马 (约200万年前)	顶面　　侧面	单趾	1.5米
上新马 (约1300万年前)		单趾	1.2米
中新马 (约2500万年前)		三趾	0.9米
渐新马 (约3600万年前)		三趾	0.6米
始祖马 (约5800万年前)		四趾	0.3米

图7-12　现代马的进化模式图

化石为生物的演化提供了直接证据。但对于数以亿计的生物而言,目前发现的化石证据还是太少了,特别是某些进化分支点上关键物种的化石缺失,影响了进化证据链的完整性。随着地质工作者、生物工作者的持续努力,越来越多的化石正在被发现和研究,结合胚胎学证据、比较解剖学证据、分子生物学证据,进化证据链正在逐步完善。

二、胚胎学证据

胚胎学是研究动植物的胚胎形成和发育过程的科学。通过研究不同类型的生物的胚胎发育,也可以发现生物进化的一些线索。

陆生脊椎动物中成年的乌龟、鸡和鼠在外部形态上差别很大,但在胚胎发育早期却存在许多相似之处。图7-13是三种动物的胚胎外形照片,你能从照片中找出它们的相似之处吗? 在发育早期,三种动物都长着尾巴,在喉部都有微小的鳃裂等。随着胚胎的发育,鳃裂会逐渐退化消失。陆生的脊椎动物中,只有鱼类终生保留着鳃裂。陆生脊椎动物在胚胎发育初期都生有鳃裂,这说明陆生脊椎动物具有共同的原始祖先,且由此可推测陆生脊椎动物是由原始的水生动物进化而来。

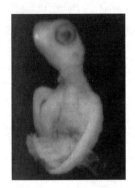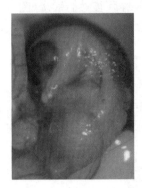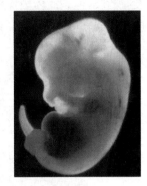

图7-13 动物胚胎比较图（由左至右：乌龟、鸡、鼠）

三、比较解剖学证据

比较解剖学是对各类脊椎动物的器官和系统进行解剖和比较研究的学科。通过比较研究，往往可以发现各类动物或植物具有相似的基本结构，为生物的演化提供证据。

观察思考

我们知道，人的上肢，龟、马、蝙蝠、海豹的前肢和鸟翼在外部形态和生理功能上差异很大。若比较人的上肢，龟、马、蝙蝠、海豹的前肢和鸟翼的骨骼基本组成，会得到另外一种结论。下图是几种脊椎动物前肢骨骼的模式图（图7-14），请仔细比较并思考回答下列问题。

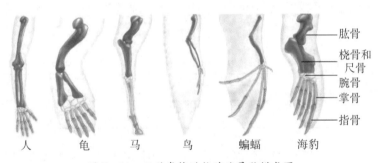

图7-14 几种脊椎动物前肢骨骼模式图

1. 人的上肢，龟、马、蝙蝠、海豹的前肢和鸟翼在外形和功能上有何不同？

2. 据图分析，几种脊椎动物的前肢骨骼基本组成是否相同？再仔细分析骨骼的排列方式，你能发现什么规律吗？

3. 上述事实说明什么？

从胚胎发生上看，人的上肢，龟、马、蝙蝠、海豹的前肢和鸟翼都由胚胎时期的前肢芽发育而来，只是在进化过程适应不同的生活环境，逐渐出现了形态和功能上的差异。科学家们将这种在发生上有共同来源而在形态和功能上不完全相同的器官称为同源器官。在植物界同样存在类似的现象，如葡萄的卷须、洋葱的鳞茎、马铃薯的块茎、皂荚枝上的刺等都是茎的变态，花瓣、子房、仙人掌的刺等则是叶的变态等。生物具有同源器官说明它们可能有着共同的祖先。

痕迹器官的存在，也是比较解剖学为生物进化提供的一项证据。痕迹器官是指生物体内某些功能已基本消失但仍然存在的器官。例如，人类虽然保留了阑尾（图7-15），但不像植食性动物体内的阑尾又大又具有消化功能，这说明人类可能起源于植食性动物。

蟒蛇外形上没有四肢,但它的体内保留着后肢骨的残余(图7-16),说明蟒蛇可能起源于有四肢的动物。我们可以根据痕迹器官的存在,追溯具有这些器官的生物与其他生物的亲缘关系和进化线索。

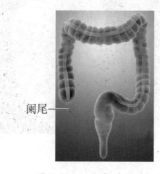

图7-15　人类的阑尾

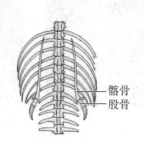

图7-16　蟒蛇体内残余的后肢骨

四、细胞生物学和分子生物学证据

对细胞结构的研究表明:尽管各种生物的形态差异很大,但组成这些生物的细胞却具有相似的特征。如,不同的真核生物细胞都由细胞质膜、细胞质和细胞核组成,细胞质内存在多种多样的细胞器。

几乎所有生物中都存在DNA、ATP和许多酶等。有一种酶叫作细胞色素c,是真核细胞有氧呼吸过程的重要蛋白质之一,广泛存在于从真菌到人类的多种生物中。科学家比较了人与八种生物关于细胞色素c的氨基酸组成上的差异,结果如表7-3所示,比较分析这些数据,你能得出什么结论? 这些生物的细胞内都具有细胞色素c,说明它们可能来自共同的祖先。而细胞色素c的氨基酸组成差异程度则揭示了亲缘关系的远近,生物亲缘关系越近,细胞色素c的氨基酸组成越相似;反之,亲缘关系越远,氨基酸组成的差异就越大。

表7-3　人与八种生物在细胞色素c的氨基酸组成上的差异

生物名称	黑猩猩	猴	马	鸡	金枪鱼	小麦	链孢霉	酵母菌
氨基酸差异数	0	1	12	13	21	35	43	44

随着分子生物学的发展,科学家们已经开始通过比较不同物种DNA的碱基排列顺序来判断生物的亲缘关系的远近。碱基排列顺序越相似,物种的亲缘关系越近。我们可依据DNA分子的相似性(图7-17),梳理生物进化的脉络。

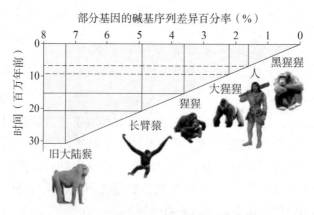

图7-17　部分灵长类动物DNA序列的分子进化示意图

现在,科学家们可以整合化石、比较解剖学、胚胎学、细胞生物学和分子生物学的数据来判断物种之间的亲缘关系,这样可以更加科学和准确地推断出生物进化的大致历程。

信息库

用 DNA 分子杂交方法，判断生物之间的亲缘关系

比较不同生物 DNA 分子的差异，常用 DNA 分子杂交的方法。DNA 分子杂交的基础是具有互补碱基序列的 DNA 分子，可以通过碱基对之间形成氢键等，形成稳定的双链区。在进行 DNA 分子杂交前，先要将两种生物的 DNA 分子从细胞中提取出来，再通过加热或提高 pH 的方法，将双链 DNA 分子分离成为单链，这个过程称为变性。然后，将两种生物的 DNA 单链放在一起杂交，其中一种生物的 DNA 单链事先用同位素进行标记。如果两种生物 DNA 分子之间存在互补的部分，就能形成双链区，在没有互补碱基序列的部位，仍然是两条游离的单链（图 7-18）。

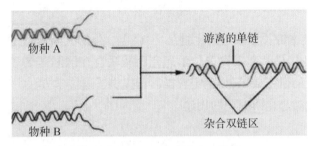

图 7-18　DNA 分子杂交示意图

由于同位素被检出的灵敏度高，即使两种生物 DNA 分子之间形成百万分之一的双链区，也能够被检出。两种生物的 DNA 单链之间互补程度越高，通过分子杂交形成双螺旋片段的程度也就越高，两者的亲缘关系就越近；反之，亲缘关系就越远。

所以，我们可以通过 DNA 分子杂交技术来鉴定物种之间亲缘关系的远近。

大多数情况下，来自 DNA 的证据支持先前从其他证据中得出的结论，但有些时候，可能会不支持。例如，家鼩鼱除了长着一只长鼻以外，其他看上去与啮齿类动物（如老鼠）很相似，正因为如此，生物学家们以前一直认为：家鼩鼱和啮齿类动物亲缘关系很近。但是当科学家们拿家鼩鼱的 DNA 分别和啮齿类动物以及大象的 DNA 比较时，结果让他们大吃一惊。比起啮齿类动物的 DNA，家鼩鼱的 DNA 和大象的更相似。所以现在的科学家们认为家鼩鼱和大象之间具有更近的亲缘关系（图 7-19）。

图 7-19　家鼩鼱和大象

本节评价

1. 举例说明同源器官、痕迹器官有哪些，它们在生物进化研究中的意义是什么？

2. 生物进化的证据对生物进化理论起到直接或间接的支持作用，它们有哪几类？ 对于解释生物进化现象而言，分别有哪些不足之处？

3. 在 1861—1970 年间，先后在德国的伦霍芬地区发现了 5 件同种脊椎动物的化石标本。据研究，经

对这类动物化石的前肢、躯干、尾部、骨骼等研究,发现这批化石生物兼具鸟和爬行动物的特征。请分析:

(1) 该类动物化石属于鸟类和爬行类之间的过渡类型化石,对于这类生物化石的研究有利于揭示_____和_____的亲缘关系,是生物进化的直接证据。

(2) 在有关生物进化的各类证据中,胚胎学为生物进化事实提供的证据是,动物胚胎发育初期都具有_____;比较解剖学提供的证据有:_____。

(3) 人的血红蛋白由珠蛋白和血红素组成,每个珠蛋白分子含有两个 α 链和 β 链,β 链包括 146 个氨基酸。不同脊椎动物与人血红蛋白 β 链氨基酸组成的差异数如下:

动物名称	大猩猩	长臂猿	狗	袋鼠	鸡	蛙	七鳃鳗
氨基酸差异数	1	2	15	38	45	67	125

据以上资料分析和人类亲缘关系较近的生物是_____,你的判断依据是_____。

4. 2013 年,复旦大学的历史学和人类遗传学研究团队联合在国际著名学术期刊《人类遗传学报》上公布了关于曹操家族 DNA 的研究成果,为鉴定曹操后裔提供了遗传学方法。查阅资料,了解这一研究的要点和 DNA 分析技术在人类进化研究中的用途。

第三节 生物进化理论

1831 年,达尔文乘"贝格尔号"巡洋舰作历时 5 年的环球考察。在距离厄瓜多尔海岸 950 千米的加拉帕戈斯群岛上,他看到许多特有的生物,如巨大的陆龟、鬣蜥等,发现这些生物原来属于南美大陆类型。达尔文认为群岛上这些特有的生物,都是从南美洲大陆迁徙而来,并随后发生变异。那么,随着时间的推移,生物是怎么进化的? 究竟是什么原因使生物进化发展呢?

一、达尔文和自然选择学说

达尔文提出的自然选择学说能够科学地解释生物的进化原因以及生物的多样性和适应性,这对于人们正确地认识生物界有着重要的意义。

信息库

达尔文与进化论

达尔文(Charles Robert Darwin, 1809—1882 年)是英国博物学家,进化论的奠基人。1809 年 2 月 12 日,达尔文出生于英国医生家庭。由于家庭环境的影响,达尔文从小就酷爱大自然,喜爱采集矿物、植物和昆虫标本,并且喜欢钓鱼和打猎。1825 年至 1828 年,达尔文在爱丁堡大学学习医学,后进入剑桥大学学习神学。1831 年从剑桥大学毕业后,以博物学家的身份乘海军勘探船"贝格尔号"(Beagle)巡洋舰作历时 5 年(1831—1836)的环球旅行(图 7 - 20),观察和搜集了动物、植物和地质等方面的大量材料,经过归纳整理和综合分析,形成了生物进化的概念。1859 年出版《物种起源(On the Origin of Species)》一书,全面提出以"自然选择(Theory of Natural Selection)"为基础的生物进化学说。该书出版震动了当时的学术界,成为生物学史上的一个转折点。自然选择的进化学说对各种唯心的神造论和物种不变论提出了根本性的挑战,使当时生物学各领域已经形成的概念和观念发生根本性的改变。此后,又出版了《动植物在家养条件下的变异》(The Variation of Animals and Plants Under Domestication, 1868)、《人类起源和性选择》(The Descent of Man, 1871)等著作,进一

图 7-20 "贝格尔号"舰的航行路线

步充实和发展了进化学说。他的进化学说,被恩格斯誉为"19世纪自然科学三大发现之一"。

达尔文热爱自然,热爱科学,坚持实践,细心观察事实,努力研究、探索自然规律,一生共发表了80多篇论文,出版了20多部著作,为人类留下了丰富的科学遗产,是一位不断追求真理并作出划时代巨大贡献的伟大科学家。达尔文科学成就的获得,绝不是偶然的。它首先是时代的产物,同时,这也是与达尔文的治学精神分不开的。他追求真理,从事实出发,工作谨慎,态度谦逊,几十年如一日勤勤恳恳地工作。正如达尔文在自传中所说:"我所以能成为一个科学工作者……最重要的是:'爱好科学——不厌深思——勤勉观察和收集资料——相当的发明能力和常识。'"

观察思考

1809年,法国博物学家拉马克(J. B. Lamarck, 1744—1829)提出了"用进废退和获得性遗传"的生物进化学说。英国博物学家达尔文在继承了进化论先驱的思想,综合当时地质学和其他自然科学的各项成果后,创立了系统的生物进化论。

他们在列举进化证据时,都提到过以下现象:食蚁兽的舌头细而长;盲鱼的眼睛很小,甚至没有;长颈鹿的脖子很长(图7-21)。仔细阅读,并思考回答下列问题。

食蚁兽

盲鱼

长颈鹿

图 7-21 进化现象

1. 如何解释上面的现象?
2. 关于"长颈鹿的脖子很长"这一现象,拉马克与达尔文提出的生物进化理论分别是如何解释的? 你的观点是什么?

达尔文通过对自然界中生物的观察后发现,各种生物普遍具有很强的繁殖力。蝗虫在适宜的条件下会以惊人的速度繁殖,几代之内就能达到"遮天蔽日"的景象,所到之处寸草不留,对农业生产造成巨大灾害和损失。即使是繁殖能力很弱的生物所产生的后代,数量也是很大的。象是繁殖很慢的动物,但是如果每只雌象一生(30~90岁)产仔6头,每头活到100岁且都能繁殖,750年后就可有19 000 000头子孙。植物的繁殖力通常比动物强,你能举一些具体的实例吗?生物的繁殖能力如此之强,但地球上每种生物的数量却并没有显著地增加,而是在一定时期内都保持相对稳定。这是为什么呢?

达尔文指出,物种之所以不会数量大增,乃是由于生存斗争。所有生物都是永远处于生存斗争之中,或者与同种的个体斗争(种内斗争),或者与其他种生物斗争(种间斗争),或者与无机环境斗争。例如,同种的生物常因争取食物、生活场所等而发生斗争;不同种生物之间的斗争,如大鱼吃小鱼、鸟吃昆虫、牛羊吃牧草等的斗争;对无机环境的斗争,如生活在两极地区的生物,要与严寒作斗争,生活在沙漠地区的,要与干旱作斗争,生活在海岛上的昆虫要与大风作斗争等。生存斗争无时无刻不在进行着,并且是错综复杂的。通过生存斗争,有些生物活下来了,还有许多生物被淘汰了。那么,在生存斗争的过程中,哪些生物被淘汰,哪些生物能活下来并繁衍后代实现生命的延续呢?

考察期间,达尔文注意到了生物界普遍存在的变异现象导致了个体间的差异。例如,来自同一亲本的猫仔,有不同颜色斑纹的个体;加拉帕戈斯海鬣蜥吃海里的海藻(爬行动物吃海藻是非常少见的),巨大的爪子可以帮助它们抓紧光滑的岩石,这与生活在南美洲大陆上的蜥蜴不同;长颈鹿的脖子很长,有利于取食高处的树叶等。达尔文还指出,有的变异能遗传,有的变异不能遗传。他认为,可遗传的变异是生物进化的内在因素,是自然选择发生作用的基础。

生物的变异,有的对生物生存有利,有的对生物生存不利。达尔文认为,在生存斗争的过程中存在自然选择机制。也就是具有适应环境条件的变异类型(有利变异)的个体,容易在生存斗争中获胜而活下去;不适应环境条件的变异类型(不利变异)的个体,则容易在生存斗争中被淘汰。例如,在寒冷地区,皮毛厚的个体就容易生存下来,皮毛薄的个体就容易被淘汰。在漫长的生物进化过程中,适应环境的性状得到积累,从而使生物表现出适应性。

幼儿活动设计建议

模拟自然选择机制

有一种奇妙的适应是伪装。伪装能使生物和周围环境融为一体,因为伪装得很好的生物不容易被捕食者发现,所以往往能更好地生存和繁衍。

活动材料

用打孔器分别打100个白纸小圆片、100个黑纸小圆片,这些小圆片代表白色或黑色的昆虫

活动过程

1. 将黑色和白色的小圆片(昆虫)撒在黑色纸张上。

2. 轮流扮演鸟儿的角色。

3. 视线先离开纸张,然后转回视线,挑出一个第一眼看到的小圆片(昆虫)。

4. 重复步骤3若干次(根据小组人数具体确立次数)。

5. 观察并统计挑出了多少小圆片(昆虫),大多数是什么颜色的。

6. 推测昆虫的颜色对昆虫的存活率有什么影响,久而久之,人们看到这种昆虫通常是什么颜色的。

安全提示

不能把小圆片放进嘴巴、鼻子里。

所谓的有利变异和不利变异是相对的,往往会随着环境发生改变而变化。例如,在内陆,长翅的昆虫具有较强的飞行能力,有利于觅食和躲避天敌;但是在常有大风的科格伦岛上,长翅昆虫却在飞翔时容易被风吹到海里而死亡,无翅或翅不发达的昆虫反而不容易被大风吹到海里,获得了更多的生存机会(图7-22)。在科格伦岛的特殊环境中,翅已经退化的昆虫作为一种"有利变异"被保留下来。

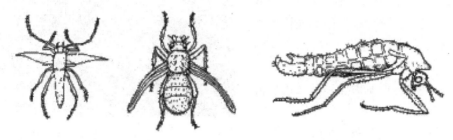

图7-22　科格伦岛上的无翅或翅不发达的昆虫示意图

在生存斗争的过程中,能够适应环境的生物就会生存下来,并且留下后代;不能够适应环境的生物,就会被淘汰,这就是"适者生存"。达尔文把适者生存、不适者被淘汰的过程叫"自然选择"。自然选择是通过生存斗争来实现的。这样经过长期的自然选择,微小有利的变异得到积累而成为显著的有利变异,从而产生了适应特定环境的生物新类型,如适应沙漠干旱缺水环境的仙人掌等。

达尔文的自然选择学说的基本论点,可归纳为"变异和遗传、繁殖过剩、生存斗争和适者生存"。他认为繁殖过剩导致生存斗争加剧,自然选择使能够适应环境的变异个体生存并繁衍后代;可遗传的变异是生物进化的内在因素,自然选择是生物进化的外在因素。但由于受当时科学发展水平的限制,对遗传和变异的性质以及自然选择对遗传和变异如何起作用等问题,达尔文还不能做出本质上的阐明。

幼儿活动设计建议

阅读与赏析绘本故事《达尔文环游世界》

达尔文热爱自然,热爱科学,在为期5年的航海考察中,他观察了各种生物,详细记录了各种观察到的现象,并作了深入的思考。在此基础上整理分析,达尔文于1859年出版了划时代巨著《物种起源》,提出了"自然选择学说"。

活动资源

选择绘本故事《达尔文环游世界》中生动简单的小故事

活动过程

1. 观看绘本内容,看图说话。
2. 说一说阅读小故事后的感想,如关于科学研究精神、对自然界中一些现象的认识等。

二、现代进化理论

随着遗传学、生态学、分子生物学和群体遗传学的发展,许多学者从分子水平和群体水平上来研究生物的进化,不仅从本质上解释了生物进化的内在原因,而且阐述了物种形成的必要条件,从而把生物进化理论提高到了新的水平,形成了以自然选择学说为核心的现代进化理论,极大地丰富和发展了达尔文的自然选择学说。

(一) 种群是生物进化的基本单位

生物进化的基本单位是种群,而不是个体。种群是指生活在同一地区的同种生物个体的集合。例如,一片树林中的全部猕猴是一个种群(图 7-23);一座山上所有的马尾松也是一个种群。一个物种通常包括许多分布在不同地点的种群。

图 7-23 一个猕猴种群中的部分个体

种群内的生物个体可通过交配等形式实现种族繁衍,从而将基因传递给后代。因此,种群是生物繁殖的基本单位,一个种群中能进行生殖的全部个体所含的全部基因,叫作种群的"基因库"。每一个种群都有它自己的基因库,种群中的个体一代一代的死亡,但基因库却在代代相传的过程中保持和发展。种群中每个个体所含的基因,只是种群基因库的一个组成部分。不同的基因在种群基因库中所占的比例是不同的,我们把某种基因在它的全部等位基因中出现的比率,叫作"基因频率";某种基因型在所有基因型中所占的比率,称为基因型频率。那么,怎样才能知道某种基因的基因频率、某种基因型的基因型频率呢?我们可以通过抽样调查的方法获得。例如,从某种生物的种群中随机抽出 100 个个体,测知其基因型分别为 AA、AB、BB 的个体分别为 30 个、60 个和 10 个,则在这个种群内:AA 的基因型频率是 30%,AB 的基因型频率是 60%,BB 的基因型频率是 10%;A 基因频率 $=(2\times30+60)\div200=60\%$,$B$ 基因频率 $=(2\times10+60)\div200=40\%$。

种群的基因频率若保持相对稳定,则该种群的基因型频率也保持稳定。然而,在自然界中不可避免地存在基因突变、基因重组和自然选择等因素,会导致种群的基因频率和基因型频率发生改变。生物进化实质就是种群基因频率发生变化的过程。

(二) 可遗传变异为生物进化提供原材料

从达尔文的自然选择学说可以看出,生物会产生各种各样可遗传的变异,这些可遗传的变异为生物进化提供了丰富的素材。现代遗传学的研究表明,可遗传的变异来源于基因突变、基因重组和染色体变异。

在自然状态中,生物自发的突变率是极低的。那么它为什么还能够为生物进化提供丰富素材呢?这是因为虽然对于每一个基因来说,突变率是很低的,但是,种群内有很多个体,每个个体的每一个细胞中都有成千上万个基因,这样,每一代都会产生大量的突变。例如,每只果蝇大约有 10^4 对基因,假定每个基因的突变率都是 10^{-5},对于一个中等数量的果蝇种群(约有 10^8 个个体)来说,每一代出现的基因突变数将是 $2\times10^4\times10^{-5}\times10^8=2\times10^7$(个)。

基因突变具有多方向性,常常会导致多种等位基因的产生;在突变过程中产生的"等位基因",通过有性生殖过程中的基因重组可以形成多种多样的基因型;染色体变异也能产生新的表型,从而导致种群发生大量可遗传的变异。这些可遗传的变异是随机的、不定向的,极大地丰富了自然选择的基本素材。

(三) 自然选择主导进化的方向

种群中产生的变异是不定向的,经过自然选择,其中不适应环境的类型被淘汰,适应环境的类型生存下来并通过繁衍后代将基因传递下去。长期的自然选择定向地改变种群中的基因频率向适应环境的方向演化,使得生物朝着一定的方向进化。由此可见,生物进化的方向是由自然选择决定的。

观察思考

英国的曼彻斯特地区有一种桦尺蠖,白天栖息在树干上,夜间活动。在 19 世纪中叶以前,桦尺蠖的身体和翅大多是带有斑点的淡灰色(即浅色桦尺蠖),它们和树干上的地衣颜色一致。此时的种群中,暗黑色的桦尺蠖(即深色桦尺蠖)极少见。到了 20 世纪中叶,生物学家发现,深色桦尺蠖却成了常见类型(图 7-24)。科学家们经过研究认为,在 19 世纪时,曼彻斯特地区的树干上长满了地衣,浅色的桦尺蠖栖息不容易被鸟类发现,因此容易生存下来并繁殖后代。后来,英国工业革命开始,工厂煤烟、粉尘等慢慢地熏黑了附近的树干,深色桦尺蠖由于具有保护色而容易生存下来并繁殖后代。经过许多代以后,深色桦尺蠖就成了常见类型。

19 世纪时　　　　　　　　　　　　　　20 世纪中叶

图 7-24　栖息在不同颜色树干上的桦尺蠖

1. 解释种群中不同体色桦尺蛾的频率发生变化的原因。

2. 从 1950 年开始,英国政府采取严厉措施防治环境污染,使得英国工厂的排烟量大大减少。请你思考和预测一下,这对桦尺蠖种群会产生怎样的影响?

除基因突变、自然选择之外,种群中个体的迁入和迁出等因素也会影响种群基因频率和基因型频率,从而引起进化方向的改变。那么,自然界又是如何将改变了的基因频率在种群中相对固定下来,进而形成新的生物类型呢?

(四)隔离可能导致新物种形成

隔离是指同种生物的不同种群,在自然条件下,不能自由地进行基因交流的现象,即一个种群中发生的突变无法扩散到另一个种群中,加上不同种群所处的环境往往不同,将导致不同的种群朝着不同的方向演变。隔离通常分为地理隔离和生殖隔离。

地理隔离是指分布在不同自然区域的种群,由于高山、河流、沙漠等地理上的障碍,使彼此间无法相遇而不能交配。例如,东北虎和华南虎分别生活在我国的东北地区和华南地区,这两个地区之间的辽阔地带就起到了地理隔离的作用。经过长期的地理隔离,这两个种群之间产生了明显的差异(图 7-25)。

东北虎　　　　　　　　　　　　　　华南虎

图 7-25　东北虎和华南虎

生殖隔离是指有性生殖的生物个体彼此之间不能自由交配,或者交配后不能产生出可育后代。生殖隔离又可分为受精前的生殖隔离和受精后的生殖隔离。例如动物因求偶方式、繁殖期不同,植物因开花季节、花的形态不同,而造成的不能交配属于受精前的生殖隔离。有些生物虽然能够交配,但胚胎在发育的早期就会死亡,或产生的杂种后代没有生殖能力,这属于受精后的生殖隔离。例如,山羊和绵羊的杂种,胚胎早期生长正常,但多数在出生前就会死亡。又如,马和驴杂交而产生的骡,虽能够正常发育,但不能生育。

自然界中新物种形成的方式有多种,经过长期的地理隔离进而形成生殖隔离是比较常见的一种方式。例如,一个生活在热带雨林的树蛙种群,一条新形成的河流将这个种群一分为二,于是一个种群就形成了两个小的种群(图7-26)。被隔开的小种群彼此之间将不能再交配并交换基因。如由于食物和栖息条件的不同,自然选择对不同种群基因频率的改变所起的作用就会有差别:在一个种群中,某些基因被保留下来,在另一个种群中,被保留下来的可能是另一些基因。随着时间的推移,每个小种群都经历自然选择适应各自的环境,形成各自的基因库,不同种群的基因频率向不同的方向发展。久而久之,这些种群的基因库会有较大差异,并逐渐出现生殖隔离。生殖隔离一旦形成,原来属于同一个物种的树蛙就成了不同的物种。

图7-26　一条新形成的河流导致地理隔离

信息库

大 陆 漂 移

在世界范围内也发生过地理隔离。例如,几亿年以前,地球上所有的大陆都是连在一起的。生物能够在这个超级大陆上的各个部分之间迁移。经过几百万年后,逐渐分裂成了几块,这一过程称作大陆漂移。随着几个大陆的分离,物种内的不同群体也就被互相隔离开来,各自开始沿着不同的演化路线前进。

最能体现大陆漂移对物种演化的显著影响的要算澳大利亚了。在澳大利亚大陆上的生物和地球上其他大陆上的生物之间互相隔离了几百万年。正因为如此,澳大利亚大陆上才演化形成许多独特的生物。例如,澳大利亚的大部分哺乳动物都属于有袋类动物(图7-27)。

图7-27　袋食蚁兽(上)和班袋猴(下)

以自然选择学说为核心的现代生物进化理论的基本观点是:种群是生物进化的基本单位,生物进化的实质在于基因频率的改变,可遗传变异、自然选择及隔离是物种形成的3个基本环节,通过它们的综合作用,种群产生分化,最终导致新物种的形成(图7-28)。

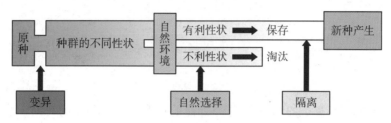

图7-28 生物进化的主要环节

本节评价

1. 达尔文在加拉帕戈斯群岛上观察到13种地雀,它们的大小和喙形各不相同,其种间杂交一般不育。据研究,它们是由同一种祖先地雀进化而来。

(1) 这些鸟的祖先由于偶然的原因从南美洲大陆迁来,它们逐渐分布到各个岛上去,各个岛上的地雀被海洋隔开不能交配,这就造成了_____,阻止了种群间的_____;在长期的进化历程中,各小岛上的地雀分别累积各自的变异,彼此之间逐渐形成_____,最终形成了新物种。

(2) 每种地雀喙的大小、形状等性状存在差异,在此进化过程中起到自然选择作用的因素可能是_____。

A. 温度　　　　　B. 天敌　　　　　C. 食物　　　　　D. 风力

(3) 用进化理论阐述13种地雀的形成过程。

(4) 这种来自共同祖先,由于环境不同造成的适应性分化的现象称为_____,其生物学意义是_____。

2. 在一个海岛上,一种海龟中有的脚趾是连趾(ww),有的脚趾是分趾(WW、Ww),连趾便于划水,游泳能力强,分趾则游泳能力较弱。若开始时,连趾和分趾的基因频率各为0.5,当海龟数量增加到岛上食物不足时,连趾的海龟容易从海水中得到食物,分趾的海龟则不易获得食物而饿死,若干万年后,基因频率变化成W为0.2,w为0.8。

(1) 该种群中所有海龟所含的基因称为该种群的_____。基因频率变化后,从理论上计算,海龟种群中连趾占整个种群的比例为_____;分趾的海龟中杂合子占整个种群的比例为_____。

(2) 导致海龟种群的基因频率变化的原因是_____。

(3) 这种基因频率的改变,是否意味着发生了生物进化? 请简述理由。

(4) 这种基因频率的改变,是否意味着产生了新的物种? 请简述理由。

3. 查阅资料,了解生物进化理论的发展历程,阐述在生物进化的研究中,科学家们是如何克服困难,不断寻找证据直至提出新理论的。

第八章 生 物 与 环 境

从冰天雪地的极地到烈日炎炎的赤道,从干旱燥热的沙漠到碧波万顷的海洋,生命的踪迹无处不在。地球上所有的生物及其所处的无机环境构成了生物圈,生物圈是人类和其他生物共同拥有的美好家园。生物与环境之间存在着怎样的密切关系?有哪些因素威胁着环境和生物多样性?我们能做些什么?

第一节 种群和群落

当我们置身广阔的崇明东滩湿地时,总能看到三五成群的白鹭优雅地在水中觅食、一群群震旦鸦雀在广袤的芦苇丛嬉戏、一只只招潮蟹威风凛凛地举着大钳子在滩涂上尽情玩耍……自然界的生物很少以个体单独存在,它们总是集合成或大或小的群体。生活在同一区域里的同种生物常常组成一个种群,由不同种群的生物与环境经历长期的相互作用后,又进一步形成了更复杂的生物群落。种群和群落有何特点?是一成不变的吗?不同种群的生物在群落中扮演着怎样的角色?

一、种群及种群特征

一个生物种群相较于个体,有何特征?种群如何增长对种群的生存具有重要的意义。种群如果增长得过快或过慢,会有什么问题?哪些因素会影响种群的增长?自然状态下,种群会无限增长吗?

观察思考

澳大利亚的"野兔之灾"

澳洲本来没有兔子,1859 年,欧洲人来澳定居,带来了 24 只野兔。据报道,澳大利亚现在有约 6 亿只野兔,它们与牛羊争夺牧草、啃食树干,造成大批树木死亡,破坏植被、导致水土流失。专家估计,这些野兔每年至少造成 1 亿美元的损失。兔群繁殖之快、数量之多,已对澳洲的生态平衡问题产生威胁。

1. 分析澳大利亚"野兔之灾"的原因。

2. 成灾后,人们可采取什么对策控制兔群数量?

(一)种群特征

在一定空间和时间内的同种生物个体的总和,叫作种群。种群研究的核心问题是种群数量(种群内的个体数)的变化规律。要研究种群数量的变化,首先要了解种群的一些特征。种群特征主要包括数量特征,即种群有一定的密度、出生率和死亡率、年龄结构、性别比例;遗传特征,即具有一定的基因组成,以区别它物;空间特征,即种群均占据一定的空间,其个体在空间上分布可分为聚群分布、随机分布和均匀分布,此外,在地理范围内分布还形成地理分布;系统特征,即种群是一个自组织、自调节的系统。它是以一个特定的生物种群为中心,也以作用于该种群的全部环境因子为空间边界所组成的系统。因此,应从系统的角度,通过研究种群内在的因子,以及生境内各种环境因子与种群数量变化的相互关系,从而揭示种群数量变化的规律与机制。

1. 种群密度

种群密度是指单位空间内某种群的个体数量,是种群最基本的数量特征。例如,在养鱼池中每立方米的水体内非洲鲫鱼的数量;每平方千米田面积内黑线姬鼠的数量等。不同物种的种群密度往往差异很大。例如,在我国某地的野驴,每 100 平方千米还不足两头,在相同的面积内,灰仓鼠则有数十万只。同一物种的种群密度在不同环境条件下也有差异。例如,一片农田中的东亚飞蝗,在夏天种群密度较高,在秋末天气较冷时则降低。

实际研究中,不可能逐一计数某个种群的个体总数,如何测定某物种的种群密度呢? 生态学家根据不同生物的特征,使用样方法、样线法、标志重捕法等不同方法来估测它们的种群密度。如果要测定某地的某种动物的种群密度,常用的取样调查法是标志重捕法。标志重捕法就是在被调查的种群的生存环境中捕获一部分个体,将这些个体标志后再放回原来的环境,经过一定期限后进行重捕,根据重捕中标志个体占总捕获数的比例,来估计该种群的数量。

计算公式种群数量 $N = $(标志个体数 × 重捕个体数)/ 重捕标志数

那么,一个生物种群如何维持适宜的种群密度呢?

2. 出生率和死亡率

首先,一个生物种群要有足够多的新生个体弥补死亡造成的种群损失。出生率是指种群中单位数量的个体在单位时间内新产生的个体数目。例如,某个鸟种群的出生率为每个雌鸟每年生出 7.8 个雏鸟。死亡率是指种群中单位数量的个体在单位时间内死亡的个体数目。例如,在某个达氏盘羊种群中,每 1000 个活到 6 岁的个体,在 6~7 岁这一年龄间隔期的死亡率为 69.9%。出生率和死亡率是决定种群大小和种群密度的重要因素。

3. 迁入率和迁出率

此外,对一个生物种群而言,还会存在个体迁入或迁出。单位时间内迁入的个体数、迁出的个体数占该种群个体总数的比率,则为迁入率、迁出率。例如,研究崇明东滩湿地越冬水鸟数量的变化时,通过计算迁入率、迁出率是分析越冬水鸟各物种数量变化的重要方面。

此外,每一个种群都是由不同年龄的个体和不同性别的个体组成的,种群的年龄结构和性别比例也是影响种群数量的重要因素。

4. 年龄结构

种群的年龄结构是指一个种群中各年龄期个体数目的占比。根据不同年龄组个体数的占比,可以将种群大致分为增长型、稳定型和衰退型三种类型。在增长型种群中,年轻的个体非常多,年老的个体很少,这样的种群正处于发展时期,种群密度会越来越大。在稳定型种群中,各年龄期的个体数目比例适中,这样的种群正处于稳定时期,种群密度在一段时间内会保持稳定。在衰退型种群中,年轻的个体较少,而成体和年老的个体较多,这样的种群正处于衰退时期,种群密度会越来越小。

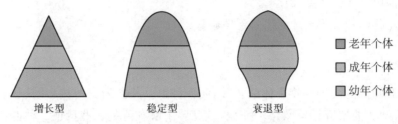

图8-3　种群年龄结构的三种类型

5. 性别比例

种群的性别比例是指雌雄个体数目在种群中所占的比例。不同物种的种群,具有不同的性别比例。根据种群的性别比例情况,大致可以将种群分为雌雄相当、雌多于雄和雄多于雌三种类型:①雌雄相当的种群,多见于高等动物,如黑猩猩等。②雌多于雄的种群,多见于人工控制的种群,如鸡、鸭等;有些野生动物在繁殖时期也是雌多于雄,如海豹。③雄多于雌的种群,多见于营社会性生活的昆虫,如蜜蜂、白蚁等。自然状态下,性别比例是生物长期适应环境、种群繁衍的结果。当性别比例受到破坏时,往往种群数量就会发生明显变化。例如,利用人工合成的性引诱剂诱杀害虫的雄性个体,破坏了害虫种群正常的性别相比例,就会使很多雌性个体不能完成交配,从而使害虫的种群密度明显降低。

(二) 影响种群数量变化的因素

种群数量是变动的,有的变动不规则,有的变动规则而又稳定,并呈现出种群数量变化的周期性。凡能影响出生率、死亡率以及迁移的因素,都会影响种群数量的变动,如气候、食物、被捕食、传染性疾病等。特别是现代社会,人类的活动对自然界中种群数量变化的影响越来越大。研究种群数量变化可为防治害虫提供科学依据,还可帮助人们对野生生物资源合理利用和保护。

 幼儿活动设计建议

果蝇种群的增长

果蝇常常作为生态学研究的材料,因为其繁殖速度很快,容易计数和保存。如果限制食物供给,果蝇的种群增长会受影响吗?

活动准备

将半根香蕉放入开口的广口瓶中,然后放在教室里温暖的地方。

活动过程

1. 将上述装置放置1天后,放入3只果蝇,用纱布和橡皮筋封住瓶口。

2. 每天固定时间观察广口瓶中活着的果蝇数量,记录下来,持续3周左右。

3. 说一说实验开始时果蝇的数量、最多时候的果蝇数量、果蝇数量开始减少的可能原因、怎么做可以使种群数量不再减少而开始增加。

安全提示

拿取广口瓶时注意轻拿轻放,不奔跑。

(三) 用数学方法描述种群数量的变动

生物种群的增长方式并不是呈线性的。如图 8-4 所示,家蝇种群的增长一开始十分缓慢,大致呈"J"形缓慢向上增长,因为开始的时候种群的原始数量非常少。但是一段时间后,种群增长的速度会非常快,主要是因为亲本和所有子代个体都加入了繁殖的队伍,在具有充足食物和空间等适宜条件下,种群迅速增长。"J"型增长曲线图表现了呈指数增长的种群增长模式。当一个外来物种进入新的环境,而这个新环境提供的条件适宜且不存在可以制衡它的敌害时,这个外来物种的种群数量常常会呈现"J"型增长,增长速度过快以至于威胁本地物种,这就是生物入侵。

那么,一个生物种群会无限增长吗?事实上,自然界中的种群的增长受到一定因素的限制。限制种群增长的因素如食物、空间、疾病、捕食者等。受到这些因素限制的种群的增长曲线呈现"S"形,如图 8-5 所示。我们将一个环境所能容纳的生物种群的最大值,称为环境容纳量。当种群的数量未达到环境容纳量时,种群的出生率大于死亡率;而当种群的数量超过环境容纳量时,种群的死亡率就会大于出生率。在环境稳定的情况下,种群的增长曲线就会在环境容纳量附近上下波动。许多的生物种群在自然界中的增长模式都符合"S"型增长曲线。

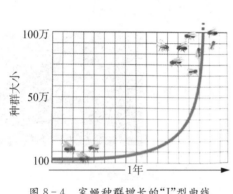

图 8-4 家蝇种群增长的"J"型曲线

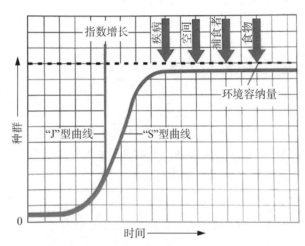

图 8-5 种群增长的"S"型曲线

在自然状态下,种群增长率最大的时候并不是种群数量最高的时候。如果在种群增长率最大的时候维持种群密度,则可达到最大持续产量。所以,研究种群的数量变化和环境容纳量有助于人们寻找最有效的方法,来保护有益生物。如在渔业生产中,想要获得最大的鱼产量,又要使海洋渔业资源的更新能力不受到破坏,就必须控制捕捞量。一般而言,捕捞量应该保持在环境所能容纳的生物种群个体数最大值的一半水平上,这时候种群的增长速度最快。

二、生物群落

(一) 群落的概念

在自然界中,任何一个种群都不是单独存在的,而是通过种间关系与其他种群紧密相连。我们把生活在一定的自然区域内,相互之间具有直接或间接关系的各种生物种群的总和,叫作生物群落,简称群落。一个自然群落就是一定的地理区域内生活在同一环境下的植物、动物和各种微生物的集合体。例如,一片草原上牧草、杂草、昆虫、鸟、鼠及细菌、真菌等微生物等就组成了一个生物群落。在不同的群落环境中,生存着不同的生物群落,如北极苔原、茫茫草原、大片森林、半亩水塘、一丘山坡、一片海滩等。

(二) 生物群落的结构

群落中的各个生物种群并非偶然聚合,而是按一定的规律互相结合。各个生物种群分别占据了不同的空间,使群落具有一定的结构。生物群落的结构包括垂直结构和水平结构。

乔木层

灌木层

草本植物层

森林地表

地下层

图8-6 森林中植物群落的垂直结构

1. 垂直结构

在垂直方向上,生物群落具有明显的分层现象。例如,在森林中,高大的乔木占据上层,往下依次是灌木层、草本植物层、地被植物层和地下植物层(图8-6)。动物在群落中的垂直分布与植物类似。动物之所以有分层现象,主要与食物有关,其次还与不同层次的微气候条件有关。

分层现象是群落中各种群之间以及种群与环境之间相互竞争和相互选择的结果。它缓解了生物之间争夺阳光、空间、水分和矿质营养等的矛盾,有利于生物的生活。那么,水域中的生物群落有分层现象吗? 水域中,某些水生动物也有分层现象。例如湖泊和海洋的浮游动物即表现出明显的垂直分层现象。影响浮游动物垂直分布的原因主要决定于阳光、温度、食物和含氧量等。

 幼儿活动设计建议

观 察 地 衣

地衣(图8-7)是真菌和藻类共生的一类特殊植物。地衣常被称为先锋物种,在贫瘠的土地上开拓生存,参与土壤形成的最初阶段。那么地衣是怎么生长在裸岩上的呢?

图8-7 地衣

(活动资源)

准备地衣标本、地衣图片、地衣装片的照片

(活动过程)

1. 看一看、摸一摸地衣标本,说一说地衣的外观特征(颜色、形状等)。

2. 在观察的基础上,画一画地衣。

3. 给出显微镜下地衣装片的照片,运用共生的概念解释地衣可以生活在岩石上的原因。

---

2. 水平结构

生物群落在水平方向上,由于地形的起伏、光照的明暗、温度的高低等因素的影响,不同的地段往往分布着不同的种群,种群密度也存在差别,形成不均匀的斑块状和镶嵌状分布。如,森林中乔木基部和其他被树冠遮住的地方,光线较暗,适于喜阴植物生存,而树冠下的间隙或其他光照较充足的地方,则灌木和草丛较多。

综上所述,在一定区域内的生物,同种个体形成种群,不同种的种群形成群落。种群的各种特征、种群数量的变化和生物群落的结构,都与环境中的各种生态因素有着密切的关系。

 信息库

生物群落的演替

生物群落不是一成不变的,它会随时间的推移而发展变化。在群落的发展变化过程中,由于气候变迁、洪水、火烧、山崩、动物的活动和植物繁殖体的迁移散布,以及因群落本身的活动改变了内部环境等自然原因,或者由于人类活动的结果,使群落发生根本性质的变化的现象是普遍存在的。在这个过程中,一些物种的种群消失了,另一些物种的种群随之而兴起,最后,这个群落会达到一个稳定阶段。像这种随着时间推移,一个群落被性质上不同的另一个群落所替代的过程,叫作演替。例如,在某一林区,一片土地上的树木被砍伐后辟为农田,种植作物;以后这块农田被废弃,在无外来因素干扰下,就发育出一系列植物群落,并且依次替代。首先出现的是一年生杂草群落;然后是多年生杂草与禾草组成的群落;再后是灌木群落和乔木的出现,直到一片森林再度形成,替代现象基本结束(图8-8)。在某一特定地理环境中,群落经历一系列演替阶段,最后出现的、相对稳定的群落阶段,称为顶级群落。在这里,原来的森林群落被农业植物群落所代替,就其发生原因而论是一种人为演替。此后,在撂荒地上一系列天然植物群落相继出现,主要是由于植物之间和植物与环境之间的相互作用,以及这种相互作用的不断变化而引起的自然演替过程。

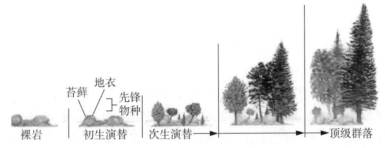

图 8-8 裸岩到顶级群落的演替过程

随着演替的进行,组成群落的生物种类和数量会不断发生变化。演替过程只要不遭到人类的破坏和各种自然力的干扰,其总的趋势是会导致物种多样性的增加,直到达到顶极群落为止。

在自然界中,群落的演替现象是普遍存在,具有一定的规律性。人们掌握了这种规律,就能根据现有情况来预测群落的未来,从而正确掌握群落动向,使之向着有利于人类的方向发展。

本节评价

1. 小天蓝绣球是一种花型美观的一年生草本植物,每年3~4月条件适宜时,这种草本植物成片地生长并开花,迅速形成既壮观又美丽的春景。

(1) 现有100株小天蓝绣球,假如每株每年可繁殖出3株后代,请推算这个种群今后5年的数量增长情况,并绘制曲线。

(2) 在自然环境中,生物种群以这样的繁殖速度可以世世代代保持下去吗? 为什么?

2. 有研究小组做了如下实验:在烧杯中加入一些枯草浸出液,烧杯中的枯草杆菌以其中的有机物为食;过几天后放入大草履虫,再过一段时间后,放入双小核草履虫,它们均以枯草杆菌为食。下图中的 A、B、C 曲线表示三种生物在浸出液中数量的增减情况。

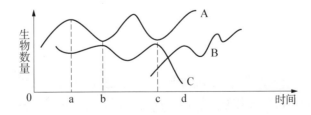

(1) 枯草浸出液中的枯草杆菌和草履虫的关系是_____,两种草履虫之间的关系是_____。

(2) A、B 两条曲线分别表示哪种生物的数量变化情况,为什么?

(3) 推测分析曲线 A 在 a~b 段下降的原因与曲线 C 在 c~d 段出现下降的原因相同吗? 为什么?

3. 草原的牧民承包了一片草场,要想取得好的经济效益,必须确定合理的载畜量,为什么?

4. 退耕还林工程是我国实行的最重要的环境保护行动之一。下图是我国西北黄土高原实施退耕还林工程前后的对比,当地的群落发生了怎样的变化?

退耕还林前

退耕还林后

第二节　生态系统及其稳定性

上海崇明东滩鸟类国家级自然保护区位于低位冲积岛屿——崇明岛东端的崇明东滩的核心部分,总面积241.55平方千米(图8-9)。区内有众多的农田、鱼塘、蟹塘和芦苇塘,沼生植被繁茂,底栖动物丰富,鱼鸟翔集,是上海非常珍贵的湿地生态系统。相对于种群和群落,这个系统呈现出怎样的特别之处?系统内的各种生物是如何紧密联系的?面临气候变化和人类活动等诸多干扰时,这个系统如何保持自身结构和功能的相对稳定,维持动态平衡?人类应该怎样保护生态系统的稳定性,达到可持续发展的目标?

图8-9　崇明东滩鸟类国家级自然保护区

一、生态系统概念与类型

生物与其生存环境是不可分割的,在任何情况下,群落总是与无机环境相互作用,共同组成生态系统。生物群落与它所生活的无机环境相互作用而形成的统一整体,叫作生态系统。例如,一片森林、一块草地、一条河流、一块农田、一座城市等,都可成为一个生态系统。生态系统具有等级结构,即较小的生态系统组成较大的生态系统,简单的生态系统组成复杂的生态系统,最大的生态系统是生物圈,它包括地球上的全部生物及其无机环境。

比较几种不同类型的生态系统

观察以下几种类型的生态系统的图片(图8-10~图8-14),思考比较这些生态系统有什么相同与不同之处。

图8-10　森林生态系统

图8-11　湿地生态系统

图8-12　草原生态系统

图8-13　海洋生态系统

图8-14　农田生态系统

生物圈内有许多类型的生态系统。根据环境的性质,生态系统可分为陆地生态系统(森林、草原、山地、沙漠、农田等)、淡水生态系统(湖泊、河流、池塘、水库等)和海洋生态系统(海岸、河口、浅海、大洋等)。

根据人类活动对生态系统干预的程度,生态系统可分为自然、半自然和人工生态系统。

信息库

常见的几类生态系统

决定陆地生态系统分布规律的主要因素是温度和水分条件。由于太阳辐射随纬度变化而引起热量差异,从赤道到两极便出现有规律的一系列生态系统类型的更替,依次为热带雨林、常绿阔叶林、落叶阔叶林、北方针叶林和冻原,这就是纬向地带性规律。由于海陆分布格局和大气环流的影响,水分梯度由沿海向大陆深部逐渐降低,于是依次出现湿润的森林、半干旱的草原和干旱的荒漠,即所谓经度地带性。

海洋生态系统海洋面积大,基本上是连续而面貌相同。只有海洋上层能透过阳光和进行光合作用,该层约占海洋容积的2%,自养生物只在上层活动。氮、磷等营养物质在海洋大部分区域是贫乏的,只有在上升流地区丰富,那些地方是海洋水产资源的主要基地。海洋的生命带首先可分为海水的和海底的两大区域。属海水区的有浅海带和大洋带;属海底区的有沿岸带(又称潮间带)、大陆架、半深海带、深海带和超深海带等生命带。

淡水生态系统通常相互隔离,包括湖泊、池塘和河流等生态系统。一般分流水和静水两类,流水群落又分急流和缓流两类,急流群落的水中含氧量高,底多岩石,缓流中底多污泥,易缺氧。从急流群落到缓流群落是逐渐过渡的。静水群落可划分为沿岸带、湖沼带和深底带。盐湖、温泉等是特殊的生态系统类型。

二、生态系统的结构

任何一个生态系统都由生物群落和其生活的环境两大部分组成。生物群落是构成生态系统精密有序结构和使其充满活力的关键因素,各种生物在生态系统的生命舞台上各有角色。在各种类型的生态系统中,包含哪些组成成分? 这些组成成分之间通过物质和能量的联系形成怎样的结构?

观察思考

森林生态系统的组成与结构

图8-15是一个森林生态系统,在这里有高大挺拔的乔木、绿意盎然的草地、自由飞翔的鸟儿、种类繁多的昆虫、形态各异的菌类……

1. 森林生态系统中的生物类群之间有什么联系? 是否可以将它们按功能进行归类,例如生产、消费或分解有机物?

2. 如果人们将这个森林中的部分进行了开垦,变成了农田,对栖息在其中的生物会有影响吗?

图8-15 森林生态系统

(一) 生态系统的组成

生态系统包括下列四种主要组成成分(图8-16)。

1. 非生命的物质和能量

非生命的物质和能量包括阳光、热能、空气、水分和无机盐等。它们既为生物的生长提供物质和能量,也为生物的生长和活动提供场所。

2. 生产者

生产者,指能利用简单的无机物质制造食物的自养生物,包括所有绿色植物、蓝绿藻和少数化能合成细菌等自养生物。

这些生物可以通过光合作用把水和二氧化碳等无机物合成

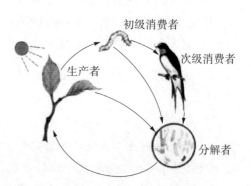

图8-16 生态系统的组成

为碳水化合物、蛋白质和脂肪等有机化合物,并把太阳辐射能转化为化学能,贮存在合成的有机物中。生产者通过光合作用不仅为本身的生存、生长和繁殖提供营养物质和能量,而且它所制造的有机物质也是消费者和分解者唯一的能量来源。生态系统中的消费者和分解者直接或间接依赖生产者为生,没有生产者也就不会有消费者和分解者。可见,生产者是生态系统中最基本和最关键的生物成分。太阳能只有通过生产者的光合作用才能源源不断地输入生态系统,然后再被其他生物所利用。

3. 消费者

消费者,是针对生产者而言,它们不能将无机物直接制造成有机物质,而是直接或间接地依赖于生产者所制造的有机物质来生活,属于异养生物。消费者主要指以其他生物为食的各种动物,包括植食动物、肉食动物、杂食动物和寄生生物等。直接摄食植物的动物叫植食动物,又叫一级消费者(如蝗虫、兔、马等);以植食动物为食的动物叫肉食动物,也叫二级消费者,如食野兔的狐和猎捕羚羊的猎豹等;以后还有三级消费者、四级消费者,消费者可分为多个级别。消费者也包括那些既吃植物也吃动物的杂食动物,有些鱼类是杂食性的,它们吃水藻、水草,也吃水生无脊椎动物。有许多动物的食性是随着季节和年龄而变化的,麻雀在秋季和冬季以吃植物为主,但是到夏季的生殖季节就以吃昆虫为主,所有这些食性较杂的动物都是消费者。

4. 分解者

生态系统中,细菌、真菌、放线菌和其他具有分解能力的生物,如蚯蚓等,它们是生态系统中的分解者。它们分解动植物的残体、粪便和各种复杂的有机化合物,最终将有机物分解为简单的无机物,这些无机物通过物质循环后回归到无机环境中,被自养生物重新利用。

有机物质的分解过程是一个复杂的逐步降解的过程,除了细菌、真菌、放线菌是主要的分解者之外,其他大大小小以动植物残体和腐殖质为食的各种动物在物质分解的总过程中都在不同程度上发挥着作用,如专吃兽尸的兀鹫,食朽木、粪便和腐烂物质的甲虫、白蚁、粪金龟子、蚯蚓等。有人把这些动物称为"大分解者",而把细菌、真菌和放线菌称为"小分解者"。分解过程对于生态系统的物质循环和能量流动具有非常重要的意义,它在任何生态系统中都是不可缺少的组成成分。

在生态系统中,生产者能够制造有机物,为消费者提供食物和栖息场所;消费者对于植物的传粉、受精、种子的传播等具有重要作用;分解者能将动植物的遗体分解为无机物重新回归到无机环境,供生产者利用。由此可见,生态系统中的生产者、消费者、分解者是紧密联系,缺一不可的。

幼儿活动设计建议

观察和调查校园生态系统的组成

校园是一个充满活力的小小生态系统,有可爱活泼的小朋友、郁郁葱葱的树木、啾啾鸣叫的小鸟、肥沃的土壤、新鲜的空气……在观察校园生态系统的过程中,能分辨调查区域内的生物成分、非生物成分。

活动材料

简单绘制在幼儿园园区内开展调查的路线图

活动过程

1. 按照事先策划好的调查路线,在校园内有序观察和调查。
2. 摸一摸、看一看、说一说校园内有哪些植物、动物和微生物,说出无机环境因素。
3. 画一画美丽的校园生态系统,并将作品在班级内展示。

安全提示

户外活动时注意幼儿安全,如不打闹、不追赶等。

(二) 食物链和食物网

生态系统中,食物是动物生存的基本条件,在生态系统中,生物之间的关系非常复杂,但最基本和最重要的联系就是食物联系。绿色植物是生产者,是各种动物直接或间接的食物。只是动物吃植物,肉食动物吃植食动物,生物之间彼此形成一个食用与被食用的关系。这种生物之间以食物为联系而建立的关系,叫"食物链"。通常一个食物链由4~5个链节(营养级)组成,最多不超过7个。例如,鼠吃草,猫头鹰吃鼠,这就是一条简单的食物链。这条链从草到猫头鹰共3个环节,即3个营养级:生产者草是第一营养级,初级消费者鼠是第二营养级,次级消费者猫头鹰是第三营养级。各种动物所处的营养级,并不是一成不变的。例如,在上述食物链中,当猫头鹰捕食黄鼬时,因黄鼬吃鼠,这时,猫头鹰就是第四营养级了。

观察思考

观察食物链和食物网

在同一生态系统中的生物,彼此间不是以其他生物,便是被其他生物所食。各种生物之间因取食和被取食形成复杂的联系。图8-17是一个温带草原生态系统食物网,仔细阅读,思考并回答下列问题。

1. 数一数图中有几条食物链?

2. 观察并描述图中的猫头鹰占有几个营养级?

3. 假设该生态系统中只有草、兔和狐,如果狐因为某种原因遭毁灭,对该生态系统会造成什么影响,说出你的判断并解释原因。

4. 对一个生态系统而言,复杂的营养关系具有什么意义?

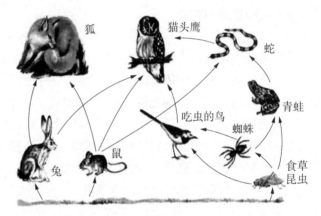

图8-17 温带草原生态系统食物网

在生态系统中,各种生物间的食物关系往往很复杂。消费者常常不仅吃一种食物,同一食物可能被不同的消费者所食。因而,生态系统中的各种食物链彼此相互交错,交叉联结,形成复杂的网状结构,这就是食物网。食物链和食物网是生态系统的营养结构,生态系统的物质循环和能量流动就是沿着这个渠道进行的。整个地球的生物圈被一个巨大的食物网络神奇地联系在一起。

幼儿活动设计建议

编织森林生态系统食物网

在茂密的森林中生活着很多生物,有参天的大树、威武的老虎、活泼的松鼠、俏皮的昆虫……它们之间存在着复杂的营养关系,参与维持森林生态系统的稳定。

活动材料

生物卡片或头饰、丝带(将幼儿分成若干个小组,每小组7~8人,每组一卷丝带)

活动过程

1. 取一个生物卡片或头饰。

2. 根据生物之间的捕食和被捕食关系,彼此之间通过丝带连接起来。

3. 说一说其中的食物链有哪些,观察最后形成的复杂食物网。

4. 当有扮演伐木工的幼儿将食物网中的树木砍伐光,扮演树木的幼儿松掉手中的丝带。

5. 说一说生产者被砍伐光后对这个食物网会带来怎样的影响,以领会人类过度活动对生态系统的影响。

三、生态系统的功能

作为生物与环境组成的统一整体,生态系统不仅具有一定的结构,而且具有一定的功能。生态系统的主要功能是进行能量流动、物质循环和信息传递。

(一)生态系统的能量流动

生物的生长和繁殖都需要能量,太阳能是所有生命活动的能量来源。尽管到达地球表面的太阳能仅有约0.023%被直接用于光合作用,它却支持着地球上所有生物的生存。太阳能通过绿色植物的光合作用进入生态系统并不断地沿着食物链逐级流动。食物链每一个链节上动物所获得的能量一部分用于构建自己的身体,另一部分则在各种生命活动中消耗释放。生态系统中能量的源头是太阳光。生产者固定的太阳能总量就是流经这个生态系统的总能量,这些能量在食物链上是单向流动、逐级传递的(图8-18)。

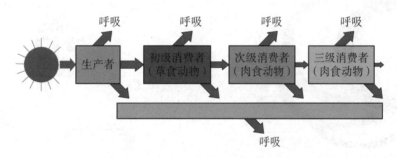

图8-18 生态系统的能量流动示意图

大量研究发现,能量在食物链的传递中,其效率仅为10%~20%。因而,在食物链上,每提高一级,生物数量只有前一级的1/10左右。人们把食物链上的能量按1/10速率逐级下降的规律称为"十分之一法则"。为形象说明这个问题,可将单位时间内各个营养级所得的能量数量值,由低到高绘制成图,这样就形成一个金字塔形,叫"能量生态金字塔"(图8-19)。

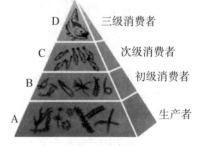

图8-19 能量生态金字塔

人们掌握生态系统内能量流动的规律后,可设法调整能量流动方向,使能量持续高效流向对人类最有益的部分。例如,在森林中,最好使能量多储存在木材中;在草原牧场上,则最好使能量多流向到牛、羊等牲畜体内,获得更多的毛、肉、皮、奶等畜产品。在畜牧业中,人们根据草场能量流动的特点,确定合理的载畜量,确保畜牧业的持续发展。

(二)生态系统的物质循环

生态系统中能量的源头是太阳能,但生态系统中的物质都来源于地球。生态系统除了需要能量外,还需要水和各种矿物元素。生物有机体在生活过程中,大约需要30~40种元素。这些基本元素被植物从空气、水、土壤中吸收利用,以有机物的形式从一个营养级传递到下一个营养级。当动植物有机体死亡后被分解者生物分解时,它们又以无机形式的矿质元素归还到环境中,再次被植物重新吸收利用,从而完成生态系统中营养物质的生物循环,维持着生物圈营养物质的收支平衡。矿质养分不同于能量的单向流动,而是在生态系统内一次又一次地利用、再利用,即发生循环,这就是生态系统的物质循环。这里的生态系统指的是生物圈,其中的物质循环带有全球性,所以又叫生物地球化学循环。物质循环的特点是循环式,与能量流动的单方向性不同(图8-20)。

能量流动和物质循环都是借助于生物之间的取食过程进行的,在生态系统中,能量流动和物质循环是紧密地结合在一起同时进行的,它们把各个组分有机地联结成为一个整体,从而维持了生态系统的持续存在。

下面以碳循环为例,介绍物质循环的过程。

碳循环的基本路线是从大气储存库到植物和动物,再从动植物通向分解者,最后又回到大气中去。生物圈中的碳循环(图8-21)主要表现在生产者从空气中吸收二氧化碳(CO_2),经光合作用转化为有机物。有机物经食物链传递,又成为动物和细菌等其他生物体的一部分。生物体内的有机物一部分作为有机体代谢的能源经呼吸作用被氧化为二氧化碳和水,二氧化碳释放到大气中。生产者和消费者的遗体被分解者所利用,分解后产生的二氧化碳也返回到大气中。此外,由古代动植物遗体转变成的煤和石油等,被人类开采利用,产生大量的二氧化碳排到大气中,也加入到碳循环中。

图8-20　生物圈的物质循环

图8-21　碳循环

📖 信息库

碳达峰、碳中和

二氧化碳是影响地球能量平衡的一个重要方面。在大气层中,二氧化碳对光辐射没有阻碍,但是能吸收红外线并阻挡红外线通过,就像温室的玻璃顶罩一样,能量进来容易出去难。大气中的二氧化碳越多,对地球上热量逸散外层空间的阻碍作用就越大,从而使地球温度升高得越快,即温室效应。当前,温室效应和全球气候变暖已成为人类面临的全球性问题。在这一背景下,世界各国以全球协约的方式减排温室气体,我国提出碳达峰和碳中和目标:在2030年前,二氧化碳的排放不再增长,达到峰值之后再慢慢减下去,即碳达峰目标;而到2060年,针对排放的二氧化碳,要采取植树、节能减排等各种方式全部抵消掉,即碳中和目标。中国式现代化是人与自然和谐共生的现代化,这就要求我们立足我国能源资源禀赋,把系统观念贯穿"双碳"工作全过程,增加碳吸收、减少碳使用、加强碳转换、控制碳排放,积极稳妥地向"双碳"目标迈进。其中,碳捕集、利用与封存技术(CCUS)是我国实现碳中和目标的重要手段,具体是指将二氧化碳从排放源中分离后直接加以利用或封存,以实现二氧化碳减排的技术过程。我国CCUS项目最早于2007年建成,主要依托石油化工、大型发电企业开展示范,以10万吨级捕集规模为主,捕集的二氧化碳主要应用于石油开采、工业焊接和食品行业。目前,越来越多的国家政府正在将碳中和转化为国家战略,提出了无碳未来的愿景。

(三) 生态系统的信息传递

生态系统中能量流动、物质循环的过程,总是伴随着信息的传递。例如,在一片绿茵茵的草原上,草在长、虫吃草、蛙吃虫、蛇吃蛙、鹰吃蛇,在这样的食物链上,能量的传递、物质的转移有赖于各种生物之间的捕食行为。而这些行为的发生由生物所获得的信息决定,如青草的颜色和气味、昆虫的跳跃、蛙的叫声、蛇的游动,都能提供信息。你能列举一些生物之间信息传递的实例吗?

在生产和生活中,可以利用信息传递来对虫害、鼠害等进行生物防治。例如,农业中,利用昆虫性外激素有效诱捕害虫;在机场跑道,利用音响设备播放猛禽的鸣声驱赶鸟群,避免对飞机起降造成危害。

总之,生态系统中生物与生物之间、生物与无机环境之间,之所以能构成一个有机整体,除了依靠能量流动和物质循环以外,同时也与生态系统中的信息传递密不可分。

四、生态系统的稳定性及其调节

生态系统建立以后,成员的组成以及成员之间的关系并不是一成不变的,而是始终处在变化之中。当整个生态系统中各生物成分的数量处于相对稳定的状态,意味着该生态系统达到了生态平衡。生态系统之所以能够保持动态平衡,关键在于其具有一定的自动调节能力。

观察思考

"生物圈二号"实验

从 1991 年 9 月 26 日开始的两年中,美国科学家进行了人工生物圈实验。8 名男女科学家自愿住进了一个由玻璃和钢架建成的占地 3.1 英亩的小世界里,从事生态实验。除了一部电传机和电能供给外,他们与外界完全隔离,而且除非患有严重疾病,否则任何人不得离开这个地方。因这个环境是模拟地球生物圈而建造的,所以,这项实验被称为"生物圈二号"(图 8-22)。"生物圈二号"就像一个巨大的"生态球",在拱形玻璃罩下,里面有 3 800 种动植物。此外还有湖泊、沙漠、树林、沼泽、草地和农田、楼房,以及能制造

图 8-22 "生物圈二号"实验室

风雨的装置。在这里,8 位科学家要亲自饲养家禽、牲畜,种植农作物。在这实验室中,任何东西都不会浪费,都会被循环使用,例如人吸入氧气呼出二氧化碳,绿色植物在进行光合作用时则正好相反。任何农药被严禁使用,庄稼如发现患有病虫害,将用瓢虫、黄小蜂等进行生物防治。"生物圈二号"为全世界所瞩目。可惜,到了 1993 年,因氧气减少、粮食减产,而不得不撤出。科学家们无奈地宣布这项实验失败。仔细阅读,思考并回答下列问题。

1. 科学家们为什么要建造"生物圈二号"并进行实验?
2. "生物圈二号"实验失败说明了什么问题?

(一) 生态系统的稳定性

生态系统中的生物,既有出生也有死亡,有迁入也有迁出;阳光、温度、水分等无机环境因素也在不断地改变,生态系统在不断地发展变化着。对于一个相对成熟的生态系统来说,系统中的各种变化只要不超出一定限度,生态系统的结构与功能就不会发生大的改变,处于相对稳定。生态系统所具有的保持或恢复自身结构和功能相对稳定的能力,叫生态系统的稳定性。当生态系统发展到一定阶段时,它的结构和功能就能在一定的水平上保持相对稳定而不发生大的变化。因此,各种生物的数量虽然在不断地变

化,由于生态系统具有一定的自动调节能力,在一般情况下,生态系统中各种生物的数量及所占比例是相对稳定的。处于成熟期的生态系统,系统中能量和物质的输入和输出接近于相等,即系统中的生产过程与消费和分解过程处于平衡状态。这时生态系统的外貌、结构、动植物组成等都保持着相对稳定的状态,这种状态,称为"生态平衡"。在一定的外来干扰下,生态系统能通过自我调节(或人为控制)恢复到原始的稳定状态。当外来干扰超过生态系统的自我调节能力,而不能恢复到原始状态时称作生态失调或生态平衡的破坏。人类活动可以破坏原有平衡,也可以建立新的平衡,使之结构更加合理,生态效益更高。

生态平衡包含系统内两个方面的稳定:一方面是生物种类(即生物、植物、微生物)的组成和数量比例相对稳定;另一方面是非生物环境(包括空气、阳光、水、土壤等)保持相对稳定。环境之间不断的物质、能量与信息的流动,使得生态系统中旧的平衡不断打破,新的平衡不断建立。只有这样,地球才会由一片死寂变得生机盎然。绝对的平衡则意味着没有发展和变化。但这种变化如果太快,则系统各组分之间不可能有一个相对稳定的相互关系,会产生一系列严重的问题,生物不能适应这种变化则导致物种的大量灭绝。生态系统一旦失去平衡,会发生非常严重的连锁性后果。例如,20世纪50年代,我国曾发起把麻雀作为"四害"来消灭的运动。在大量捕杀了麻雀之后的几年里,却出现了严重的虫灾,使农业生产受到巨大的损失。后来科学家们发现,麻雀是吃害虫的好手。消灭了麻雀,害虫没有了天敌,就大肆繁殖起来,导致了虫灾发生、农田绝收一系列惨痛的后果。生态系统的平衡是大自然经过了很长时间才建立起来的动态平衡。一旦受到破坏,有些平衡很难再重建,带来的恶果可能是无法弥补的。

幼儿活动设计建议

制作小小生态瓶

生态系统有大有小,有相对开放的,也有相对封闭的。通过模拟试验,探索影响小型生态系统稳定的因素以及思考生态系统保持平衡的条件。

活动材料

干净的有盖塑料瓶、水草(浮萍、金鱼藻、苦草)、水生小动物(螺蛳、小鱼、小虾)、澄清河水或池水、洗净的沙子、凡士林(将全班幼儿分成若干个小组,每个小组7~8人,共同制作一个小型的生态系统)

活动过程

1. 在干净的塑料瓶中铺入0.5厘米厚的沙子,再注入澄清河水至塑料瓶容积的4/5左右。

2. 根据生活经验,挑选一定数量的水草和水生动物,放入塑料瓶中。

3. 在塑料瓶瓶口内侧涂上凡士林,并用橡皮塞塞紧瓶口。

4. 将密封后的塑料瓶放在明亮的窗台上,避免阳光直射(温度最好保持在15~20℃)。

5. 定时观察生态瓶内的变化,说一说瓶中最先死亡的是哪种生物?活了几天?为什么这种生物最先死亡?5天后还有没有生物活着,有哪些生物活着,数量有没有变化等。

6. 大约一周后小组交流,比一比谁设计的生态系统中的生物活得最长?生长得最好?并讨论可能的原因。

安全提示

在塑料瓶中注入沙子、河水等时,注意不要弄湿衣服;轻拿轻放生态瓶。

(二) 生态系统稳定性包含的内容

生态系统的稳定性包括抵抗力稳定性和恢复力稳定性等方面。

1. 生态系统的抵抗力稳定性

抵抗力稳定性,是指生态系统抵抗外界干扰并使自身的结构和功能保持原状的能力。如森林生态系统对气候变化的抵抗能力就属于抵抗力稳定性。生态系统之所以具有抵抗力是因为生态系统具有一定的自动调节能力。生态系统自动调节能力的大小与生态系统中营养结构的复杂程度有关,营养结构越复杂,自动调节能力就越大,抵抗力稳定性越高;反之则自动调节能力就越小,抵抗力稳定性也越小。

2. 生态系统的恢复力稳定性

恢复力稳定性,是指生态系统在遭到外界干扰因素的破坏以后恢复到原始状态的能力。例如,河流生态系统被严重污染后,导致水生生物大量死亡,使河流生态系统的结构和功能遭到破坏;如果停止污染物的排放,河流生态系统通过自身的净化作用,还会恢复到接近原来的状态。这说明河流生态系统具有恢复自身相对稳定的能力。再如一片草地上发生火灾后,第二年就又长出茂密的草本植物,动物的种类和数量也能很快得到恢复。

许多证据表明,抵抗力和恢复力之间存在着相反的关系,具有高抵抗力稳定性的生态系统,其恢复力的稳定性较低,反之亦然。但是一个抵抗力与恢复力都很低的生态系统,它的稳定性当然也是很低。如冻原生态系统,它的生产者主要是地衣,地衣对环境的变化很敏感,很容易被破坏,它的生长又很慢,一旦因某种原因使地衣遭到破坏后就很难恢复,从而导致生态系统崩溃;森林生态系统与杂草生态系统相比较,森林生态系统自动调节能力强,抗干扰的能力也强。但如果将森林生态系统中的乔木全部砍掉,这个森林生态系统就很难恢复到原来的样子。尽管杂草生态系统的抵抗力稳定性不如森林生态系统,但其恢复力的稳定性较好。如一场大火将杂草全部烧光,形成次生裸地,第二年又可恢复成一个杂草生态系统。

生态系统具有自我调节和维持平衡状态的能力。当生态系统的某个要素出现功能异常时,其产生的影响就会被系统作出的调节所抵消。生态系统的能量流和物质循环以多种渠道进行着,如果某一渠道受阻,其他渠道就会发挥补偿作用。一个生态系统的调节能力是有限度的。外力的影响超出这个限度,生态平衡就会遭到破坏,生态系统就会在短时间内发生结构上的变化,例如一些物种的种群规模发生剧烈变化,另一些物种则可能消失,也可能产生新的物种。但变化总的结果往往是不利的,它削弱了生态系统的调节能力。这种超限度的影响对生态系统造成的破坏是长远性的,生态系统重新回到和原来相当的状态往往需要很长的时间,甚至造成不可逆转的改变。

作为生物圈一分子的人类,对生态环境的影响力目前已经超过自然力量,而且主要是负面影响,成为破坏生态平衡的主要因素,导致出现了全球性的环境危机。人类对生物圈的破坏性影响主要表现在三个方面:一是大规模地把自然生态系统转变为人工生态系统,严重干扰和损害了生物圈的正常运转,农业开发和城市化是这种影响的典型代表;二是大量取用生物圈中的各种资源,包括生物的和非生物的,严重破坏了生态平衡,森林砍伐、水资源过度利用是其典型例子;三是向生物圈中超量输入人类活动所产生的产品和废物,严重污染和毒害了生物圈的物理环境和生物组分,包括人类自己,化肥、杀虫剂、除草剂、工业三废和城市三废是其代表。

人类在发展经济的同时,应当针对各种生态系统的稳定性特点,采取相应的对策,保持生态系统的相对稳定,使人与自然协调发展。

📖 信息库

渡渡鸟与大颅榄树

非洲的毛里求斯曾有两种特有的生物,一种是渡渡鸟,另一种是大颅榄树。渡渡鸟是一种不会飞的鸟,它身体大,行动迟缓,样子丑陋。由于没有天敌,它们在树林里建窝孵蛋,繁殖后代。大颅榄树是一种珍贵的树木,树干挺拔,木质坚硬,树冠秀美。渡渡鸟在其间生活。十六七世纪,带着猎枪和猎犬的欧洲人来到毛里求斯。不会飞、跑不快的渡渡鸟被枪打狗咬,鸟飞蛋打,没有多少年越来越少。1681年,最后一只渡渡鸟也被人类杀死了!

自从渡渡鸟灭绝以后，大颅榄树也日渐稀少，似乎患上了不育症。到20世纪80年代，毛里求斯只剩下13株大颅榄树了，眼看这种树木就要从地球上消失了。

1981年，美国生态学家坦普尔来到毛里求斯，他细心地测定了大颅榄树的年轮，发现树龄正好是300年，也就是说，渡渡鸟灭绝之日，也正是大颅榄树绝育之时。他终于在找到的一个渡渡鸟遗骸中发现了秘密：在渡渡鸟的遗骸中发现了几颗大颅榄树的种子，原来渡渡鸟喜欢吃这种树木的果实。他把大颅榄树的种子给予渡渡鸟比较相似的吐绶鸟吃下后，从粪便中排出种子的外壳被消化了一层，种在苗圃后，终于发出了新芽。

本节评价

1. 2021年9月，我国成功发射了"天宫二号"空间实验室，可以看作是一个生态系统，可完成航天员在远离地球的太空环境中短期生活的目的。航天员在这个空间实验室里，种植水稻、拟南芥两种植物，探索拟南芥和水稻种子在太空中萌生、生长、开花、结果的全进程。

（1）"天宫二号"作为一个生态系统，水稻、拟南芥在该生态系统中的成分是_____。

（2）要想在该空间实验室里种植水稻和拟南芥，必须给种子提供哪些基本的环境条件？

（3）请描述该生态系统的碳循环情况。

2. 我国古代就已发展出"桑基鱼塘"生产方式：利用桑叶喂蚕，蚕沙养鱼，鱼塘泥肥桑稻，在桑、蚕、鱼、水稻之间形成良性循环。模式如下图所示：

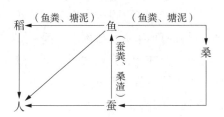

（1）请分析这个生态系统中的生物成分和非生物成分。

（2）桑基鱼塘模式出产蚕丝、稻米、鱼类，几百年来在我国的珠三角地区长期流行，造就了发达的农村经济。同碳元素一样，氮元素在生物群落和无机环境之间也是不断循环的，为什么还要往农田中不断地施加鱼塘泥等富含氮元素的肥料呢？

（3）与单一种植水稻的农田生态系统相比，"桑基鱼塘"的抵抗力稳定性如何？为什么？

（4）在"桑基鱼塘"生产方式中，合理控制各个环节的生产是必要的。如果在一个较小的鱼塘中一次投放过多的蚕粪，将造成鱼塘水质的污染，则可能导致塘中鱼类死亡，推测其直接原因可能是什么。

3. 与把动物和植物分别放在封闭空间中相比，把两者同时放在一个封闭的空间中，可以明显延长动物和植物生命活动的时间。请从物质循环的角度思考并解释这种现象。

4. 农民在种植水稻时，会尽可能除去水稻田中的杂草。请利用生态学能量流动的原理分析该做法的意义。

第三节　生物多样性及其保护

秋天，漫步在林中绿地，你会被醉人的黄色银杏叶、火红的枫叶深深吸引，空气中弥漫着悠悠的桂花清香，时不时飞来几只可爱的小鸟在树枝上鸣叫……如果你休息或者看书时，相信你会毫不犹豫地选择风景宜人的绿地。环顾四周，你会发现生物多样性使这个世界变得更美好，使我们的生活更加多姿多彩。

那么,生物多样性究竟是指什么? 生物多样性的现状如何? 我们人类可以怎么做以保护生物多样性,走可持续发展的道路呢?

一、生物多样性的含义

人类生存的地球,绚丽多姿,生机勃勃。地球 40 亿年生物进化所留下的最宝贵财富——生物多样性,是人类赖以生存和发展的前提和基础,是人类及其子孙后代共有的宝贵财富。

地球上所有的植物、动物和微生物,他们所拥有的全部基因以及各种各样的生态系统,共同构成了生物的多样性。生物多样性包括遗传多样性、物种多样性和生态系统多样性。

遗传多样性——物种内基因和基因型的多样性。物种的个体数量多,个体之间的差异大,构成基因库的基因种类多。遗传多样性是物种在环境变动时能够继续生存下去而不灭绝的保障。

物种多样性——是指地球上动物、植物和微生物等生物物种的多样化,具体包括某一特定区域内物种的丰富度以及物种分布均匀度。在群落中,物种种类数越多,且各物种的个体数越相近,物种多样性就越高。物种多样性是群落及生态系统结构稳定的基础。

生态系统的多样性——是指生物圈内生境、生物群落与生态系统结构和功能的多样性。每个生态系统都有其独特的生境,生境的多样性是生态系统多样性形成的基础,生态系统的多样性是物种多样性的重要条件。

幼儿活动设计建议

画一画、说一说我们的美丽家园——地球

地球是一颗美丽的星球。在这颗星球上,有多种多样、形形色色的生物,明媚的阳光、澄澈的清水、肥沃的土壤、清新的空气等,一起构成了生生不息的生物圈。

活动材料

油画棒、纸

活动过程

1. 回想曾经到过的地方,选择自己最喜欢或觉得最有趣的地方,用油画棒在纸上画出来;
2. 说一说自己最喜欢或觉得最有趣的地方有哪些生物,最喜欢或觉得最有趣的原因是什么。

二、生物多样性的价值

生物多样性是人类社会赖以生存和发展最为重要的物质基础,它为人类提供了食物、药品、工业原料等生物资源以及适宜的环境。

观察思考

一棵树的生态价值

有学者专门对大树的生态价值作了有益评估。他认为,一棵生长 50 年的大树,所产出的氧气可值 3.1 万美元,防止空气污染可值 6.2 万美元,涵养水源可值 3.9 万美元,为昆虫、鸟类提供栖息环境可值 3.1 万美元……仔细阅读,思考并回答下列问题。

思考

生物的多样性与人类及人类生存的环境有何关系? 生物多样性有何价值?

(一) 直接使用价值

生物多样性为人类的生存与发展提供了丰富的食物、药物、燃料等生活资源和大量工业原料,具有重要的科学研究价值和美学价值。

1. 人类生存所需的食物

现代人生存所需营养70%以上来自小麦、稻米、玉米。

2. 药物的来源

《中国药典》收取植物类药材400多种,动物类药材49种;《本草纲目》收载药物1 892种,现在已发现,多种植物体内含有抗癌成分。如:三尖杉中的生物碱对恶性肿瘤,特别是淋巴结癌有显著疗效,绞股蓝含50多种皂苷,对子宫癌、肝癌、肺癌等癌细胞增殖的抑制效果达20%~80%,长春花、美登木、紫杉等都含有抗癌成分。

3. 工业原料

植物纤维、木材、蚕丝、白蜡虫、哺乳动物毛皮等都是重要的工业原料。

4. 科学研究价值

例如,水稻草丛矮缩病是一种危害水稻生长发育的病毒性疾病,很难防治。后来,科学家们发现了一个对草丛矮缩病具有较强抗性的野生水稻种群,从而为培育抗草丛矮缩病的水稻新品种找到了必要的基因。生物多样性是培育农作物、家畜和家禽新品种不可缺少的基因库。

5. 具有美学价值

莽莽林海、如茵的草地,各种各样赏心悦目的珍禽异兽和争妍斗丽的奇花异木,美化了人们的生活,陶冶了人们的情操。大地、气候、水体、多种多样的动植物等自然要素相互作用,相互渗透,衍生出各种多姿多彩的自然景观,构成了令人赏心悦目、流连忘返的美景。生物物种的多样性资源已成为旅游业的重要支柱。

幼儿活动设计建议

树 叶 贴 画

无论是春夏还是秋冬,总有千姿百态的树叶装扮着我们的世界,采集各种形态、颜色的树叶可以制作一幅幅精美、有趣、充满创意的树叶贴画。

活动材料

各种形态、颜色的树叶,手工剪刀、固体胶、卡纸

活动过程

1. 挑选树叶贴画的主题(恐龙主题、国庆系列、环保主题、生肖系列等)。
2. 直接选择树叶进行贴画,或者使用手工剪刀对树叶稍作修饰后进行贴画。
3. 在班级里展示并讲述树叶贴画描绘的故事。

安全提示

须对捡回来的树叶整理和清理,确保安全和干净;不拿着剪刀跑动等。

(二) 间接使用价值

生物多样性维护了自然界的生态平衡,为人类生存提供了良好的环境条件。生物多样性有重要的生态功能。

地球上的生物生存环境是在生物出现之后由生物的作用逐渐形成的,大气层中的氧就应归功于绿色植物的光合作用。生物的多样性在保持生存环境的稳定、维护自然生态平衡中起重要的作用,生物多样性的价值是综合的。例如,森林能涵养水源、保持水土;防风固沙、保护农田;净化大气、防治污染等。在

维护人类的生存环境和改善陆地的气候条件上起着重大而不可取代的作用。森林的生态效益(或称环保价值)大大超过它的直接产品的价值。据统计,日本有森林 3.75 亿亩,森林覆盖率占国土面积的 68%,在一年内贮存水量为 2 300 亿吨,防止土壤流失量 57 亿立方米,林内栖息鸟类有 8 100 万只,森林提供氧气 5 200 万吨。按规定单价计算,其总价值相当于日本 1972 年全国的经费支出预算。

(三) 潜在使用价值

野生生物种类繁多,而人类对它们做过比较充分研究的极少,大量野生生物的使用价值目前仍不清楚。但可以肯定的是,野生生物具有巨大的潜在使用价值,一种野生生物一旦从地球上消失,就无法再生,它的潜在使用价值就不存在了。因此,对于目前尚不清楚其潜在使用价值的野生生物,我们同样应当珍惜和保护。

三、保护生物多样性

生物多样性是人类生存和发展的基础,随着人类经济活动范围的扩大和人口的剧增,人类对生态环境的影响越来越大,很多野生动植物濒临灭绝边缘。物种的丧失,不仅危害当代人,也会大大的限制后代人选择物种的机会。面对全球生物多样性日益受到严重威胁的现状,保护生物多样性已成为人类的最紧迫任务之一,成为全球的共同愿望。

国际社会高度重视生物多样性保护,1992 年,在巴西里约热内卢召开的联合国环境与发展大会上,我国政府率先签署了《生物多样性公约》,该公约是重要的环境保护国际法,体现了人类对保护生物多样性的关注与重视。我国十分重视生物多样性保护的法制建设,先后制定了与保护生物多样性有关的法律法规 20 多项,使我国保护工作走上了法治化轨道。

我国生物多样性保护,主要采取就地保护(建立自然保护区)、迁地保护和离体保护(植物园、动物园的引种繁育中心)相结合的途径进行,同时保护环境,防止污染,建立健全相关法规、加强环境教育。

幼儿活动设计建议

保护身边的生物,从我做起

我们的身边就有各种各样的生物,保护我们身边的生物,也是在保护我们赖以生存的环境、保护我们自己。

活动资源

《里约大冒险》视频资源

活动过程

1. 观看《里约大冒险》的视频。
2. 说出《里约大冒险》的主角是谁,主要讲述了一个怎样的故事。
3. 举例身边的鸟类,并讲一讲鸟类的价值有哪些。
4. 生活中人类的哪些活动导致鸟类过多的死亡? 可以怎么做来保护好鸟类等野生生物。

为了保护自然环境和自然资源,对具有代表性或典型性的自然生态系统、珍稀动物栖息地、重要的湿地、自然景观、自然历史遗迹、水源涵养地及有特殊意义的地址遗迹和古生物以及产地等区域,由各级政府明文划定范围,严格加以保护,即建立自然保护区。

1956 年,我国建立起了第一个自然保护区——鼎湖山自然保护区,至 2002 年共建立自然保护区 1 551 个,总面积达 1.447 2 亿平方千米,占陆地国土面积的 14.4%。

建立自然保护区是世界各国保护珍稀濒危动植物及其生态系统,保护生物多样性的一种重要手段。在严格的管理和良好的保护下,许多珍稀濒危物种如扬子鳄、大熊猫、黑颈鹤、金丝猴等种群有较大增长。

但野生动物中的白鳍豚、华南虎,野生植物中的人参、杜仲等种群还在继续下降。同时无节制地开发生态旅游,偷猎野生动物,盗伐珍稀树木的事件仍时有发生,从而加速了野生珍稀动植物的灭绝。

在《我们共同的未来》一书中,提出了"可持续发展"的定义:可持续发展是既满足当代人的需要,又不对后代满足其需要的能力构成危害的发展。也就是说,当代人在享用生物多样性时,必须考虑后代对生物多样性的需要,其前提是不使生物多样性减少。面对地球上的生物多样性正在比以往任何时候都快的速度消失时,各国政府乃至每一位地球公民,必须考虑地球生物多样性的可持续发展,只有如此,我们,乃至我们的后代,才会生活得更好。

信息库

外来物种入侵

外来物种入侵,往往会造成生态灾难。例如,紫茎泽兰(图8-23)是一种恶性植物,原产美洲的墨西哥,早期作为绿化而引进东南亚。20世纪50年代,紫茎泽兰从缅甸、越南等国侵入云南,由于该植物种子像蒲公英那样,能随风飘荡,又耐旱耐贫瘠土壤,落地以后就能疯长,每年以几十千米的速度向前推进,到20世纪90年代,在云南、四川等地区迅速泛滥成灾,漫山遍野密集生长。在其原产地中美洲,紫茎泽兰只是一种很普通的植物,并不可怕,当地至少有100多种动物和植物天敌制约它。而它进入东南亚和我国后,几乎没有它的天敌。天然草坡一旦被紫茎泽兰入侵,即与周围植物抢水抢肥,争夺生存空间,并且释放一种气体,使周围的植物无法生存,荒山和宜林地被侵占,生物多样性遭到严重破坏。牛羊吃了它,会引起哮喘病,母畜不生崽,用紫茎泽兰垫圈会使牲畜烂脚,严重危害畜牧业发展。人接触后引起手脚皮肤炎。侵入农耕地,造成粮食减产3%～11%。紫茎泽兰入侵,已经成为西部很多地区的心腹大患。由于这种草纤维太短,不能做造纸原料,晒干后作薪柴又点不燃,是名副其实的有害植物。

图8-23 紫茎泽兰

本节评价

1. 生物多样性是指什么?生物多样性有哪些层次?

2. 某湖的食物链可表示为:水生植物(藻类)→浮游植物→鱼→食鱼鸟。有科学家测定附近农田施用农药,使湖水含有DDT的浓度是0.0006毫克/升。请回答下列问题:

(1) 湖中的藻类通过吸收、积累,使DDT在藻类体内残留量达0.3毫克/升,即为湖水DDT浓度的_____倍。

(2) 水中小鱼吞食藻类后,鱼体中的DDT含量达1.6毫克/升,而以食鱼为生的食鱼鸟的组织中,DDT浓度竟达480.5毫克/升,是湖水中DDT浓度的_____倍。

(3) 上述数据给我们怎样的启示?

3. 阅读下列两个事例,请分析回答:

事例一:丹顶鹤在我国主要栖息于三江平原的湿地,目前该湿地面积减少了60%,从而使生活在此的丹顶鹤成为濒危物种。

事例二:水葫芦最初是作为饲料及观赏植物引入我国。但随着时间的推移,水葫芦在其生活环境迅速繁殖,覆盖整个水面,对本土生长的水生植物造成毁灭性打击,成为恶性杂草。

(1) 根据事例一,分析丹顶鹤成为濒危物种的原因是_____。

(2) 事例二说明,_____可使生物多样性丧失。造成水葫芦泛滥成灾的原因可能是_____
_____。

（3）在分析上述情况的基础上，请思考并提出可采取哪些措施以应对困境？

4. 古巴比伦王国曾经经济繁荣，显赫一时。该国森林繁茂，自然资源丰富，生态环境十分优越。但由于人口剧增，毁林开荒，结果造成了水土流失，河道阻塞，连年洪水成灾，引起土壤沙漠化、盐渍化，最终导致该国成为一片废墟。就古巴比伦王国成为废墟的事例，从生态学方面谈谈你的感想。

5. "绿水青山就是金山银山"，请你谈谈对这句话的理解。

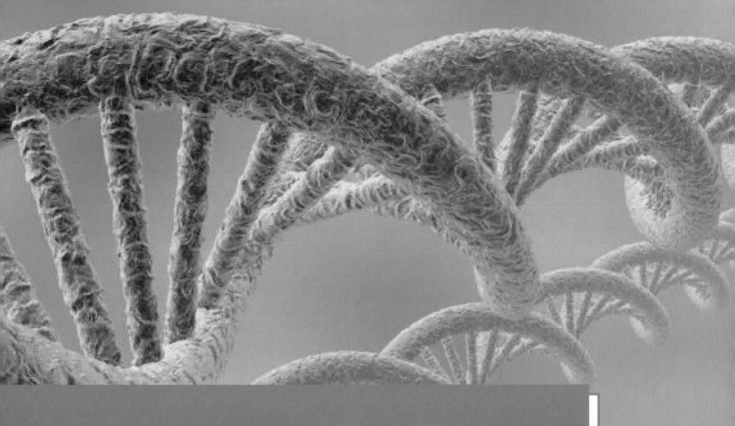

第四单元　生物工程

"

　　大规模生产的抗生素、培养供移植用的造血干细胞、"抗虫棉"，这些造福于人类生产生活实践的产品，均需依赖生物工程。生物工程包括发酵工程、细胞工程、基因工程和酶工程四个方面。那么，这些生物工程的原理以及基本操作步骤如何，有何应用价值呢？

"

第九章　发酵工程

酸奶是一种酸甜可口的奶制品,由乳酸菌发酵而成。你可能喝过手工制作的酸奶,也喝过工厂规模化生产的酸奶。后者的生产离不开发酵工程,嗜酸链球菌是酸奶中常见的菌种。发酵工程是一门利用微生物的生长和代谢活动大规模生产有用产品的工程技术。你还知道哪些产品是发酵工程生产的吗? 发酵工程是怎样实现大规模生产的?

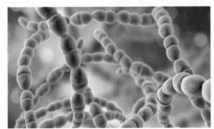

第一节　发酵工程产品及其应用

在我们日常餐桌上出现的酸奶、酒类,以及制作菜肴时添加的醋和酱油等调味品都是微生物发酵的产物。随着生活水平的提高,传统的发酵生产不足以满足人们的需求,现代发酵工程应运而生。现代发酵工程具有生产条件温和、原料成本低廉、环境污染较小、生产过程自动化等特点,它给我们的生活带来了哪些变化? 还可以应用在哪些领域?

一、发酵工程在食品工业中的应用

发酵食品的生产有着悠久的历史,其产量和产值都占发酵工业的首位。在我们的生活中随处可见发酵工程生产的食品以及相关产品。

1. 传统发酵食品

食品发酵是微生物在起作用,常用于发酵的微生物有细菌、酵母、霉菌等(图9-1)。酸奶主要以牛奶为原料,添加乳酸菌进行无氧发酵,乳酸菌在牛奶中生长繁殖,分解牛奶中的乳糖产生乳酸,这就是酸奶酸味的由来。葡萄酒、啤酒等酒类中的酒精是由酵母把水果或粮食中的糖在无氧条件下转化而成。食醋的主要成分是乙酸,是在酒精发酵的基础上,醋酸菌通过有氧发酵把酒精转化成乙酸。酱油和腐乳主要是用霉菌发酵生产的,具有丰富的滋味。因为霉菌能够分泌多种酶,蛋白酶分解豆类中的蛋白质,产生了独特的鲜味,淀粉酶将淀粉水解为葡萄糖,产生了甜味。发酵工程应用在传统发酵食品的生产过程可以帮助改进工艺,提高产品的产量和品质。

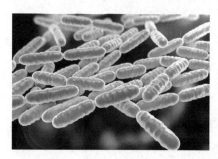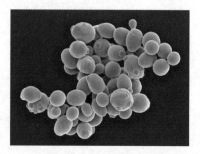

图 9-1　电子显微镜下的乳酸菌、酵母、霉菌

幼儿活动设计建议

观察面团发酵

中华面食文化历史悠久,酵母是发面必需的材料,观察面团发酵的过程,理解发酵的原理。

活动材料

面粉 500 克、酵母 5 克、糖 25 克和 30～40℃温水 250 克

活动过程

1. 取两个和面盆,分别加入等量的面粉、糖,其中一个加酵母,另一个不加。
2. 分别慢慢加入等量的温水,边加边搅拌。
3. 面团和好后,在上面盖一层保鲜膜,放在暖和的地方,30 分钟左右。
4. 观察和描述加酵母和不加酵母面团的发酵情况。

2. 食品添加剂

随着人们对食品多样化的需求,食品添加剂得到了普遍应用,它们具有调节食品口感、色泽,增加营养,延长保质期等作用。味精是家庭厨房常用的鲜味剂,成分是谷氨酸钠,需要以谷氨酸为原料。最初谷氨酸比较难获得,需要先从面粉中提取蛋白质,再经过水解和分离获取。我国目前以棒状杆菌为主要发酵菌种,利用制糖厂剩下的副产品为原料合成谷氨酸,节约了宝贵的粮食,大大降低了成本。β-胡萝卜素是一种天然色素,适量添加不仅没有毒性,还可以在人体内分解为维生素 A,预防夜盲症,利用微生物发酵生产 γ-胡萝卜素是发展的趋势。柠檬酸是普遍使用的酸度调节剂,在很多饮料和食品的成分配料表中能找到它,可以延长食品的保质期,最初从柠檬汁中提取,而目前主要采用黑曲酶发酵法进行生产。

二、发酵工程在医药工业中的应用

通过微生物发酵生产药品,可以减少生产过程造成的环境污染,并且产物成分较为单一,降低了药物毒副作用,还可以结合其他生物工程方法改造微生物,改善药品质量,大幅提高产量。

1. 抗生素

抗生素是微生物产生的能够抑制或杀灭致病菌的化学物质。青霉素是第一个发现并通过发酵工程大量生产的抗生素。青霉素商业化的成功大大推动了抗生素产业的发展,随后一系列抗生素,如链霉素、红霉素、头孢霉素等,借助发酵工程得以大量生产和应用,为人类治疗细菌性感染做出巨大贡献。

信息库

青霉素的发现到大规模生产

1928年,英国微生物学家弗莱明发现一块接种了葡萄球菌的培养基上污染了青霉菌,在青霉菌的周围形成了一个透明圈(图9-2),他敏锐地意识到青霉菌可能产生了某种能够抑制细菌生长的物质,并起名为"青霉素"。但由于当时青霉素的产量太低,没能得到广泛应用。当时正值第二次世界大战,大量伤员需要抗感染药物救治,这促进了大规模生产青霉素的研究。

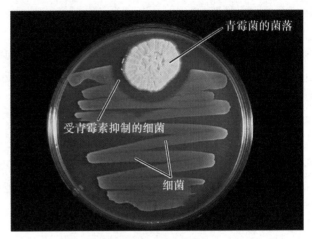

图9-2 霉菌周围产生抑制细菌生长的透明圈

早期生产青霉素采用的是固体发酵,由于青霉菌是好氧微生物,需要经常翻动进行通气。这种方法占地面积大,且容易污染杂菌。后来,科学家探索出了液体发酵的方法。科学家找到了能够在液体中生长的青霉菌菌种,设计了密封发酵罐,并采用高压蒸汽对发酵罐和培养基进行灭菌,设计了热交换系统来控制温度,发明了无菌空气设备和搅拌装置,保证通气。最终,实现了青霉素的大规模生产。

2. 维生素

维生素是维持人体正常生理活动必需的微量有机小分子,大多数维生素在人体内不能自行合成,必须从食物中摄入。维生素家族有很多成员,具有不同的结构和功能,来源也不同。其中β-胡萝卜素(维生素A前体)、维生素B_2、维生素B_{12}、维生素C、维生素D可完全或部分利用微生物发酵法进行生产,用于预防或治疗维生素缺乏引起的疾病。

观察思考

食品(图9-3)包装上的配料表可以给消费者提供很多信息,请观察表9-1所示的配料表,并思考回答下列问题。

表9-1 某食品配料表

产品	草莓味益生菌夹心饼干
配料	小麦粉、白砂糖、食用植物油、全脂乳粉、碳酸钙、草莓粉、食用盐、碳酸氢钠、柠檬酸、凝结芽孢杆菌、维生素B_2、维生素D。

图9-3 草莓味夹心饼干

1. 查阅资料,该配料表中哪些成分可能属于发酵工程的产品?添加的目的是什么?

2. 查阅身边的食品包装,指出还有哪些产品或其中的成分是发酵工程的产物?

三、发酵工程在其他产业中的应用

除了生产食品和药品,通过发酵工程大规模生产的活菌或其代谢产物,也可以应用于现代农牧业、环境保护和能源等方面。

1. 农牧业

根瘤菌和固氮菌可以制成微生物肥料,增加土壤中的氮元素,有利于农作物生长。苏云金芽孢杆菌、白僵菌可以防治害虫,制成微生物农药。微生物生长迅速,而且含有丰富的蛋白质,通过发酵获得大量的微生物菌体,即单细胞蛋白,可以制成动物饲料。

2. 环境保护

微生物发酵可以用于污水处理,通过微生物自身的代谢活动,对废水中的有机物进行降解,分解成简单的无机物。不同的废水里含有的污染物不同,需要不同种类的微生物来处理,好在微生物代谢类型丰富,总能找到合适的微生物或通过基因工程手段构造的微生物。科学家构建出了能降解原油的"石油菌",可以消除海面上因船只泄漏造成的石油污染。

3. 能源

酵母通过发酵,可以把糖类转化成酒精。酒精是一种重要的工业原料和燃料。传统酒精生产依靠粮食为原料,但是通过粮食生产酒精成本过高,像农作物秸秆、杂草、树叶等废弃物里面含有大量纤维素,纤维素是由葡萄糖分子聚合而成的多糖,把纤维素降解成小分子糖类后,就可以利用酵母发酵生产酒精,实现变废为宝。

📝 本节评价

1. 酸奶和醋都有酸味,两者生产的原理是一样的吗？为什么？

2. 市场上一些传统发酵生产的食品比现代发酵生产的同类食品价格高很多,有人就认为传统发酵更好,你如何看待这个问题？

第二节　发酵工程及其原理

传统发酵历史悠久,但当时的人们并不清楚发酵的原理,依赖天然菌种的自然发酵,发酵菌种也没有进行分离纯化,培养基多为经过简单处理的天然原料,发酵条件缺少精确地控制,这些都导致传统发酵的产品品质不稳定且不可控。现代发酵工程需要遵循一定的生产环节,从而实现产品稳定且大规模生产。那么,现代发酵工程怎样实现大规模生产呢？

一、培养基的配制

人类维持生存需要摄入食物,微生物生长也需要营养,只是它们"吃"的东西和我们的不太一样。不同微生物的"口味"也不同,培养它们需要配制合适的培养基。培养基(表9-2)的基本营养成分可以分为五大类,即碳源、氮源、生长因子、无机盐和水。

表9-2　牛肉膏蛋白胨培养基的营养成分(1000毫升)

组分	含量	主要营养成分类型
牛肉膏	5克	碳源、生长因子、无机盐等
蛋白胨	10克	氮源等
NaCl	5克	无机盐
H_2O	定容至1000毫升	水

碳源是指能为微生物生长和代谢提供碳元素的物质。常见的碳源有葡萄糖、蔗糖、淀粉等有机碳源。自养微生物,如蓝藻、硝化细菌等,能够利用 CO_2 等形式的无机碳源。

氮源是指能为微生物生长和代谢提供氮元素的物质,微生物主要用于合成蛋白质、核酸等含氮化合物。常见的氮源有蛋白胨(蛋白质初步水解产物)、尿素、铵盐和硝酸盐等。固氮微生物还能够利用空气中的氮气。

生长因子通常是指微生物自身不能合成或者合成量不足,但又是生长和代谢必需的小分子有机物,如维生素、氨基酸、碱基等。一些培养基中添加的天然物质中含有生长因子,如牛肉膏、酵母提取物等。

无机盐需要适量,过高的盐浓度会抑制大多数微生物的生长。

除了营养成分,微生物生长还需要合适的 pH 值,不同微生物适宜的 pH 不同,在配制培养基时根据需要进行调节。

工业生产的发酵培养基因为还要考虑成本问题,通常选择来源丰富、价格低廉的原料。

根据培养基的物理形态可以分为液体培养基和固体培养基。在液体培养基中加入一定量的琼脂作为凝固剂就能制成固体培养基(图9-4)。液体培养基常用于微生物的大规模培养。固体培养基常用于微生物的分离、鉴定以及计数。

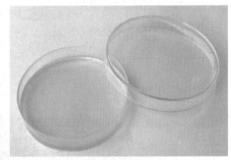

图9-4 液体培养基(左)和固体培养基(右)

观察思考

崇明老白酒是崇明的特产之一,也是上海唯一的地方酒种,其制作工艺入选上海市非物质文化遗产。请阅读崇明老白酒的制作过程(图9-5),并思考回答下列问题。

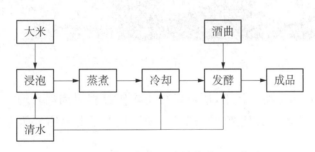

图9-5 崇明老白酒的制作过程示意图

1. 将大米蒸煮除了能使淀粉糊化,有利于糖化,还有什么作用?
2. 为什么蒸煮后,先淋水冷却后,才能加入酒曲?

二、无菌技术

目前发酵工程中大多采用单一菌种发酵,一旦污染了杂菌,杂菌会与生产菌发生竞争养分或分泌抑制生产菌生长的物质,影响正常的发酵过程,导致产量大幅下降,甚至产生有毒有害物质,导致发酵失败,造成巨大的经济损失。在微生物分离、纯化、接种、培养及菌种保藏的各个环节都要用到无菌技术。无菌技术主要包括消毒和灭菌。

灭菌是采用强烈的物理或化学方法杀死物体内外的一切生物(包括芽孢)。某些细菌能够产生芽孢来度过恶劣环境,芽孢在100℃的开水中能存活几个小时。为了杀灭芽孢,培养基需要放在灭菌锅中进行

图9-6 高压灭菌锅

高压蒸汽灭菌(图9-6),灭菌锅的压力表数值需要达到0.1 MPa,温度升至121℃(含糖量高的培养基115℃),保持20～30分钟。对于无法灭菌的物体,如操作者本身和需要接种的动植物等材料,只能采用消毒的办法。消毒是用比较温和的方式杀死物体内外一部分有害的微生物,如人体或动植物表面的致病菌。

在发酵开始前发酵设备和培养基都必须经过高压蒸汽灭菌。对操作的空间、操作者的衣着和手进行清洁和消毒。无菌操作过程应当在超净工作台进行并点燃酒精灯,在酒精灯火焰周围可形成一个高温无菌区,防止空气中的微生物污染。用来接种微生物的工具,如接种环等,使用前可以通过酒精灯火焰灼烧灭菌。有氧发酵过程中通入发酵罐的空气需要经过过滤除菌(图9-7)。

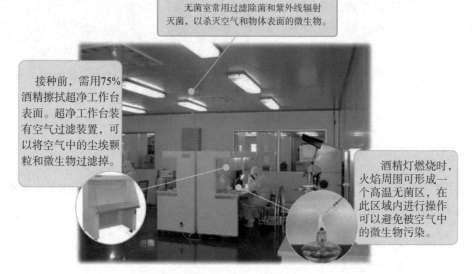

无菌室常用过滤除菌和紫外线辐射灭菌,以杀灭空气和物体表面的微生物。

接种前,需用75%酒精擦拭超净工作台表面。超净工作台装有空气过滤装置,可以将空气中的尘埃颗粒和微生物过滤掉。

酒精灯燃烧时,火焰周围可形成一个高温无菌区,在此区域内进行操作可以避免被空气中的微生物污染。

图9-7 无菌操作室操作相关的无菌技术

无菌技术除了防止纯种微生物被污染,还可以防止操作过程对周围环境造成污染。操作结束时,操作人员要养成洗手的习惯,防止自身被微生物感染。使用过的培养基需要灭菌处理后才能丢弃,避免污染环境。

探索 实践

马铃薯葡萄糖固体培养基的配制

固体培养基是由德国科学家科赫(R. Koch)发明的,用于细菌的分离和纯化。最早的固体培养基是马铃薯片制成的,经过不断地改良,最终以琼脂作为凝固剂。

一、实验目的

学会配制固体培养基的基本步骤和灭菌技术。

二、实验原理

微生物生长所需的营养物质由培养基提供。马铃薯葡萄糖固体培养基中的葡萄糖主要提供碳源,马铃薯浸出液主要提供氮源和生长因子,琼脂为凝固剂。该培养基常用于酵母和霉菌的培养。

三、仪器和试剂

马铃薯(去皮切块)、葡萄糖、琼脂、蒸馏水、1 L烧杯、250 mL三角烧瓶、三角烧瓶塞、牛皮纸、线绳、1 L量筒、玻璃棒、纱布、精密pH试纸、酒精灯、火柴、记号笔、培养皿、1摩尔/升NaOH溶液、1摩

尔/升 HCl 溶液、可加热的磁力搅拌器、天平、灭菌锅、超净工作台

四、实验步骤

1. 称 200 克去皮切块的马铃薯，加 1 000 毫升蒸馏水，煮沸 10~20 分钟。用纱布过滤。

2. 加入 20 克葡萄糖和 20 克琼脂，在磁力搅拌器上加热溶化。

3. 将培养基倒入量筒，补加蒸馏水至 1 000 毫升定容。

4. 用 1 摩尔/升的 NaOH 或 HCl 溶液，调节 pH 至 6.5。

5. 趁热分装至 250 毫升三角烧瓶，每瓶培养基不超过 125 毫升。用瓶塞和牛皮纸封口包扎后，115℃高压蒸汽灭菌 20 分钟。

6. 在超净工作台中，培养基冷却至 50℃ 左右，在酒精灯火焰旁，往无菌的培养皿中倒入约 15 毫升培养基（图 9-8），使培养基分布均匀，静置凝固成平板。

图 9-8　倒平板示意图

五、结果分析

1. 小萌同学接种酵母后发现，培养基上除了酵母菌落还长出了几个杂菌菌落，有什么办法判断是否在接种前平板就已经污染？

2. 淀粉酶可以用于水解淀粉生产葡萄糖，葡萄糖是一种重要的工业原料。已知土壤中某种淀粉酶产生菌最适生长 pH 为 8.0。试设计一个从土壤中筛选此种淀粉酶产生菌的培养基配方。

三、菌种的选育

在自然界中，多种微生物常常混居在一起，而发酵生产所需的只是其中的一种或一株。因此分离、纯化所需的微生物是研究和生产的前提。常用的方法有平板划线法和稀释涂布平板法。

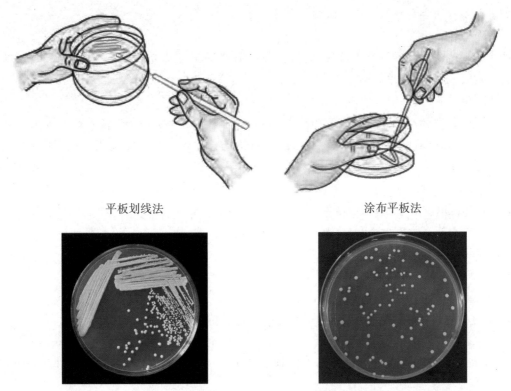

平板划线法　　　　　　　　　　　涂布平板法

图 9-9　平板划线法、稀释涂布平板法及结果示意图

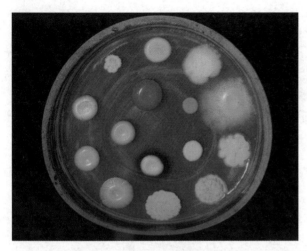

图9-10　不同种类的微生物菌落

通过平板划线法和稀释涂布平板法,经过若干时间的培养后,微生物的单个细胞在固体培养基上繁殖形成肉眼可见的单菌落(图9-10)。平板划线法是通过接种环在固体培养基表面连续划线,将微生物逐步稀释分散,从而培养得到单菌落。稀释涂布平板法需要预先进行一系列的梯度稀释,然后用涂布棒将不同稀释倍数的菌液分别涂布到固体培养基表面,在稀释倍数足够的培养基上能够获得单菌落。稀释涂布平板法可以用于活菌的计数。观察菌落的形状、大小、颜色等特征可以对不同微生物进行初步鉴别。需要注意的是同一种微生物的菌落特征可能会随着培养基的成分、培养时间等条件发生改变。

发酵工程所用的微生物主要有细菌、放线菌、酵母菌和霉菌。直接从环境中分离的野生菌株往往产量较低,还可能产生一些有害物质。目前实际发酵生产的菌种大多不是野生菌株,而是通过人工诱变育种或基因工程育种获得的菌种。

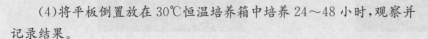

探索　实践

酵母的分离和纯化

酿酒和发酵面包用的都是酵母,但菌种不同,在某些生理特性上有所不同。发面用的酵母更擅长释放二氧化碳,使面包蓬松。酿酒用的酵母能产生丰富的口感和香气。微生物的分离和纯化对于发酵生产具有重要意义。

一、实验目的

学会平板划线法和稀释涂布平板法的操作方法。

二、实验原理

通过平板划线法和稀释涂布平板法,使微生物在固体培养基上分散成单个细胞,经过多次分裂形成单菌落,从而获得纯种培养物。

三、仪器和试剂

马铃薯葡萄糖固体培养基平板、酵母液、接种环、涂布棒、酒精灯、火柴、移液器、0.1 mL 和 1 mL 无菌吸头、试管、试管架、超净工作台、蒸馏水、75%酒精、烧杯、记号笔、恒温培养箱等。

四、实验步骤

1. 酵母的平板划线

(1)接种环蘸取少量酒精,在酒精灯外焰上灼烧灭菌。

(2)接种环在酒精灯附近冷却后,蘸取一环酵母液。

(3)在酒精灯旁打开培养皿盖,用接种环在平板靠边的第1个区域连续划线,然后烧去接种环上的剩余菌液;接种环冷却后,从第1个区域末端开始往第2个区域划线,然后烧去接种环上的剩余菌液;继续在第3个区域内划线,结束后也要烧去接种环上的剩余菌液(图9-11)。

(4)将平板倒置放在30℃恒温培养箱中培养24~48小时,观察并记录结果。

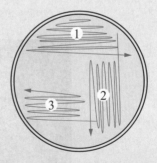

图9-11　平板划线法示意图

2. 酵母液的稀释

（1）在 6 支试管中分别装入 9 毫升蒸馏水，封口后，依次编号为"$10^1\sim10^6$"，灭菌。

（2）用移液器吸取 1 毫升酵母液，加到编号为 10^1 的试管中，吹吸几次混匀。

（3）用移液器从稀释倍数为 10^1 倍的试管中吸取 1 毫升稀释液，加到编号为 10^2 的试管中，吹吸几次混匀。重复上述操作，直至编号为 10^6 的试管（图 9-12）。

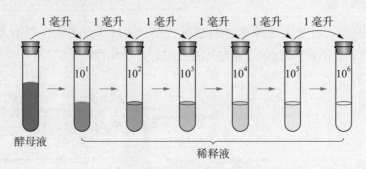

图 9-12 稀释操作示意图

3. 酵母的平板涂布

（1）涂布棒浸泡在装有 75％ 酒精的烧杯中，取出沾有少量酒精的涂布棒在酒精灯火焰上引燃，待酒精燃尽后冷却。

（2）用移液器吸取 0.1 毫升稀释倍数为 10^4 倍的酵母液，加到培养基平板表面的中央。

（3）用涂布棒使酵母液均匀覆盖到整个平板的表面。

（4）另取两个培养基平板，按上述步骤，分别涂布稀释倍数为 10^5 倍和 10^6 倍的酵母液。在培养皿背面做好标记。

（5）将涂布后的平板以及一个未涂布的平板倒置放在 30℃ 恒温培养箱中，培养 24～48 小时，观察并记录结果。

五、结果分析

1. 有小组分别用平板划线法和稀释涂布平板法培养酵母，但忘记在培养皿上做标记，你能否根据结果判断是哪种接种方式？

2. 某乳酸菌饮品包装上写着本品含有活菌数 $>10^9$ 个/mL，可以通过什么方法来验证？

幼儿活动设计建议

你的小手干净吗?

微生物无处不在，我们每时每刻都在和它们接触。但是通常它们的个体很小，肉眼无法直接观察。在固体培养基上，微生物经过生长繁殖形成菌落，便于肉眼观察。

活动材料

LB 培养基平板（可在网上购买）、酒精洗手液、记号笔

活动过程

1. 在培养皿背面用记号笔画一条直线，将培养基划分成两个区域。

2. 用手触摸某种物体表面，如地面、玩具、头发等。然后用五个手指在半个培养基的表面轻轻地按下手印，不要戳破培养基。

3. 用酒精洗手液洗手后，用五个手指再次在另一半的培养基表面上按下手印。

4. 盖上培养皿盖,将培养皿倒置,放在 30℃ 的环境中培养两天,观察菌落的种类和数量。

安全提示

培养完的培养皿不能打开触摸,避免感染。

四、发酵条件的控制

发酵过程中需要对 pH、温度、溶解氧等条件进行控制。发酵罐是工业生产中常用的生物反应器,上面装有各种传感器,能够自动获取数据,并通过计算机进行自动化控制。

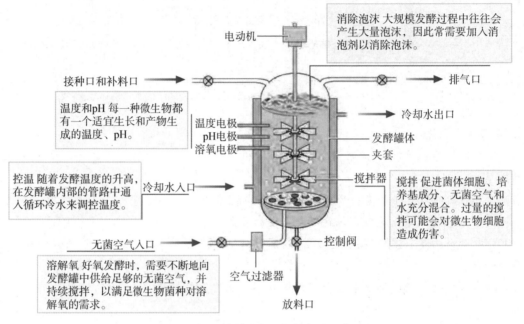

图 9-15　发酵罐结构及控制条件示意图

幼儿活动设计建议

酸奶的制作

酸奶是以牛奶为主要原料,经过乳酸菌无氧发酵而成。

活动材料

带盖和把手的瓷杯、勺子、保鲜膜、牛奶、原味酸奶、电饭锅

活动过程

1. 将瓷杯连同盖子、勺子放在电饭锅中,加水煮沸 10 分钟。

2. 往杯子里加入新开封的牛奶,大约七分满,冷却到接触杯壁不感到烫手。

3. 往牛奶里加入酸奶,用勺子搅拌均匀,盖上杯盖。

4. 倒掉电饭锅里的热水,换一些温水,把瓷杯放入电饭锅中,盖上用余热保温发酵。

5. 8 小时后观察酸奶凝结情况,成功的酸奶呈半凝固状,表面洁白,无大块颗粒,没有大量液体析出,闻起来有一股奶香味。

6. 放入 4℃ 冰箱保持 12~24 小时,口感会更佳。

安全提示

不建议食用实验室中自制的酸奶,以免发生食品安全问题。

📝 本节评价

1. 工农业生产会产生很多废弃物,如酿酒、味精发酵等过程产生的含丰富有机物的废水;农业生产中玉米秸秆、橘皮、豆荚等含纤维素类丰富的物质;棉籽粕、菜籽粕等含蛋白质丰富的物质;屠宰场废弃的毛、血、骨等含蛋白质丰富的废料。若利用霉菌、酵母、乳酸菌等微生物将废弃物发酵制成蛋白质饲料,则可拓宽蛋白质饲料的原料资源,更好地发展蛋白质饲料的应用。查阅相关资料,尝试设计一个用常见的生产生活废弃物为原料通过发酵制造产品的实施方案。

2. 中国科学家运用合成生物学方法构建了一株嗜盐单胞菌 H,以糖蜜(甘蔗榨糖后的废弃液,含较多蔗糖)为原料,在实验室发酵生产 PHA 等新型高附加值可降解材料,期望提高甘蔗的整体利用价值,工艺流程如图。请回答下列问题:

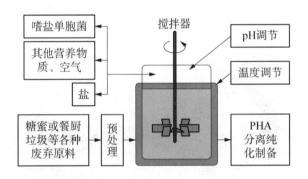

(1) 发酵装置中搅拌器的作用是_____。

(2) 为提高菌株 H 对蔗糖的耐受能力和利用效率,可在液体培养基中将蔗糖作为唯一的_____,并不断提高其浓度,经多次传代培养(指培养一段时间后,将部分培养物转入新配的培养基中继续培养)以获得目标菌株。培养过程中宜采用_____(平板划线法/稀释涂布平板法)对样品中的活菌进行接种和计数,以评估菌株增殖状况。

(3) 基于菌株 H 嗜盐、酸碱耐受能力强等特性,研究人员设计了一种不需要灭菌的发酵系统,其培养基盐浓度设为 60 克/L(高盐),pH 为 10(强碱性),菌株 H 可正常持续发酵 60 天以上。分析该系统不需要灭菌的原因是_____。

(4) 研究人员在工厂进行扩大培养,除了适宜的营养物浓度、pH 和溶解氧条件,发酵工程还需要控制的重要条件是_____。

第十章 基因工程

你一定见过神话故事中的奇异生物，如狮身人面兽等。然而在现实世界中，物种间由于存在种间生殖隔离，难以实现基因交流，这种兼具不同物种性状的生物个体是不可能获得的。基因工程打破了不同物种间在亿万年中形成的天然屏障，这项技术的应用，使生命科学的研究发生了前所未有的变化，在工业、农牧业、医药卫生、环境保护等各方面都有着不可限量的发展前景。

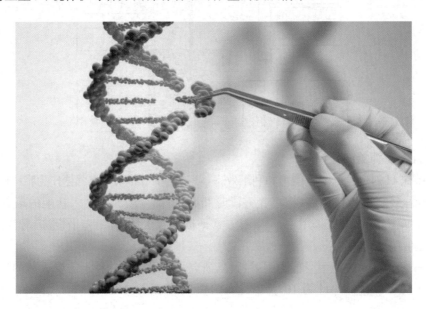

第一节 基因工程产品及其应用

糖尿病是威胁人类健康的一大顽疾，其中相当一部分患者需要每天注射胰岛素来缓解病情。早期人们主要是从猪、牛的胰脏中提取获得胰岛素，成本高昂且产量低。1982年，首个生物合成的人胰岛素获批应用于临床。它是用基因工程合成的胰岛素，和人胰岛素的氨基酸序列一样，降糖效果明显优于从动物胰脏中提取的胰岛素。如今，依赖于分子生物学技术进步和其他分支学科如微生物学、遗传学的发展，基因工程也进入了日新月异、高速发展的阶段，其带来的产品与技术革新也正深刻地影响着我们社会生活的方方面面。

一、基因工程在医学领域的应用

疫苗是保护人类免受传染病侵害的有力武器，传统疫苗一般是用从自然界获得的减毒的病原微生物或用理化方法将病原微生物杀死制备的生物制剂。虽然能起到一定的人工免疫的作用，但有时效果不甚理想。利用基因工程生产的新型疫苗，可以克服传统疫苗在产量、价格和安全性能方面的缺陷，通过获得病原体的一部分抗原基因，将其转入细胞中表达出相应的抗原蛋白，制成疫苗。人乙型肝炎疫苗和人乳头瘤病毒疫苗都是基因工程产品。

此外许多遗传性疾病如血友病、肺囊性纤维化等都是难以治愈危及生命的疾病,其病因都是基因突变等导致体内缺乏某种代谢过程所需要的酶。这些酶都是分子量大、结构非常复杂的蛋白质,在基因工程时代到来之前,有的只能通过从人体血液或组织中提取才能获得,不仅来源有限,而且易传播传染性疾病。生物制药的发展初期都是表达一些分子量较小、结构简单的蛋白质,如胰岛素、干扰素或集落刺激因子,氨基酸残基都在 200 个以下,因此采用大肠杆菌表达系统既经济又简便。针对分子量较大、结构复杂的蛋白质,近年来应用哺乳动物细胞来生产生物技术药物的比重越来越大。这些蛋白质在哺乳动物细胞中合成后,可以得到进一步加工,与天然蛋白质在结构和功能上保持高度一致。科学家将药物蛋白和一些调控元件共同导入牛、绵羊受精卵中,即可从动物乳汁中获得该药物,称为乳腺生物反应器。从乳腺生物反应器中,人们已经获得了抗凝血酶、血清白蛋白、生长激素等重要医药产品(图 10-1)。

图 10-1 基因工程药物

观察思考

通过阅读上述基因工程在医药领域内的应用案例,思考回答下列问题:

1. 用基因工程方法生产的药物,其化学属性是什么,具备哪些共性?
2. 利用大肠杆菌生产的药物和利用哺乳动物细胞生产的药物,有何不同?

信息库

基因治疗

导入正常的基因来治疗由于基因缺陷而引起的疾病一直是人们长期以来追求的目标。但由于其技术难度很大,困难重重。1990 年 9 月,美国 FDA 批准了用 ada(腺苷脱氨酶基因)基因治疗严重联合型免疫缺陷病(一种单基因遗传病),并取得了较满意的结果。这标志着人类疾病基因治疗的开始。

基因治疗是指将外源正常基因导入病人特定的受体细胞中,使外源基因制造的产物能治疗某种疾病(图 10-2)。从广义说,基因治疗还包括从 DNA 水平采取的治疗某些疾病的基因编辑技术。目前,基因治疗已涉及恶性肿瘤、遗传病、代谢性疾病、传染病等多种疾病。

图 10-2 基因治疗宣传画

二、基因工程在农牧业方面的应用

由于人口增加、工业发展等因素,耕地面积不断减少,粮食的增产将主要依靠增加单产来实现。目前,提高农作物产量的主要设想是通过改造光合作用的过程来提高植物固定 CO_2 转化为糖类等有机物的能力。科学家将来自玉米的 C_4 光合型 PEPCase 基因导入水稻愈伤组织,转基因水稻表现出较强的光合能力,单株产量比未转化的对照株提高近 30%。大豆是一种富含蛋白质的作物,将大豆的蛋白质基因转移到水稻种子中去,培育出"大豆米"新品种。用这种大豆米做成的米饭,兼有大豆和大米的营养价值,比现有的大米品种更具发展前景。

自然界中生长的植物面临许多逆境威胁,如极端温度、干旱、水涝、病虫害、高盐、重金属环境等,植物通过自然选择进化形成抗逆性的过程是漫长的,逆境环境严重威胁了庄稼产量。植物基因工程技术,通过将特定的抗性基因定向导入植物体内,可以有效地解决这些问题,且基因来源也可打破了种属的界限,不仅植物来源的基因可用,动物、细菌、真菌,甚至病毒来源的基因都可以使用。我国拥有自主知识产权的转基因抗虫棉就是这类转基因作物。近30年间,全世界范围内转基因作物种植面积增加了一百多倍,杀虫剂使用减少了8.2%,增加经济收益约1.3万亿元。

在培育转基因动物方面,1982年科学家将大鼠的生长激素(GH)基因导入小鼠基因组,得到了世界上第一只转基因超级巨型小鼠(图10-3),在以后10年间相继报道过转基因兔、绵羊、猪、鱼、昆虫、牛、鸡、山羊、大鼠等转基因动物的成功问世。人们由此受到启发,通过外源基因的导入,获得生长周期短、饲料利用率提高、能生产特定的产品并稳定遗传的优良品种。

图10-3　转基因鼠和转基因水稻

观察思考

阅读基因工程在农牧业方面的应用,思考下面的问题:
科学家制备转基因植物和转基因动物的基本思路和策略是怎样的?

📚 信息库

神奇的转基因作物和转基因动物

苏云金芽孢杆菌毒蛋白(Bt蛋白)是苏云金芽孢杆菌在形成芽孢时产生的一种蛋白质,这种毒蛋白对鳞翅目昆虫有特异的毒性作用,对其他生物基本无害。人们在植物体内植入能够产生Bt蛋白的基因,以此来毒杀害虫。这种基因在植物体内一代代传下去,成为新作物品种。棉花生产过程中容易遭遇棉铃虫灾害。棉铃虫大爆发时,棉农大量使用农药,不仅污染了自然环境,破坏了生态平衡,同时也使害虫产生了抗药性,给棉花带来更大的危害。转基因抗虫棉是将抗棉铃虫的Bt蛋白基因转育到高产优质的传统棉花中成为新型的棉花品种(图10-4)。该新品种在生长中自身能生产一种特殊Bt蛋白,棉铃虫食用后,导致其消化道麻痹而死。

图10-4　转基因抗虫棉

半胱氨酸是与羊毛合成有关的限制性氨基酸。由于半胱氨酸在羊瘤胃中降解,饲料中加入半胱氨酸并不能提高它在羊血中的水平。如果得到一种能自身合成半胱氨酸的转基因羊,这将会大大提高羊毛产量。为达此目的,科学家将大肠杆菌细胞中与半胱氨酸合成的两种酶导入羊体内,并在其中表达。转基因羊的胃上皮细胞能利用胃中的硫化氢合成半胱氨酸。转基因羊毛光泽亮丽,羊毛中羊毛脂的含量得到明显的提高。

三、基因工程在食品工业方面的应用

基因工程在食品的加工和生产中也展现出无可比拟的优势。第一个采用基因工程改造的食品微生物为面包酵母。由于把具有优良特性的酶基因转移至该菌株中,使该菌株含有的麦芽糖酶含量比普通面包酵母高,面包加工中产生 CO_2 气体的量也较高,最终制造出膨发性能良好、松软可口的面包产品。这种基因工程改造过的微生物菌种在面包烘焙过程中会被杀死,在使用性上是安全的。

在食品生产工艺中,往往会碰到饮料、酒等浑浊的问题,从而影响其质量,解决此问题最常用的方法就是添加一些适当的酶。制备果汁时,添加果胶酶可降低果汁黏度,并使浑浊液澄清。在葡萄酒酿造中,加入果胶酶不仅可以使葡萄汁快速澄清,提高酒液过滤效率,而且它还可以水解葡萄汁中的单萜糖体,得到易挥发的风味物质,增加了葡萄酒的芳香风味。目前,食品工业中的绝大多数酶都可以通过基因工程的方法批量生产。

观察思考

阅读学习基因工程在食品领域的应用,思考下列问题:

1. 为什么在面包酵母中导入麦芽糖酶基因,制作的面包就能产生更多的 CO_2 气体,从而改良面包口感,使其更加蓬松?

2. 根据所学知识,总结归纳基因工程中基因与产物蛋白之间的关系。

四、基因工程在环境保护领域的应用

现代农业及石油、化工等现代工业的发展,开发了一大批天然或合成的有机化合物,如农药、石油及其化工产品、塑料、染料等工业产品,这些物质连同生产过程中大量排放的工业废水、废气、废物已给我们赖以生存的地球带来了严重的污染。目前已发现有致癌活性的污染物达 1 100 多种,严重威胁着人类的健康。但是小小的微生物有着惊人的降解这些污染物的能力。人们利用基因工程技术构建的基因工程菌能净化有毒的化合物、降解石油污染、清除有毒气体和恶臭物质、综合利用废水和废渣、处理有毒金属等作用,达到净化环境、保护环境、废物利用并获得新产品的目的。

观察思考

阅读基因工程在环保领域内的应用,思考下列问题:
降解污染物的基因工程细菌中导入了什么类型的基因?

基因工程技术的广泛应用,让人们看到了无限广阔的发展前景。然而任何科学技术都是一把"双刃剑",在对社会或人类带来财富和幸福的同时,也会给社会与人类带来潜在的威胁。例如转基因食品的安全性问题,通过人工修改过 DNA 的食物可能存在一定的致敏性,又如导入抗虫基因的杀虫植物产生大剂量的 Bt 蛋白,虽然能大规模地消灭害虫,自然选择的作用可能产生抗 Bt 蛋白的害虫,也有可能同时伤害这些害虫的天敌。如何引导现代生物技术朝着有利于人类的方向发展,将其负面影响减少到最低限度,还需要法律法规的规范,也是摆在我们面前迫切需要研究的重大课题。

幼儿活动设计建议

基因工程与我们的生活

基因工程技术与产品正深刻地影响着社会生产生活的方方面面,通过观摩视频,更直观、更深入地了解基因工程。

一、活动材料

有关"基因工程与我们的生活"视频

二、活动过程

1. 观摩视频。

2. 说一说生活中的基因工程产品。

本节评价

1. 上网或阅读相关书籍,了解基因工程相关的法律法规,结合本节内容,制作一期"基因工程利与弊"为主题的黑板报或电子小报。

2. 害虫损伤番茄的叶片后,叶片细胞的细胞壁能释放出一种类激素物质,这种物质可以扩散到番茄的其他部位,诱导细胞内蛋白酶抑制剂基因表达,合成蛋白酶抑制剂,导致害虫因不能消化食物而死亡。科学家利用转基因技术把番茄的蛋白酶抑制剂基因转移到玉米中,使玉米获得了与番茄相似的抗虫性状,有效抵御了玉米螟对玉米的危害。

(1) 试分析接受了番茄蛋白酶抑制剂基因的玉米细胞中,蛋白酶抑制剂的合成与加工过程。

(2) 抗玉米螟玉米具有显著的生态效应。你认为种植该玉米的农田是否还需要进行防虫管理? 请阐述理由。

(3) 有人对食用该玉米的安全性表示担忧,你认为这种担忧有无道理? 请简要说明理由。

第二节　基因工程操作工具

　　棉花是我国重要的经济作物,但种植过程中容易收到棉铃虫的侵害。科学家从苏云金芽孢杆菌中获得了具有抗虫功能的 Bt 蛋白基因,通过分子工具将其导入棉花细胞中,使棉花获得抗虫特性。DNA 的分子直径只有 2 纳米,对这么微小的分子进行操作是一项精细的工作,那么基因工程需要哪些工具,这些工具各有什么特征呢?

　　"工欲善其事必先利其器"。在培育转基因抗虫棉时,首先要在体外对含有所需基因的 DNA 分子进行切割、改造,并将其与运载体 DNA 分子拼接在一起。实现这一操作,至少需要三种"分子工具",即准确切割 DNA 分子的"分子剪刀"——限制性内切酶、将切割好的 DNA 分子与运载体连接在一起的"分子糨糊"——DNA 连接酶,以及 DNA 的"分子运输车"——"载体"。

一、"分子剪刀"——限制性核酸内切酶

　　限制性核酸内切酶(简称限制酶)是一类能够识别双链 DNA 分子中的某种特定核苷酸序列,并由此切割 DNA 双链结构的核酸内切酶(图 10-5)。它们主要是从原核生物中分离纯化出来的,目前发现的数千种限制酶已经投入商业化生产(图 10-6)。

图 10-5　内切酶作用原理示意图

图 10-6　商业化的核酸内切酶

大部分限制酶特异性识别的 DNA 片段为 4～6 个碱基对,如 *EcoR* I 识别的序列为 5′- GAATTC - 3′,*Bgl* II 的识别序列为 5′- AGATCT - 3′,但识别序列没有 4 个碱基对以下的。例如 *EcoR* I 与 DNA 上对应的序列识别并结合后,切开特定碱基所在的脱氧核苷酸之间的磷酸二酯键,形成突出的单链末端,我们将这种末端称之为黏性末端(图 10 - 7)。不同来源的 DNA 分子,如具备互补的黏性末端,可通过碱基互补配对的方式结合在一起。还有一类限制酶,在识别序列的对称轴处进行切割,形成平头末端,如 *Alu* I、*Sma* I 等(表 10 - 1)。

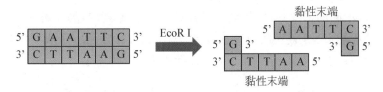

图 10 - 7　限制性内切酶 *EcoR* I 酶切示意图

表 10 - 1　部分限制酶切表

切割后产生 5′突出末端的内切酶	切割后产生平末端的内切酶
BamH I 5′···GG▼ATCC···3′	*Alu* I 5′···AG▼CT···3′
EcoR I 5′···G▼AATTC···3′	*EcoR* V5′···GAT▼ATC···3′
Bgl II 5′···A▼GATCT···3′	*Sma* I 5′···CCC▼GGG···3′
Hind III5′···A▼AGCTT···3′	

信息库

限制酶的来源与命名

早在 20 世纪中期,科学家在研究大肠杆菌和噬菌体的寄生关系时,发现了大肠杆菌为代表的原核生物体内存在着控制寄生病毒的限制和修饰系统。在限制修饰系统中限制作用是指一定类型的细菌可以通过限制性酶的作用,破坏入侵的外源 DNA(如噬菌体 DNA 等),使得外源 DNA 在入侵自身细胞时受到限制;而自身的 DNA 分子合成后,通过修饰酶的作用,在碱基中特定的位置上发生了甲基化而得到了修饰,可免遭自身限制性酶的破坏。限制酶构成了细菌细胞抵抗外源入侵 DNA 的防御机制。

限制酶的命名最初是由史密斯(Smith)和那森斯(Nathans)在 1973 年提出的,1980 年再由罗伯茨(Roberts)进行系统化和分类。命名一般取三个字母,第一个大写字母为分离出该酶的微生物的属名,第二、三个小写字母为种名。如果该微生物有不同的品系和变种,则要写上品系或变种的第一个字母,即限制酶命名中的第四个字母代表株。从一种微生物细胞中发现几种限制酶,则还要根据发现和分离的顺序用 I、II、III 等罗马数字表示。如 *EcoR* I,E 为 *Escherichia* 属,*co* 为 *coli* 种,R 为 RY13 株,I 为第一个被发现的限制酶。

观察思考

根据限制酶的功能和 DNA 分子的结构相关知识,思考并回答下列问题:

1. 限制酶对切割的目标 DNA 序列是否具有选择性和特异性?
2. 限制酶切开的是碱基之间的氢键,还是相邻核苷酸之间的共价键?

二、"分子糨糊"——DNA 连接酶

被限制酶切割的不同 DNA 片段,可以通过黏性末端的互补配对结合在一起。但双链之间的氢键并不牢固,并且在双链 DNA 的某一条链上仍存在断裂切口。DNA 连接酶最突出的特点是,它能够催化被限制酶切割的 DNA 片段之间发生连接作用,催化双链 DNA 的某一条链上相邻核苷酸之间形成磷酸二酯键,形成重组的 DNA 分子(图 10-8)。1967 年世界上有数个实验室几乎同时发现了一种能够催化在两条 DNA 链之间形成磷酸二酯键的酶,即 DNA 连接酶。

DNA 连接酶有两种不同的来源:一种是从大肠杆菌中分离得到的,另一种是从 T4 噬菌体中分离得到的。通常大肠杆菌来源的 DNA 连接酶只能连接具有黏性末端的片段,而从 T4 噬菌体中得到的 DNA 连接酶,不仅可以连接具有黏性末端的片段,还可以连接平末端的片段。

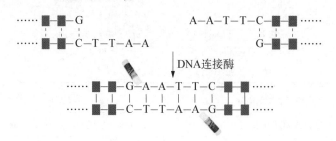

图 10-8 DNA 连接酶作用示意图

观察思考

观察 DNA 连接酶作用示意图,思考下列问题:
DNA 连接酶在连接两个 DNA 片段的过程中,共形成了几个共价键?

三、"分子运输车"——载体

DNA 分子在细胞中复制需要特定的调控序列,当一段外源 DNA 进入受体细胞中,由于缺少特定的复制调控序列,而不能在受体细胞中独立地复制与表达。基因工程中使用的载体,通常具备在受体细胞中独立复制的能力,当其作为运载工具携带目的基因进入受体细胞后,使得目的基因在受体细胞中也能完成复制。

一般常用的载体按来源分为细菌质粒和病毒。天然的质粒和病毒都需经过人工改构才能成为符合需求的基因工程载体。基因工程载体具备三个特点:首先,能独立自主地复制,插入载体的外源 DNA 分子在受体细胞中能跟随载体 DNA 一起复制扩增。其次,载体上携带标记基因,如抗生素抗性基因,半乳糖苷酶基因等,便于检测重组 DNA 是否导入受体细胞。第三,载体容易进入宿主细胞,也易从宿主细胞中分离出来。

针对不同用途,载体的种类有所不同。大肠杆菌的常用载体为质粒、噬菌体等,哺乳动物细胞的常用载体为逆转录病毒载体、腺病毒载体等,用作植物细胞的载体主要是 Ti 质粒载体。

信息库

质 粒 载 体

质粒是一类存在于细菌细胞中,独立于拟核 DNA、能自主复制的闭合环状双链 DNA 分子(图 10-9)。其大小通常在 1500 千碱基对范围内。质粒并不是细菌生长所必需的,但赋予细菌某些抵御外界环境因素不利影响的能力,如抗生素的抗性、重金属离子的抗性、细菌毒素的分泌以及复杂化合物的降解等,上述性状均由质粒上相应基因编码的蛋白质来执行。

目前所用的质粒载体主要是以天然细菌质粒的各种元件为基础重新组建的人工质粒。这些改造的细菌质粒分子量较小，其中含有多个限制酶酶切位点，便于连接外源DNA。此外质粒DNA上还有多个标记基因，如氨苄青霉素抗性基因、四环素抗性基因，便于在含有相应抗生素的培养基上筛选出导入重组DNA的受体细胞。质粒上还含有复制起始点和DNA复制调控相关的序列，使得重组DNA在导入受体细胞后，也能独立地进行复制扩增。

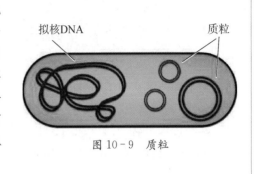

图 10-9 质粒

观察思考

阅读基因工程载体相关内容并查阅文献，思考回答下列问题：

1. 载体需要满足哪些特征？
2. 为什么病毒也可以作为基因工程中的载体？它们对受体细胞是否具有选择性？

由于基因操作工具的发明和产生，使科学家从分子层面对DNA进行操作成为可能。随着技术的进步，基因操作工具也在不断进步。例如，传统的DNA连接酶连接目的基因与载体，通常要在4℃冰箱中反应10小时以上，且连接效率比较低下。新型的DNA连接酶在常温情况下，最快5分钟就能高效完成连接反应。各种经过改造的质粒载体，也逐步商业化，为科学研究和实验操作提供便利。

本节评价

注射疫苗往往会引起痛苦不适。科研人员试图将乙肝蛋白表面抗原的蛋白基因导入西红柿中，通过食用携带该基因的番茄，即可取代传统疫苗的注射过程，获得对乙肝的免疫力。这项技术无疑将引发疫苗行业的革命。

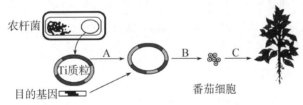

(1) 该转基因技术属于_____。

A. 动物基因工程   B. 微生物基因工程

C. 植物基因工程   D. 质粒基因工程

(2) 转基因番茄的制作过程 A 用到的工具有_____。（编号选填）

① 限制性核酸内切酶   ② DNA 聚合酶   ③ RNA 聚合酶   ④ 病毒载体   ⑤ 噬菌体

⑥ 细菌质粒   ⑦ DNA 连接酶

(3) 下列哪些分子与目的基因具有相同的基本单位_____。

A. 质粒   B. mRNA   C. tRNA   D. 乙肝表面抗原

(4) 导入受体细胞的重组 DNA 分子是_____。

A. 目的基因＋番茄基因   B. 目的基因＋质粒

C. 目的基因＋番茄基因＋质粒   D. 番茄基因＋质粒

第三节　基因工程基本步骤

基因工程技术实现了物种间的基因转移,使生物体获得原来没有的新性状或得到人们需要的基因工程产品,如转基因抗虫棉、能够产生胰岛素的大肠杆菌、能从乳汁中分泌人凝血酶的绵羊都是基因工程的产物。随着技术发展,人们获得了可以在分子水平对 DNA 进行操作的工具,那么如何获得能够编码目标蛋白质的基因,在得到该基因后又如何将其导入受体细胞呢?

一、获取目的基因

在基因工程中,可以编码所需目标蛋白质的结构基因称为目的基因。基因工程的第一步就是要设法得到目的基因。目前获取目的基因的方法有两种,其一是通过化学方法人工合成,另一种是通过 DNA 的体外扩增技术从细胞中提取。从基因的化学本质而言,它是一段具有特定功能的核苷酸序列。20 世纪 70 年代后,由于蛋白质和 DNA 序列结构测定技术的发展,许多基因的序列结构被成功地测定出来。1977 年,科学家用化学方法人工合成了生长激素释放抑制因子的基因,并成功地导入大肠杆菌细胞,获得了目标蛋白,开始了化学方法合成基因的时代。

随着测序技术和基因数据库的发展,科研人员可以从基因数据库中获取所需目的基因的序列信息。在已知目的基因序列的前提下,聚合酶链式反应(polymerase chain reaction, PCR)可以实现目的基因在体外的快速扩增。其基本工作原理是:以待扩增的 DNA 分子作为模板,以一对分别与模板 $3'$-末端相互补的寡核苷酸片段为引物,在 DNA 聚合酶的作用下,按照半保留复制的机制沿着模板链延伸直至完成新的 DNA 合成(表 10-2)。反应一旦启动,即可自动重复这一过程,可使目的 DNA 片段得到大量扩增。

表 10-2　PCR 反应中各组分及其功能

PCR 反应体系中的组分	各组分在 DNA 复制过程中的功能
待扩增的 DNA 分子	复制模板
DNA 聚合酶	催化脱氧核苷酸之间形成磷酸二酯键,帮助新合成的 DNA 片段延伸
引物	成对存在,以碱基互补配对的方式,分别结合在待扩增的双链 DNA 两侧,锚定待扩增区域,并起始核苷酸链的延伸过程
四种脱氧核苷酸	DNA 复制的原料
缓冲液	含 Mg^{2+} 等无机盐离子,Mg^{2+} 是 DNA 聚合酶发挥催化效应的辅助因子

利用 PCR 技术对目的片段的快速扩增,实际上是一种在模板 DNA、引物和四种脱氧核糖核苷三磷酸存在的条件下利用 DNA 聚合酶的酶促反应(图 10-10),反应共分 3 步,循环进行。第一步:变性。双链 DNA 在 94℃下通过热变性使其双链间氢键断裂而解离成单链。第二步:退火。温度突然下降到 50℃左右时,一对预先设计好的引物寡核苷酸片段分别与模板 DNA 互补序列杂交。第三步:延伸。温度上升至 72℃左右时,DNA 聚合酶以引物为起始,互补的 DNA 链为模板,使引物序列得以延伸,形成模板 DNA 的互补链(图 10-11)。

经过高温变性、低温退火、中温延伸 3 个温度的循环,模板上介于两引物之间的 DNA 片段不断扩增,目的片段以 2^n 形式得到积累,经 25～30 个循环后目的片段的 DNA 量即可达到 10^6 倍。PCR 反应理论的提出和技术上的完善对于分子生物学的发展具有不可估量的价值。它以敏感度高、特异性强、产率高、重复性好以及快速简便等优点迅速成为分子生物学研究中应用最为广泛的方法(图 10-12)。

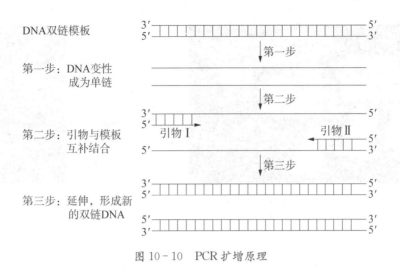

图 10-10　PCR 扩增原理

DNA双链模板

第一步：DNA变性成为单链

第二步：引物与模板互补结合

引物Ⅰ　　　引物Ⅱ

第三步：延伸，形成新的双链DNA

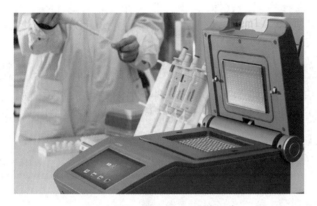

图 10-11　PCR 仪与加样操作

图 10-12　PCR 仪设定扩增反应条件

观察思考

阅读 PCR 技术相关内容，结合 DNA 复制的相关知识，回答下列问题：

1. 试从模板、原料、酶和反应过程等方面，比较 PCR 反应与 DNA 复制的异同。

2. 引物的功能是什么？

信息库

DNA 片段的分析与检测

对体外扩增得到的 DNA 片段可以通过琼脂糖凝胶电泳技术分析与检测（图 10-13）。琼脂糖是具有网格状结构的支持物，由于 DNA 分子带负电荷，在电场中向正极泳动。不同大小的 DNA 分子因在电泳过程中受到的阻力不同而泳动速度不同，在琼脂糖凝胶上被分离。

在琼脂糖凝胶的制备过程中，通过加入溴化乙锭（EB）作为 DNA 显色剂，其显色原理是在 DNA 电泳过程中，嵌入其分子内部。电泳结束后，用紫外灯照射琼脂糖凝胶，有 DNA 分子的区域会出现亮带，与分子 Maker 对比，可以了解 DNA 条带的大小，即含有碱基对数目的多少（图 10-14）。

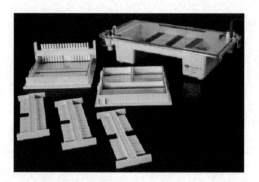

图 10-13　DNA 电泳仪电泳用具

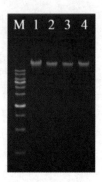

图 10-14　紫外灯下的 DNA 电泳结果

二、目的基因与载体连接

通过不同途径获取含目的基因的外源 DNA、选择适当的载体后，下一步工作是将外源 DNA 与载体 DNA 连接在一起，即 DNA 的体外重组。外源 DNA 片段同载体分子连接的方法主要是依赖于限制酶和 DNA 连接酶的作用。

大多数的限制酶能够切割 DNA 分子，形成黏性末端。当载体和外源 DNA 用同样的限制酶，或是用能够产生相同的黏性末端的限制酶切割时，目的基因和载体 DNA 分子末端产生的黏性末端通过碱基互补配对形成双链结构。DNA 连接酶催化两个双链 DNA 片段相邻核苷酸的 $5'$-端磷酸与 $3'$-端羟基之间形成磷酸二酯键，将目的基因与载体分子共价连接起来形成重组 DNA 分子。T_4DNA 连接酶由于连接效率较高，通常是基因工程的首选连接酶。

值得注意的是，如果是用同种单一的限制酶切割载体和目的基因，容易产生以下问题：①由于目的基因的两侧具有相同黏性末端，存在正向或者反向与载体连接的情况，而通常只有其中一种连接方式是设计需要的；②载体被同种限制酶切开后，产生具有互补黏性末端的切口，有一定的概率自我连接，形成环化质粒，降低与目的基因的连接效率。在实际操作中，为避免以上情况的发生，通常会选用产生不同黏性末端的两种限制酶，切割载体和目的基因，提高正确连接的效率(图 10-15)。

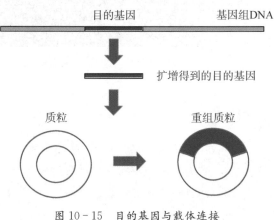

图 10-15　目的基因与载体连接

观察思考

阅读基因工程"酶切"与"连接"相关内容并查阅资料，思考：
基因工程"切"和"连"的过程中，需要注意哪些事项？

三、重组 DNA 导入受体细胞

外源目的基因与载体在体外连接重组后形成重组 DNA 分子，必须导入适宜的受体细胞中才能使外源目的基因得到大量扩增与表达。选择适宜的受体细胞是重组基因高效表达的前提条件。基因工程中受体细胞的选择是根据应用价值及理论研究价值决定的。

目前，已经应用成功的受体细胞包括动物细胞、植物细胞、细菌和真菌等微生物，针对不同的受体细胞,重组 DNA 分子的导入方法也不同。将外源重组体分子导入受体细胞的途径,包括转化、转染、显微注射和电穿孔等多种不同的方式。转染和转化主要适用于细菌一类的原核细胞和酵母这样的低等真核细胞,而显微注射和电穿孔则主要应用于高等动植物的真核细胞。

📖 信息库

目的基因导入动植物细胞的方法

农杆菌介导的 Ti 质粒载体转化法是目前研究最多、机制最清楚、技术方法最成熟的植物细胞基因转化途径。80%的植物转化基因是采用农杆菌介导的 Ti 质粒载体转化法。用于植物基因转化操作的受体通常称为外植体。选择适当的外植体是成功进行遗传转化的首要条件。外植体材料非常广泛,涉及植物的各个组织、器官和部位,它们包括叶片、叶柄、子叶、茎、芽、根、胚及成熟的种子。首先将目的基因与 Ti 质粒载体整合,重组质粒导入农杆菌中。再把农杆菌接种在外植体的损伤切面,或将切割成小块的外植体浸泡在制备好的工程菌液中几秒至数分钟。在此过程中农杆菌侵染外植体的细胞,将带有目的基因的 DNA 片段整合在植物细胞基因组中。最后再通过植物组织培养的方法获得具有目的基因控制的新性状的植物体。

目前常用的动物受体细胞有猴肾细胞和中国仓鼠卵巢细胞(CHO)、受精卵或早期胚胎细胞等。显微注射法是目前创造转基因动物的有效途径,通过显微注射仪(图 10 - 16)可直接将重组质粒注入受体细胞中(图 10 - 17)。显微注射需要借助极细的玻璃微量注射针管,这种针管的管径可低至0.2 微米,是通过毛细管拉针器来制作的。这种显微注射方法也用在了生产克隆动物的技术中。克隆是无性繁殖技术,可以在短时间内生产出许多与提供细胞核的动物性状基本相同的个体。如果能将克隆技术和转基因技术结合起来的话,可以在短时间内就得到许多拥有相同优良性状的转基因动物。也就是说,转基因动物将不再是单个生产,而是批量生产。这对于制药或器官移植等领域来说是一个很有潜力的发展方向。

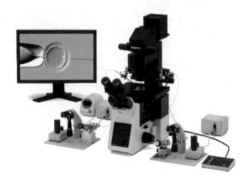

图 10 - 16　显微注射仪

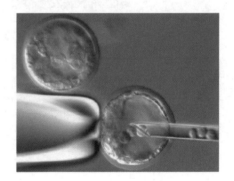

图 10 - 17　显微注射技术

观察思考

阅读基因工程中受体细胞的选择相关内容并查阅资料,思考:
用受精卵作为动物基因工程的受体细胞,有什么优势?

四、筛选成功导入重组 DNA 的受体细胞

目的基因与载体正确连接的效率、重组 DNA 导入细胞的效率都不是百分之百的,因而最后生长繁殖出来的细胞并不都带有目的基因。一般一个载体只携带某一段外源 DNA,一个细胞只接受一个重组

DNA分子。最后培养出来的细胞群中只有一部分、甚至只有很小一部分含有目的基因。因此重组质粒导入受体细胞后,要运用一定方法检测受体细胞中是否含有携带目的基因的重组质粒。

最常见的载体携带的标志是抗药性标志,如抗氨苄青霉素(amp^r)、抗四环素(ter^r)、抗卡那霉素(kan^r)等。当培养基中含有抗生素时,只有携带相应抗药性基因载体的细胞才能生存繁殖。例如质粒pBR322含有amp^r和ter^r两个抗药基因,若将目的基因插入ter^r基因序列中,导入重组质粒的大肠杆菌将获得氨苄青霉素的抗性,而没有四环素抗性(图10-18)。

在实际操作中,首先将转染重组质粒的大肠杆菌接种在含青霉素的培养基中,待菌落长出后,再借助影印工具将菌落转移到含四环素的培养基中,转移过程中菌落的相对位置不发生改变。凡在氨苄青霉素中能生长,而在四环素中不能生长的细菌就很可能是含有目的基因序列的重组质粒。

此外,还可以通过PCR技术鉴定受体细胞中是否含有目的基因,或提取目的基因表达的蛋白质,借助抗原-抗体反应等免疫学方法鉴定受体细胞中是否含有目的基因。

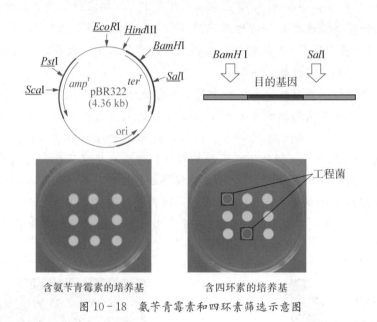

图10-18 氨苄青霉素和四环素筛选示意图

观察思考

阅读基因工程中与筛选有关内容,思考:

在质粒载体的抗性筛选中,为什么至少要用2种抗生素筛选含重组质粒的细菌?

本节评价

1. 某研究小组欲通过基因工程的方法生产唾液淀粉酶。试根据所学的知识判断是否可行,如果可行请简述生产流程步骤。

2. 胰岛素是一种降糖激素,临床使用广泛。目前,主要使用基因工程技术对胰岛素进行工业化生产。其中的一种技术路线是,从人胰岛细胞中获得胰岛素基因在酵母菌中表达出前胰岛素原,再加工形成有生物活性的胰岛素。请分析回答以下问题。

(1) A 是从人胰岛细胞中获得的胰岛素基因,通过 PCR 体外扩增的方法得到 B。B 在基因工程中被称为_____,与运载体质粒连接后的 C 称为_____。

(2) 下列关于"细胞内 DNA 复制"和"PCR 技术"的叙述中,正确的是_____。

A. 两者都必须利用解旋酶来解开双螺旋

B. 两者都以核糖核苷酸为原料

C. 两者的子链都是从 $5'\rightarrow3'$ 方向延伸合成

D. 两个过程都需要引物的参与

第十一章 细胞工程

"无心插柳柳成荫"，这是天然的无性繁殖现象。你能想象用植物的茎、叶片，甚至一个细胞获得一棵完整的植物吗？哺乳动物是否也能实现无性繁殖呢？这些都已经通过细胞工程实现。细胞工程是以细胞生物学、分子生物学等学科为理论基础，在细胞器、细胞或组织水平上，按照人们的需要进行设计与操作，获得特定的细胞、组织、器官、个体或产品的生物工程技术。细胞工程还取得了哪些成就？让我们一起走近细胞工程。

第一节 植物细胞工程

兰花自古深受国人的喜爱，但是繁殖速度慢，长期供不应求。20世纪60年代，植物组织培养技术的兴起，实现了兰花的大规模培育。这个过程是怎样实现的呢？

一、植物组织培养

从理论上讲，成熟个体中正常的体细胞，仍然具有发育成完整生物体的潜能，即细胞具有全能性，因为细胞核内仍然保留了和受精卵相同的全套遗传物质。

 观察思考

通过兰花茎尖的植物组织培养，可以帮助兰花快速繁殖。请阅读兰花快速繁殖的过程（图11-1），并思考回答下列问题。

思考

1. 兰花茎尖细胞中的遗传物质与受精卵是否相同？为什么？

2. 使部分细胞发育成为一个完整的生物体的关键是什么？

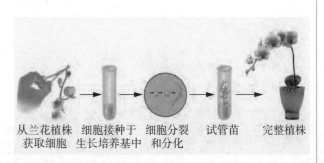

从兰花植株　细胞接种于　细胞分裂　试管苗　完整植株
获取细胞　生长培养基中　和分化

图11-1 兰花快速繁殖示意图

1958年,美国科学家斯图尔德(F. C. Steward)用胡萝卜根的韧皮部组织,在离体条件下培育出了完整植株(图11-2),相关技术称为植物组织培养。

图11-2 胡萝卜根韧皮部组织培养实验

多细胞生物在发育过程中会发生细胞分化,即同一来源的细胞逐渐发生形态结构和生理功能上的差异。胡萝卜有根、茎、叶等器官,每种器官又由不同形态和功能的组织和细胞构成。自然状态下,细胞的分化过程通常是稳定和不可逆的。因此,胡萝卜根的韧皮部组织只能执行特定的功能,正常情况下不能形成完整植株。

植物组织培养的关键步骤是脱分化和再分化。在一定的条件下,分化后的细胞重新获得像受精卵一样分裂和分化能力的过程称为脱分化。脱分化后的细胞经过多次分裂,会形成无组织分化、松散的细胞团,即愈伤组织。愈伤组织在一定条件下重新形成芽、根,并进一步发育成完整的植株,这个过程称为再分化。

要实现植物细胞的脱分化和再分化,需要将植物细胞或组织在离体条件下培养,并通过不同比例的植物激素进行诱导,如生长素和细胞分裂素的浓度比较高时,植物优先长根;反之则优先长芽(图11-3)。

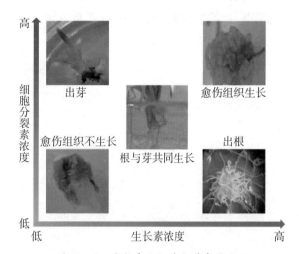

图11-3 生长素和细胞分裂素的比例对愈伤组织的影响

植物细胞或组织在离体条件下无法自己光合作用获取营养,需要培养基提供丰富的营养,植物组织培养的周期也比较长,因此需要更加严格的无菌操作。另外还需要适宜的培养温度等条件。

植物组织培养可以应用在植物的快速繁殖,在短时间内获得大量遗传性状相同的植株。通过植物组织培养,可以快速繁殖出大量优质的兰花品种,使其能够进入寻常百姓家。后来该技术又被推广到了果树、林木、蔬菜等。

马铃薯是一种无性繁殖的作物,病毒会随着寄主的繁殖传递给下一代。通过分离没有病毒感染的组织,并进行植物组织培养,可以帮助植物摆脱病毒的感染。

幼儿活动设计建议

观察多肉植物的无性繁殖

多肉植物在家庭绿化中十分常见,它们可以通过种子进行有性生殖,也可以通过茎或叶进行无性繁殖。我们可以用多肉植物的叶进行扦插,帮助多肉植物无性繁殖。

活动准备

不同品种的多肉植物、种植土100克/人、一次性杯子(底下用牙签扎几个洞)、水

活动过程

1. 把种植土倒入一次性杯子里,撒上少量水,保持湿润。

2. 选择自己喜欢的多肉品种,左右摇动叶片,小心摘下。

3. 把叶片放在种植土的表面,不能插进土里,也不能再浇水。

4. 把杯子布置在植物角,每天观察多肉植物的形态和颜色等。

二、植物细胞培养

紫杉醇可以用来生产抗癌药物，市场需求很大。但是紫杉醇主要在红豆杉属植物的树皮中合成，而且含量很低，通过剥树皮来提取紫杉醇，会导致红豆杉大量死亡，引发生态问题。植物细胞培养可以帮助解决这一问题。

对红豆杉细胞进行悬浮培养，从中可以分离得到高纯度的紫杉醇(图11-4)。像紫杉醇这种细胞生命活动非必需的小分子有机化合物，称为次生代谢产物。通过植物细胞大规模培养获得的次生代谢产物还包括其他药物、食品、调料、香精和颜料等。

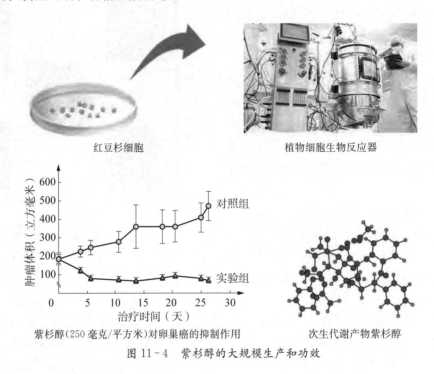

红豆杉细胞　　　　　　　　植物细胞生物反应器

紫杉醇(250毫克/平方米)对卵巢癌的抑制作用　　　次生代谢产物紫杉醇

图11-4　紫杉醇的大规模生产和功效

三、植物体细胞杂交

白菜和甘蓝是两个不同的物种，存在生殖隔离。科学家通过植物体细胞杂交技术成功培育了白菜－甘蓝新品种(图11-5)。

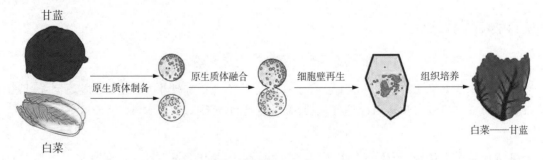

图11-5　植物体细胞杂交技术流程图

植物体细胞杂交又称为植物原生质体融合，是指将不同来源的植物细胞在一定条件下融合形成杂合细胞，并使之分化再生，最终形成新植物体的技术。植物细胞具有细胞壁，会阻碍细胞融合，因此需要先通过机械法或酶法去除细胞壁，制备成原生质体。再通过物理或化学方法诱导两者的原生质体融合，并将融合的杂合细胞筛选出来。经筛选和鉴定后的杂合细胞，可通过植物组织培养技术得到完整的新植株。

本节评价

1. 人参的主要药用价值在其产生的次级代谢产物人参皂苷。自然情况下人参生长缓慢,如何提高人参皂苷的产量?

2. 1971年,化学家从红豆杉树皮中分离出具有高抗癌活性的紫杉醇,从此,红豆杉遭受了掠夺式地砍伐。为拯救红豆杉,同时获得紫杉醇,某科研小组设计了如下图所示的实验流程。请据图回答下列问题。

(1) 诱导茎尖分生组织形成愈伤组织的过程叫_____。

(2) 茎尖分生组织细胞具有全能性的原因是_____。

第二节　动物细胞工程

当患者出现大面积烧伤时,需要进行皮肤移植。对于这样的病人,自体可供移植的皮肤非常有限,而由他人捐献,又面临免疫排斥的问题。那么,怎样才能获得大量健康的皮肤呢? 动物细胞工程提供了解决问题的方案。动物细胞工程常用的技术包括动物细胞培养、干细胞技术、动物细胞融合、细胞核移植、胚胎工程等。

一、动物细胞培养

动物细胞在体内生存时,机体提供了适宜的条件,包括各种营养物质、稳定的内环境等。

在体外培养时,则需要培养基来提供细胞所需的全部营养物质。由于动物细胞培养需要的营养物质种类很多,有些成分尚不完全明确,因此培养时通常会加入部分动物血清。但动物血清成分复杂,容易造成实验结果的不稳定,目前已经开发出了一系列的无血清培养基,以满足不同类型动物细胞生长的要求。

动物细胞培养基通常为液体培养基。培养过程很容易受到污染,无菌要求比一般的微生物操作更高,通常会加入一定量的抗生素来降低污染。培养液还需要定期更换,以去除代谢废物,防止其对细胞造成危害。

动物细胞对温度、pH 的变化十分敏感,如哺乳动物适宜的温度为 $36.5 \pm 0.5℃$,pH 值需要控制在 $7.2 \sim 7.4$。动物细胞因为缺乏细胞壁保护,培养液还需要维持合适的渗透压。动物细胞培养还需要提供氧气和适宜浓度的二氧化碳,其中氧气保证有氧呼吸正常进行,为细胞提供充足的能量,防止无氧呼吸产生乳酸,二氧化碳是为了保持培养液 pH 的稳定。通常将细胞培养液装在培养瓶中,放置于 95% 空气和 5% 二氧化碳混合的培养箱中进行培养(图 11-6)。

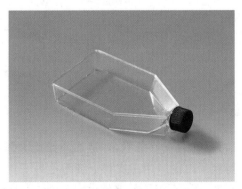

图 11-6　培养瓶和二氧化碳培养箱

在动物体内取出组织时,细胞之间靠在一起,限制了细胞的生长和增殖。在进行细胞培养前,通常用胰蛋白酶等进行处理,使细胞分散开。然后,用培养液将细胞悬浮起来,放入培养瓶培养。这一过程称为原代培养。当动物细胞密度增加到一定程度,生长增殖就会受到抑制,需要将细胞进行分瓶培养,分瓶后的细胞培养称为传代培养(图11-7)。

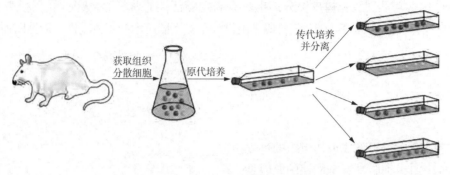

图11-7 动物细胞培养流程示意图

动物细胞培养是动物细胞工程的基础。通过细胞培养构建人造皮肤用于移植,能够解决皮肤来源的问题,同时使用患者的细胞培养,减少了免疫排斥的发生。

二、干细胞技术

对于中风患者来说,大脑中的神经细胞受到损伤,导致功能障碍。能否通过细胞培养来获得大量的神经细胞进行移植呢?这是不行的,因为并非所有动物细胞都能够增殖,神经细胞是高度分化的细胞,失去了分裂能力。神经干细胞的发现,有望在这类疾病的治疗中发挥重要作用。

干细胞(stem cell)是一类能够自我更新和分化能力的细胞。根据干细胞所处的发育阶段,可以分成胚胎干细胞和成体干细胞。

胚胎干细胞存在于早期胚胎,如囊胚中的内细胞团,几乎可以分化出成年个体中所有的细胞类型(图11-8)。胚胎干细胞具有极大的应用潜力,但是其来源非常有限。如果用胚胎干细胞诱导生成皮肤细胞,不可避免地要破坏胚胎,会涉及复杂的伦理问题。

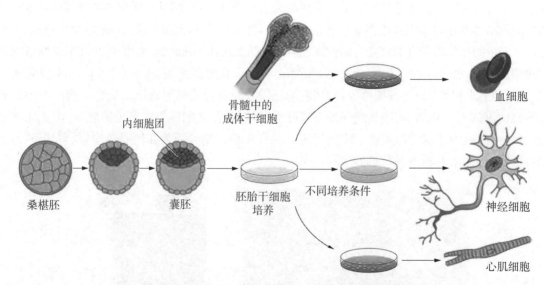

图11-8 胚胎干细胞和成体干细胞的分化潜能示意图

成体干细胞分布在成体组织中,只能分化成特定的组织或细胞,如造血干细胞,可以分化出多种类型的血细胞。造血干细胞的移植在治疗白血病上得到了广泛应用。皮肤干细胞是另一种成体干细胞。我国科学家发现在烧伤皮肤原位存在着皮肤干细胞,经过一定药物诱导,能使皮肤干细胞在烧伤处原位再生。

信息库

诱导多能干细胞

　　胚胎干细胞因为涉及伦理问题,限制了其在医学上的应用;而大多数成体干细胞的采集往往非常困难。体细胞与胚胎干细胞的遗传信息相同,有没有办法能使体细胞回到胚胎干细胞的状态?

　　2006 年,日本科学家山中伸弥(S. Yamanaka)通过将四种转录因子基因组合转入到已经分化的体细胞中,成功诱导其变成类似胚胎干细胞的状态,即诱导多能干细胞(iPS 细胞,图 11-9)。iPS 细胞不需要使用胚胎,且来源于病人自身的细胞,可以减少免疫排斥反应,在医疗上的应用前景优于胚胎干细胞。山中伸弥与克隆非洲爪蟾的格登一起获得了 2012 年的"诺贝尔生理学或医学奖"。

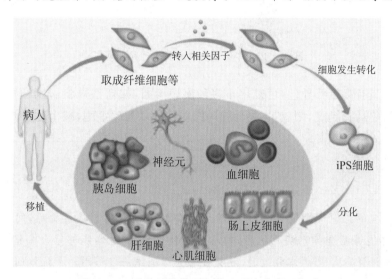

图 11-9　诱导性多能干细胞用于治疗的示意图

　　由于山中伸弥诱导 iPS 细胞的方法涉及到转入额外的基因,存在 iPS 细胞发生癌变风险上升的问题,世界各国科学家正在寻求诱导方法,相信随着研究的不断深入,干细胞将发挥更大的作用。

三、动物细胞融合

　　通过植物体细胞杂交技术可以获得新的植物品种,两种不同类型的动物细胞是否能通过融合获得新的细胞类型呢?

　　动物细胞融合与植物原生质体融合的基本原理相同。同一物种的不同类型细胞,跨物种的细胞,甚至动物和植物的原生质体之间都已融合成功。动物细胞融合最成功的应用在于制造单克隆抗体。

　　抗体是由 B 淋巴细胞分化形成的浆细胞分泌的,可以特异性识别抗原(如外来的病原体和自身变异的细胞)。虽然一种 B 淋巴细胞只能对应产生一种抗体,但大多数抗原表面有多个不同的抗原决定簇,能被不同的 B 淋巴细胞识别,从而产生不同的抗体。因此,通过抗原刺激动物后,从血清中分离的抗体特异性不强。即使分离出能产特定抗体的 B 淋巴细胞,其寿命较短,在体外也无法长时间培养。

　　小鼠的骨髓瘤细胞可以在体外培养且无限增殖。能否把骨髓瘤细胞与 B 淋巴细胞融合起来,得到既能无限增殖,又能大量生产特定抗体的杂交瘤细胞? 1975 年,科学家克勒(G. Köhler)和米尔斯坦(C. Milstein)成功实现了该设想。

　　首先用抗原刺激小鼠脾脏的 B 淋巴细胞,使其分化出能产特定抗体的浆细胞。然后将分离出来的浆细胞,用物理(电脉冲)或化学(聚乙二醇)等方法与骨髓瘤细胞进行细胞融合。接着通过选择性培养基筛选,获得杂交瘤细胞克隆,并对杂交瘤细胞克隆产生的抗体进行验证,选出对抗原特异性强的抗体,即单克隆抗体。制备单克隆抗体的过程如图 11-10。

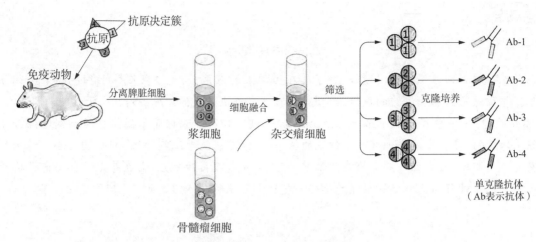

图11-10 单克隆抗体的制备过程示意图

　　单克隆抗体因为具有高度特异性,可以用于多种疾病诊断,如新型冠状病毒的抗原检测试剂盒。单克隆抗体还可以与抗癌药物绑定,制成"生物导弹",针对性地杀死癌细胞,减少对身体的副作用。

信息库

抗原检测试剂盒

　　抗原检测试剂盒的检测卡上有3种抗体,金标抗体能够结合待测病毒抗原,同时还携带了用于显色的胶体金,T抗体能够结合待测病毒抗原,但不携带胶体金,C抗体能够结合金标抗体(图11-11)。金标抗体分布在检测卡前端,当样本经过时,能够带着金标抗体一起移动。T抗体固定在检测线(T线)位置,C抗体固定在质控线(C线)位置。当样本中存在待测病毒抗原时,金标抗体会识别并结合抗原,当移动到T线时,T抗体也会与抗原结合,形成"金标抗体-抗原-T抗体"的结构,当有大量金标抗体携带的胶体金聚集在T线处,就显示出红色条带。如果没有待测病毒抗原,则金标抗体不会与T抗体结合。多余的金标抗体会随溶液继续前进到C线处,无论是否存在待测病毒抗原,C抗体都会结合金标抗体,从而显示出红线。如果C线处没有出现条带,则说明检测卡已经失效,测试结果无效(图11-12)。

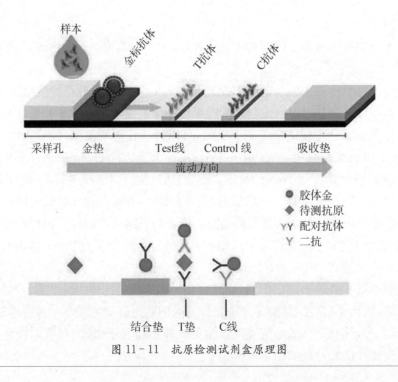

图11-11 抗原检测试剂盒原理图

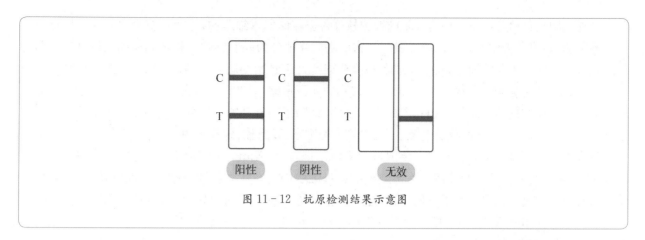

图 11-12　抗原检测结果示意图

四、细胞核移植

《西游记》中曾有这样的描述：孙悟空拔下一小撮猴毛，吹一口气，就变出一群和自己一样的小猴子。从某种意义上生物学家已经接近实现这个过程，如克隆猴"中中"和"华华"(图 11-13)。

图 11-13　体细胞克隆猴"中中"和"华华"

观察思考

2018 年中国科学家团队发表了体细胞克隆猴"中中"和"华华"的研究成果。请阅读体细胞克隆猴的培育过程(图 11-14)，并思考回答下列问题。

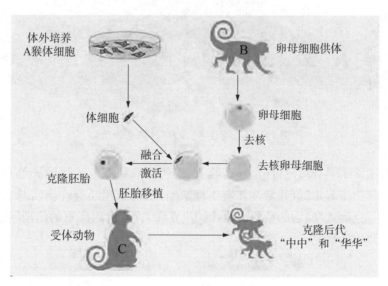

图 11-14　体细胞克隆猴的培育过程示意图

1. 培育体细胞克隆猴的过程涉及哪些动物细胞工程的技术？

2. 图中体细胞供体是 A 猴，卵母细胞供体是 B 猴，胚胎发育是在 C 猴体内，推测"中中"和"华华"的性状与 A、B、C 猴哪个最相似？为什么？

动物细胞核移植是将一种动物细胞的细胞核移入去核的卵母细胞中,并使重新组合的细胞发育成一个新的胚胎,最终获得动物新个体的过程。动物细胞核移植分为胚胎细胞核移植和体细胞核移植。因为体细胞分化程度大于胚胎细胞,动物体细胞核移植难度大于胚胎细胞核移植。1958年,英国生物学家格登(J. Gurdon)用体细胞核移植技术,培育出了成熟的非洲爪蟾。1996年克隆羊"多莉"诞生,这是人类首次用成年哺乳动物的体细胞核移植得到的克隆动物,证明了哺乳动物高度分化的体细胞核仍然能够恢复全能性。在此之后,人类已经成功克隆了马、牛等大型家畜,以及猫、狗等宠物。

克隆羊"多莉"是怎样诞生的呢?英国科学家威尔穆特(I. Wilmut)团队将一只母羊乳腺细胞的细胞核,融合到来自另一只母羊的已被去除细胞核的卵母细胞中。在体外将融合细胞培养成胚胎后,移植到第三只母羊体内进行代孕。为了方便辨认,选择的三只母羊属于不同的品种,"多莉"长大后与提供乳腺细胞核的母羊如出一辙(图11-15),因为两者细胞核内的遗传物质是相同的。因此,动物克隆属于无性繁殖。

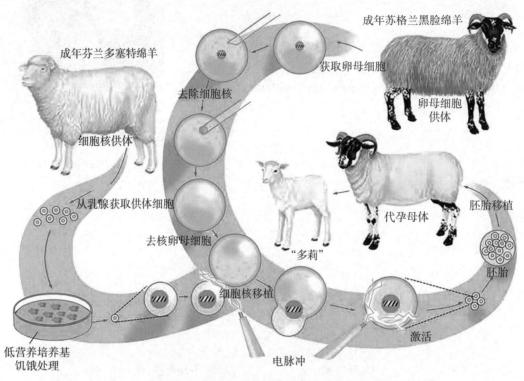

图11-15 克隆羊"多莉"的培育过程

体细胞核移植技术除了具有理论价值,在畜牧业、医药领域和濒危动物保护等方面也有着广泛的应用前景。但克隆动物成功率非常低,并常常伴有生理缺陷,距离应用还有许多问题有待解决。另外克隆动物的诞生,也引发了"克隆人"问题的激烈讨论,因为"克隆人"会造成严重的伦理问题,我国明确立法禁止进行任何生殖性克隆人的研究。

五、胚胎工程

随着生活水平的提高,我国对牛奶的需求不断上升。不同品种奶牛的产奶量差异很大。牛的生育率很低,一般一头母牛一年只能生育一头小牛。怎么实现良种奶牛的快速大量繁殖呢?

胚胎工程有助于解决这个问题。胚胎工程包括体外受精、胚胎分割和胚胎移植等。

胚胎发育是胚胎工程的理论基础。哺乳动物的胚胎发育经历相似的过程,可分为受精、卵裂、桑椹胚、囊胚、原肠胚和器官发育等阶段(图11-16)。囊胚阶段在胚胎一端形成内细胞团,具有细胞全能性,胎儿的组织和器官都来自这部分细胞,而外侧的滋养层细胞将来发育成胎膜和胎盘。

图 11-16 人类胚胎的早期发育过程

体外受精技术,即精子和卵在人工控制的环境完成受精过程。畜牧业中也普遍使用人工授精和冷冻精液的方法。对于奶牛场来说,希望生下更多的母牛。通过对精子进行筛选,可以使带 X 性染色体的精子比例达到 90% 以上,大大提高了母牛的出生比例。

良种家畜的胚胎数量比较有限,而早期胚胎细胞保持着细胞全能性,能否将胚胎分割开来,从而增加胚胎的数量? 胚胎分割是用显微手术的方法将早期胚胎均等切割,获得多个胚胎的技术。胚胎分割还可以用于胚胎的性别鉴定、遗传病筛查等(图 11-17)。

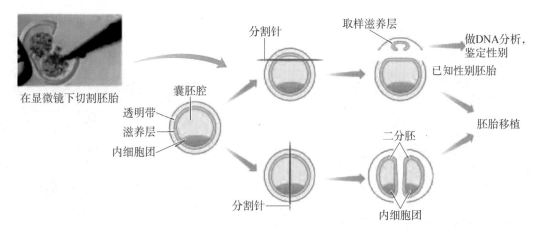

图 11-17 动物的胚胎分割和鉴定示意图

有了足够的胚胎,但是良种奶牛数量有限,能否让普通奶牛进行代孕? 这就需要胚胎移植技术。胚胎移植是将早期胚胎移植到同种且生理状态相同的雌性体内,使胚胎继续发育产生新个体的技术。

试管婴儿是采用人工方法让精子和卵细胞在体外受精,经过早期胚胎发育后,移植到母体子宫内发育而诞生的婴儿。试管婴儿技术是胚胎工程中体外受精和胚胎移植技术的结合。试管婴儿技术给部分存在生育障碍的家庭带来了福音。对于存在严重遗传病的家庭,新一代试管婴儿还可以进行早期胚胎筛查。胚胎工程应用在人类生殖上,会涉及一些伦理问题,需要在遵守相应法律法规的基础上进行。

本节评价

1. 为研制抗病毒 A 的单克隆抗体,某同学以小鼠甲为实验材料设计了以下实验流程。回答下列问题:

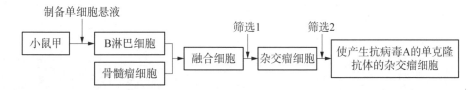

(1) 上述实验前必须给小鼠甲注射病毒 A,该处理的目的是_____。

(2) 生产单克隆抗体过程中运用的细胞工程技术有_____。

(3) 杂交瘤细胞具有的特征是_____。

2. 下图是利用现代生物工程技术治疗遗传性糖尿病的过程图解。请据图回答下列问题。

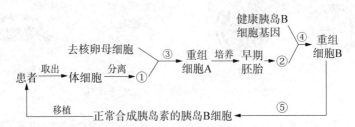

（1）图中①所示的细胞结构名称是_____。

（2）图中③所示的生物技术名称是_____。

（3）过程③通常用去核的卵母细胞作为受体细胞的原因除了它体积大、易操作、营养物质丰富外，还因为它_____。

第十二章 酶 工 程

在生活中你一定接触过加酶洗衣粉或帮助消化的多酶片，这些酶制剂都是通过酶工程生产出来的产品。酶工程(enzyme engineering)是酶学、微生物学和化学工程相互渗透发展而产生的一门新的交叉科学技术，主要研究酶的生产、纯化、固定化技术、酶分子结构的修饰和改造。随着酶工程的发展，人们获得了更多比天然酶特性更优良的酶制剂，酶工程制品在医药健康、食品加工、工业生产等领域大放异彩。

第一节 酶工程产品及其应用

当衣物上出现血渍或油渍，我们一般会用衣物洗涤剂浸泡一下，污渍便可轻松去除。这主要是由于衣物洗涤剂中添加的蛋白酶和脂肪酶等酶制剂可以加速蛋白质、油脂等污渍的分解。在今天的生产生活中，酶工程产品随处可见，并深刻地影响着社会生活的方方面面。

一、酶在医学领域的应用

酶在医药领域的应用主要包括治疗疾病、制造药物和疾病诊断几个方面(图 12-1)。人体许多先天性遗传代谢疾病，都与体内不能合成某种代谢需要的酶直接相关。例如苯丙酮尿症，多数患者在新生儿阶段表现为智力正常，但多数在 2 岁以内表现出神经和精神方面的问题，以后逐步发展为智力障碍。但如果能早期发现和干预，增加患者体内苯丙氨酸羟化酶的数量，患者的发育就会正常。

在药物合成中，青霉素酰化酶的开发是一个非常成功的案例。这种酶能够降解青霉素的侧链，使青霉素成为用途最广、产量最大的抗生素药物。目前全世界每年使用青霉素酰化酶生产的药物近 8 千吨。

在疾病诊断领域，通过固定化酶技术生产的诊断试剂，可以方便检测标本中的葡萄糖、甘油三酯、胆红素等物质。例如,广泛使用的尿糖试纸(图12-2),其工作原理是:通过试纸上固定的葡萄糖氧化酶将尿液中的葡萄糖氧化生成葡萄糖酸和过氧化氢,过氧化氢被试纸上的过氧化氢酶分解,生成原子氧,将试纸上的无色物质氧化成有色物质。根据尿液中糖的含量不同,反应后的试纸分别呈现浅蓝、浅绿、棕色和深棕色,通过观察颜色可大致了解尿液中的葡萄糖含量,患者在家可以自行操作,非常方便易行。

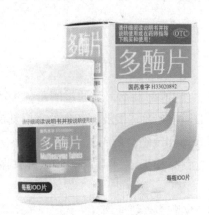

图 12-1　多酶片

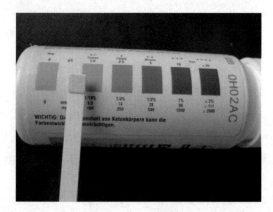

图 12-2　尿糖试纸

观察思考

阅读酶在医学领域内的应用相关内容,并思考下面的问题:

尿糖试纸中有哪些成分? 酶分别催化的是哪些底物的化学反应?

二、酶在食品工业中的应用

甜味与我们的生活密不可分。葡萄糖与果糖是食用糖的主要成分,都是蔗糖水解的产物,而果糖的甜度是葡萄糖的 2 倍多。在甜味剂里,如果能多一些果糖的成分,就会达到事半功倍的效果。科学家通过葡萄糖异构酶的催化,把葡萄糖转化为果糖,是 20 世纪酶工程产品最成功的应用之一。1973 年以后,世界各国纷纷采用酶法进行果糖的生产,酶法生产的糖浆具有甜度高、不易结晶、保湿性强等优点,在点心和冷饮制造行业备受欢迎。

近年来由于高热量糖类摄入引发的健康问题增多,而人们对传统的甜味剂如糖精、甜蜜素等存在顾虑,开发新型的低热能甜味剂是食品领域的研究热点。酶法生产的"天苯肽",甜味正且对人体无害,甜度约为蔗糖的 150～200 倍,热量仅蔗糖的 1/200,可以预防肥胖、糖尿病等疾病。

信息库

酶与食物保鲜

食品保鲜是食品加工、运输和保存过程中的重要环节,其目的是保持食品原有的优良品质和特性。人们已掌握了冷冻、加热、干燥、密封、腌制、烟熏、添加防腐剂或保鲜剂等方法。但这些技术各有各的缺点,例如加热杀菌方法灭菌效果好,但会引起食品某些营养成分的损失。腌制通常会使食品失去原有风味,口感不好。随着人们对食品要求的不断提高和科学技术的不断进步,一种崭新的食品保鲜技术——酶法保鲜正在崛起。

酶法保鲜技术是利用酶的催化作用,减弱或消除外界因素对食品的影响,从而保持食品原有的优良品质的技术。由于具有专一性强、催化效率高、作用温和等特点,被广泛运用于各种食品的保鲜。例如,我们经常见到花生、奶粉、油炸食品,它们富含油脂,易发生氧化作用,产生不良的气味和味道。葡萄糖氧化酶是一种理想的除氧保鲜剂,它可有效地防止氧化的发生,含葡萄糖氧化酶的吸氧保鲜袋已在各大商场出售并广泛应用。葡萄糖氧化酶也可直接加入罐装果汁、果酒和水果罐头中,起防止食品氧化变质的作用,并且对人体无害。

远洋捕捞行业常涉及鱼虾保鲜,大型制冷设备携带不便,食盐腌制会影响口感和营养。近年来,在捕捞的鱼虾上喷洒溶菌酶,就可以起到很好的保鲜作用。溶菌酶可以破坏细菌细胞壁中的黏多糖成分,使细菌裂解死亡。酶法生产的溶菌酶产量大,又因为是生物酶类,在食品中使用安全,因此是远洋捕捞保鲜的首选。

观察思考

结合酶在食品领域内的应用,思考:
食品安全是关系国计民生的大事。在食品行业中,将酶作为抗氧化剂或保鲜剂,有什么好处?

三、酶在其他领域的应用

在纺织与制革工业中,酶的使用也十分广泛。丝绸是一种高档的服装面料,在加工过程中需要脱除丝纤维外包裹的可溶性丝胶蛋白,以显示特有的光泽和柔滑,并提高染色性能。传统方法采用肥皂水煮,耗时长且脱胶不净。现代采用比较温和的酶解法,只需要在中性条件下45℃浸泡0.5～1小时即可完成,高效省时。皮衣皮鞋等材料来自动物的"生皮",包括表皮覆盖的毛被,表皮组织及结缔组织,制革行业中使用的仅是结缔组织中的真皮组织,所以要设法脱去其余组织。传统制革行业在材质的准备阶段,需要经历一系列物理和化学的作用,容易造成皮革的腐烂和环境污染。现代技术中采用酶来处理这些工序,如用蛋白酶脱毛和软化皮革,使皮革具有蓬松、柔软、透气等优良性能(图12-3)。

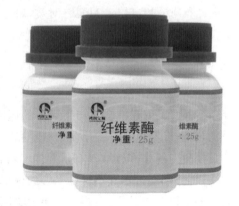

图 12-3 酶工程产品

随着人口增长对粮食的需求,杀虫剂和化肥被广泛使用,这些杀虫剂在杀虫的同时也造成环境污染。全世界每年要花费几十亿美元用于处理有机磷杀虫剂和神经毒剂,还存在脱毒不彻底等问题。从假单胞杆菌中获得的磷酸酯酶固定到一种泡沫材料上,可以在野外就地处理降解有机磷毒剂。

此外,随着世界能耗的急剧增长,传统的化石能源面临短缺危机,用生物技术生产的"绿色石油"是解决能源问题的一个方向。据推算地球上绿色植物每年能产出约40亿吨纤维素,如果能充分利用纤维素酶,几十亿吨的植物纤维将有一半可以转化为酒精,燃料酒精技术开辟了高效节能、污染少的最佳途径。

由于酶具有高效的催化特性,在化学反应中具有无可比拟的优势。随着微生物培养技术、基因工程技术和酶的固定化等技术的发展,酶的获取与制备也越来越便捷,越来越多地在社会生活的各领域为人类造福。

观察思考

阅读酶在工业中的应用,思考以下问题:

与传统工艺技术相比,酶在现代工艺中的使用具备哪些优势?

幼儿活动设计建议

馒头屑去哪儿了

唾液中含有唾液淀粉酶,能将淀粉分解为麦芽糖等小分子物质。碘液作为指示剂,能与淀粉反应生成有色物质,检测溶液中淀粉的含量。通过酶与底物反应的模拟活动,认识酶的功能。

活动材料

馒头、烧杯(100 mL)、玻璃棒、胶头滴管、蒸馏水、滤纸、碘液(或碘酒)、唾液、温度计

活动过程

1. 将约1/3个馒头掰碎,置入烧杯中。倒入30毫升蒸馏水,搅拌使其变为乳浊液。过滤取滤液备用。

2. 取2支试管,编号A、B,两支试管中分别加入3毫升淀粉溶液。A试管中加入1毫升蒸馏水,B试管加入1毫升唾液,两支试管置于45℃温水中水浴。20分钟后观察并描述试管中浑浊度的变化。

3. 两支试管内分别滴加2滴碘液,观察并描述颜色的变化。

安全提示

1. 唾液可以现场收集,提示幼儿注意安全文明。

2. 试管、烧杯和滴管均可以选用塑料材质,避免玻璃碎裂造成伤害。

本节评价

1. 查阅资料,了解酶工程在社会生产生活中的运用,思考酶工程与发酵工程、基因工程的关联性。

2. 微生物类群中分布着几乎所有存在于植物和动物体内的酶。例如枯草芽孢杆菌生产蛋白酶,蛋白酶在生物医药和日用化工等生产领域具有重要的经济价值,且已大规模产业化应用。为筛选枯草芽孢杆菌的蛋白酶高产株,将分别浸过不同菌株(a~e)的分泌物提取液及无菌水(f)的无菌圆纸片置于添加某种高浓度蛋白质的含糖平板培养基表面;在37℃恒温箱中放置2~3天,结果如下图。

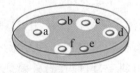

(1) 据图分析,通过微生物培养技术筛选获得高产蛋白酶菌株的基本思路。

(2) 小圆片f的作用是_____。

(3) 如果要获得高产菌株,应如何在菌株a~e中选择?

第二节 酶工程操作步骤

　　酶广泛存在于活细胞中,早期人们利用天然产物加工得到酶制剂。地球上微生物种类众多,且体内存在大量人们需要的酶,可以通过微生物培养的方法获得微生物来源的酶制剂。在现代酶工业中,通过基因改造的微生物可大幅提高酶的产量,还可以合成性状更优良的酶。目前国际上每年酶制剂的生产量已超过 10 万吨,其主要来源是微生物,微生物酶制剂是工业酶制剂的主体。那么如何从微生物中获取酶制剂,得到酶制剂后如何实现大规模生产应用呢?

一、酶的分离提纯

　　用微生物生产的酶,有的存在于细胞内,有的被微生物分泌到培养液中。无论是胞内酶还是胞外酶,都需要经过分离纯化的过程。

　　针对胞内酶,首先要采用物理或化学方法破碎细胞并过滤,细胞中的蛋白质存在于水溶液中。不同的蛋白质溶解度不同,这主要是由于蛋白质表面的亲水基团与水分子形成的水膜决定的。当溶液中加入氯化钠或硫酸铵等中性盐物质,中性盐与水分子的亲和力大于蛋白质分子,导致蛋白质周围的水膜减少或消失,蛋白质从水溶液中析出。

　　加盐提取的蛋白质是多种蛋白质的混合物,获得目标蛋白需要进一步分离提纯。层析法是分离蛋白质的常用方法,包括离子交换层析、亲和层析、染料结合层析等。按照预先设置的方案,用相应的层析材料填充层析柱,再将蛋白质混合物通过层析柱,即可获得需要的蛋白酶。

　　此时的蛋白酶存在于液体中,为获得更加便于运输与储存的酶制剂,通常使用冷冻干燥技术获得酶蛋白晶体。冷冻干燥技术全程在极低温度下操作,通过这种方法获得的蛋白质晶体,化学结构不会被破坏,最大程度地保留了酶的优良特性(图 12-4)。通常工业用酶,如洗衣粉中的酶、制革行业中脱毛用的蛋白酶对纯度的要求稍低一些,而医疗行业中使用的酶,如溶解血栓用的尿激酶则对纯度有很高的要求。

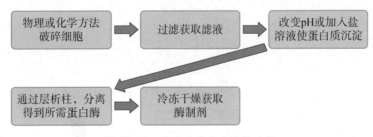

图 12-4　胞内酶的分离纯化流程

　　观察思考

　　阅读酶的分离纯化相关内容,并结合流程图,思考下列问题:
　　结合酶的特性,说说在酶分离纯化的过程中,有哪些需要注意的因素?

二、酶的固定化

　　绝大多数生化反应都是在水溶液中进行的,反应结束后,酶作为生物催化剂,虽然自身的数量和性状都没有改变,但难以回收再利用,会造成一定程度的浪费。此外酶制剂还与反应的产物混合在一起,造成分离困难。如何实现酶的重复利用,又便于控制化学反应进程呢?

固定化酶技术兴起于20世纪60年代,科学家通过物理或化学方法,将酶固定在不溶于水的载体上,或者使酶交联在一起,限制了酶的移动,使得反应可以连续进行。固定化酶不但具有专一性和高催化效率的特点,且比水溶性酶稳定,可长期使用,具有较高的经济效益。

目前已经建立的酶的固定化技术(图12-5)包括载体结合法、包埋法和交联法。载体结合法是通过物理吸附或共价结合的方法将酶固定在水不溶性的载体上。包埋法是将酶包裹在有限空间(如凝胶格子或聚合物的半透膜微胶囊)。酶被包埋后不会扩散到周围介质中去,且包埋法的条件较温和,酶分子仅仅是被包埋起来,与包埋材料不发生结合或化学反应,故酶活力和回收率较高。交联法又称架桥法,是借助于化学试剂与酶分子中的氨基或羧基发生反应,使酶蛋白分子之间发生交联,使之结成不溶于水的网状结构,从而制成固定化酶。

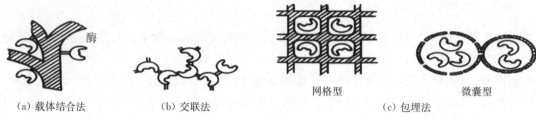

(a) 载体结合法　　　　(b) 交联法　　　　　　网格型　　　　　　微囊型

(c) 包埋法

图12-5　酶的固定化方法

固定化酶的制备方法各有利弊,仅一种方法很难取得满意的结果,一般倾向于采用多种固定技术相结合的方法。如果是利用胞内酶制作固定化酶,先要将细胞破碎,才能将里面的酶提取出来,增加了工序和成本。因此人们设想直接固定那些含有所需酶的细胞,用这样的细胞来催化化学反应。目前,我国运用固定化细胞的方法生产啤酒和酒精取得了重要成果。

观察思考

阅读酶的固定化有关内容,并结合酶的固定方法图示,思考:
包埋法与另两种方法相比,有什么优势和劣势?

信息库

酶反应器

酶反应器(图12-6)是根据酶的催化原理,在一定的生物装置中,把原料转变为人们所需的产品。与化学工业不同的是,酶参与的催化反应条件比较温和,通常在常温常压下就能进行。酶反应器在食品、能源开发和工业废料的处理方面得到广泛的应用。

例如在食品工业中,人们把葡萄糖异构酶固定在反应装置中,葡萄糖作为反应原料从反应器中经过,葡萄糖就能转变为甜度更高的果糖,酶反应器的构造也便于产物的收集。医学临床上,将脲酶和离子交换树脂固定于反应器内,再和透析装置连接,可以净化病人血液,相当于体外的"人工肾脏"。目前酶反应器主要局限于一步酶反应,很多重要的化学物需要多酶催化,因此多酶反应器是今后酶工程的主要研究方向。

图12-6　酶反应器

幼儿活动设计建议

神奇的尿糖试纸

尿糖试纸是一种检测尿液中是否含有葡萄糖及含糖量高低的测量试纸,运用尿糖试纸,糖尿病患者可以轻松实现居家检测。

活动材料

5%、2.5%、1.25%的葡萄糖溶液、烧杯(50 mL)、玻璃棒、尿糖试纸、水彩笔、颜色记录卡

活动过程

1. 用玻璃棒依次蘸取不同浓度的葡萄糖溶液,点涂在不同的尿糖试纸条上。

2. 根据观察到的颜色变化,用水彩笔在颜色记录卡的相应方框内涂色,注意葡萄糖浓度与涂色方框的对应关系。

安全提示

玻璃棒可以用小木棒或塑料棒等不易碎裂的材质取代,也可以洗手后直接用手指蘸取葡萄糖溶液。做实验用的糖液不能品尝或饮用。

三、生物酶工程的兴起

生物酶工程是利用基因工程和蛋白质工程的方法改造天然酶,创造性能优异的新酶。通过基因工程的手段,人们能够克隆各种天然的酶蛋白基因,再通过一定的载体导入微生物体内,使之高效表达。目前通过该方法获得的酶有 100 多种,尿激酶、纤溶酶原激活剂和凝乳酶等。

目前,在实验室中进行研究过的酶有很多,但应用的只有极少数,其主要原因是这些酶在生物条件或自然条件下具有活性,但在实际生产中,其活性受到 pH 或反应温度的限制,不能应用。因此,提高酶的稳定性在工业生产中是极其重要的。突变酶技术对天然酶基因进行剪切或修饰,从而改变这些酶的催化特性。改造后的酶相比天然酶类具有更广的应用领域。

观察思考

阅读生物酶相关内容,思考下列问题:

1. 生物酶与天然酶相比,来源有何不同?

2. 生物酶具有哪些优势?

信息库

化学酶工程

酶是高效的生物催化剂,但是酶的分子结构使酶具有稳定性较差、作为药物使用可能会引发机体的免疫反应等缺点。当酶分子的结构发生改变时,将会引起酶的性质和功能的改变。化学酶工程的方法,可以直接对酶的天然结构进行改造,使酶获得更优越的性能。

其一通过金属离子或小分子物质可以对酶进行修饰改造。金属离子作为酶的辅基和辅酶,对酶的催化活性具有至关重要的作用。把酶分子中的金属离子换成另一种金属离子,使酶的功能和特性发生改变。通过金属离子置换修饰,可以了解各种金属离子在酶催化过程中的作用,并有可能提高酶活力,增加酶的稳定性。此外有一些水溶性分子可与酶蛋白的侧链基团通过共价键结合,使酶的空

间构象发生改变,酶活性中心更有利于与底物结合。例如胰凝乳蛋白酶与右旋糖酐结合,酶活力可达到原有酶活力的 5.1 倍。

酶大多数是从微生物、植物或动物中获得的,对人体来说是一种外源蛋白质。当酶蛋白注射进入人体后,往往会成为一种抗原,刺激体内产生抗体。产生的抗体可与作为抗原的酶特异地结合,使酶失去其催化功能。若采用适当的方法使酶分子的肽链在特定的位点断裂,其相对分子质量减少,在基本保持酶活力的同时使酶的抗原性降低或消失,这种修饰方法称为肽链有限水解修饰。例如,将木瓜蛋白酶水解,除去其肽链的三分之二,该酶的活力基本保持,其抗原性却大大降低。

本节评价

乳糖酶能够催化乳糖水解为葡萄糖和半乳糖,具有重要应用价值。工业生产上,一般通过培养微生物获得乳糖酶。

1. 若通过选择培养基培养微生物获取乳糖酶,应选用培养基_____。

A. 乳糖　乳糖酶　氮源　无机盐　生长因子　水

B. 乳糖　氮源　无机盐　生长因子　水

C. 乳糖　乳糖酶　无机盐　生长因子　水

D. 乳糖酶　氮源　无机盐　生长因子　水

2. 乳糖酶分离纯化的基本流程是_____(选填编号)。

① 过滤　　② 冷冻干燥　　③ 破碎细胞　　④ 纯化　　⑤ 沉淀

3. 固定化酶技术可提高酶的使用次数,便于回收利用。海藻酸钠是一种包埋剂,研究人员拟通过包埋法固定乳糖酶。下图反映包埋法固定酶技术的是_____。

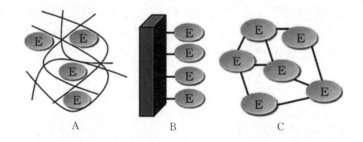

4. 酶的固定化技术对酶的性质会有一定影响,科研人员分别研究了温度、包埋剂浓度和使用次数对固定化酶酶活力的影响,试结合实验数据进行分析。

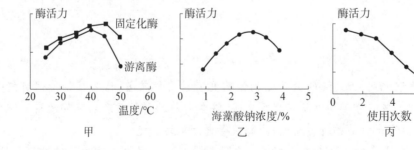

参 考 书 目

1. 吴国芳等编著:《植物学(第2版)》下册,高等教育出版社,1992年.

2. 高崇明主编:《生命科学导论(第3版)》,高等教育出版社,2013年.

3. 周德庆编著:《微生物学教程》,高等教育出版社,2002年.

4. 义务教育教科书《生物》八年级上册,河北少年儿童出版社,2019年.

5. 义务教育教科书《生物》八年级下册,北京出版社,2019年.

6. 施忆等译:《生命科学》,浙江科学技术出版社,2011年.

7. 高级中学课本《生命科学(试验本)》高中二年级第一学期,上海科学技术出版社,2003年.

8. 高级中学课本《生命科学(试验本)》高中二年级第二学期,上海科学技术出版社,2003年.

9. 高级中学课本《生命科学(试用本)》高中第三册,上海科学技术出版社,2003年.

10. 普通高中教科书《生物学 必修1 分子与细胞》,上海科学技术出版社,2020年.

11. 普通高中教科书《生物学 必修2 遗传与进化》,上海科学技术出版社,2020年.

12. 普通高中教科书《生物学 选择性必修2 生物与环境》,上海科学技术出版社,2020年.

13. 秦浩正:《中学生学习词典生物卷》,世界图书出版公司,2012年.

14. *Campbell Biology*(11th Edition),Pearson,2016.

15. 奥尔顿·比格斯著,廖苏梅译:《科学发现者·生物 生命的动力》,浙江教育出版社,2008年.

16. 鲍新华主编:《生物工程》,化学工业出版社,2008.

17. 普通高中教科书《生物学 选择性必修3 生物技术与工程》,上海科学技术出版社,2021.

18. 普通高中教科书《生物学 选择性必修3 生物技术与工程》,人民教育出版社,2020.

19. 王玢、左明雪主编:《人体及动物生理学(第三版)》,高等教育出版社,2009.

20. 陶兴无主编:《生物工程概论》,化学工业出版社,2014年.

图书在版编目(CIP)数据

生物学/李竹青,贺永琴主编. —2 版. —上海:复旦大学出版社,2024.1
普通高等学校学前教育专业系列教材
ISBN 978-7-309-17173-0

Ⅰ.①生… Ⅱ.①李… ②贺… Ⅲ.①生物学-高等学校-教材 Ⅳ.①Q

中国国家版本馆 CIP 数据核字(2024)第 005242 号

生物学(第 2 版)
李竹青 贺永琴 主编
责任编辑/高 辉

复旦大学出版社有限公司出版发行
上海市国权路 579 号 邮编:200433
网址:fupnet@ fudanpress. com http://www.fudanpress.com
门市零售:86-21-65102580 团体订购:86-21-65104505
出版部电话:86-21-65642845
杭州日报报业集团盛元印务有限公司

开本 890 毫米×1240 毫米 1/16 印张 16.5 字数 449 千字
2024 年 1 月第 2 版第 1 次印刷

ISBN 978-7-309-17173-0/Q · 119
定价:59.00 元